Britt A. Bunyard

PILZE

Haupt
NATUR

Britt A. Bunyard

PILZE

Das verborgene Reich der geheimnisvollen Lebewesen

Aus dem Englischen übersetzt von Martina Wiese, Jorunn Wissmann und Coralie Wink

Haupt Verlag

1. Auflage: 2026

ISBN 978-3-258-08455-8

Aus dem Englischen übersetzt von Martina Wiese, D-Cölbe, Jorunn Wissmann, D-Binnen, und Coralie Wink, D-Dossenheim
Satz der deutschsprachigen Ausgabe: Die Werkstatt Medien-Produktion GmbH, D-Göttingen
Umschlaggestaltung der deutschsprachigen Ausgabe: Tanja Frey, Haupt Verlag, Bern
Gestaltung: Gilda Pacitti / Illustrationen: Sarah Skeate

Die englischsprachige Originalausgabe erschien 2022 unter dem Titel *The Lives of Fungi. A Natural History of our Planet's Decomposers* bei Princeton University Press, USA

Gedruckt in China
Um lange Transportwege zu vermeiden, hätten wir dieses Buch gerne in Europa gedruckt. Bei Lizenzausgaben wie diesem Buch entscheidet jedoch der Originalverlag über den Druckort. Der Haupt Verlag kompensiert mit einem freiwilligen Beitrag zum Klimaschutz die durch den Transport verursachten CO_2-Emissionen. Dabei unterstützt der Verlag ein Projekt zur nachhaltigen Forstbewirtschaftung in der Zentralschweiz. Wir verwenden FSC®-zertifiziertes Papier. FSC® sichert die Nutzung der Wälder gemäß sozialen, ökonomischen und ökologischen Kriterien.

FSC
www.fsc.org
MIX
Papier | Fördert gute Waldnutzung
FSC® C005748

Diese Publikation ist in der Deutschen Nationalbibliografie verzeichnet.
Mehr Informationen dazu finden Sie unter http://dnb.dnb.de.

Der Haupt Verlag wird vom Bundesamt für Kultur für die Jahre 2021–2026 unterstützt.

Sie möchten nichts mehr verpassen? Folgen Sie uns auf unseren Social-Media-Kanälen und bleiben Sie via Newsletter auf dem neuesten Stand.
www.haupt.ch/informiert

Wir verlegen mit Freude und großem Engagement unsere Bücher. Daher freuen wir uns immer über Anregungen zum Programm und schätzen Hinweise auf Fehler im Buch, sollten uns welche unterlaufen sein.

Haupt Verlag AG
Falkenplatz 14
CH-3012 Bern
herstellung@haupt.ch
www.haupt.ch

Verantwortlich in der EU (GPSR):
Brockhaus Kommissionsgeschäft GmbH
Kreidlerstr. 9
DE-70806 Kornwestheim
haupt@brocom.de

INHALT

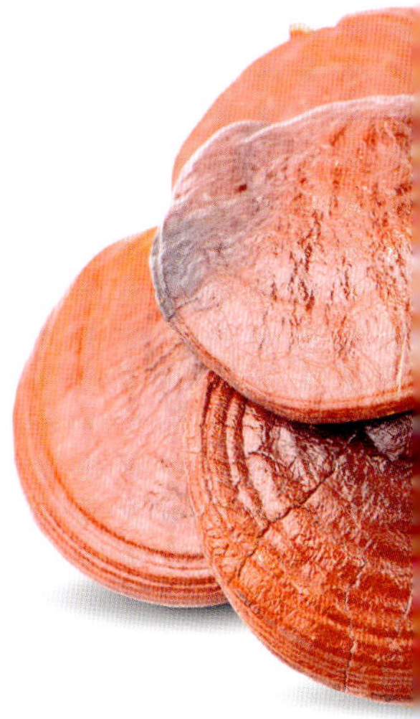

EINFÜHRUNG

„Alles ist von allem anderen abhängig."

(Credo des Haida-Volkes, einer der First Nations Kanadas)

Alles Leben auf diesem Planeten hängt miteinander zusammen, aber diese Zusammenhänge bleiben oft unbemerkt. Während Sie diese Zeilen lesen, gehen beispielsweise Mikroorganismen, die die äußeren und inneren Oberflächen Ihres Körpers zum guten Teil bedecken, ihren Tätigkeiten nach. Tatsächlich sind die meisten lebenden Zellen, die das Ökosystem Mensch ausmachen, gar keine menschlichen Zellen – die weitaus meisten sind Mikroorganismenzellen, darunter manche von Pilzen.

Ähnlich ist es bei dem Baum vor Ihrem Fenster. Er besteht größtenteils aus abgestorbenen Baumzellen; die meisten lebenden Zellen, die ihn ausmachen, sind wahrscheinlich keine Baum-, ja nicht einmal Pflanzenzellen. Endophytische Organismen im Pflanzengewebe sind maßgeblich an der hormonellen Steuerung der Pflanze beteiligt, sie bestimmen darüber, wie resistent sie gegen Trockenheit und Hitze ist und mit welchen Toxinen sie auf Angriffe durch Krankheitserreger oder Pflanzenfresser reagiert. Mykorrhizen an den Baumwurzeln tragen zur Aufnahme von Wasser und Nährstoffen bei. Die beteiligten Pilze sind mit benachbarten, nicht zwangsläufig verwandten Bäumen verbunden und bilden Fruchtkörper, in denen mykophage (pilzfressende) Arthropoden leben. Diese werden ihrerseits von Nematoden (Fadenwürmern) parasitiert oder aber von kleineren Arthropoden, etwa parasitoiden Brackwespen. Diese winzigen Wespen wiederum nutzen Viren, um ihr in der Wirtslarve abgelegtes Ei vor deren Immunabwehr zu tarnen, und so geht es immer weiter.

All diese Lebewesen, ja alle Lebewesen auf dem Planeten Erde aber haben eines gemeinsam: Sie sind auf Pilze angewiesen. Doch obwohl Pilze uns überall umgeben, wissen wir nur wenig über sie. Die biologische Vielfalt auf unserem Planeten ist durch Habitatverlust bedroht; die immer größere Weltbevölkerung verursacht Umweltverschmutzungen, die Einschleppung invasiver Arten und andere desaströse Entwicklungen. Darum wird es immer wichtiger, sich der Schätze in der umgebenden Natur bewusst zu sein.

Nicht alle Menschen sehen wie ich Pilze als schöne und interessante Organismen an. Viele betrachten sie, wenn sie sie überhaupt wahrnehmen, als reine Nährstoffrecycler und Zersetzer organischer Materie in der Umwelt – also von dem, was einst gelebt hat. Molekularbiologische Methoden zur Analyse von

Organismen-DNA in der Umwelt (Umwelt-DNA), verbesserte Mikroskopiertechniken und neue Kulturmethoden belegen jedoch, dass Pilze viel verbreiteter sind, als wir dachten, ja quasi allgegenwärtig. Und sie zeigen, welche wichtige Rolle Pilze für die Umwelt und damit auch für uns spielen.

Nach ihrer Gesamtmasse und Artenzahl bilden Pilze (neben den Insekten) wahrscheinlich die verbreitetste und evolutionär erfolgreichste Organismengruppe der Erde. Sie kommen auf allen Kontinenten vor, von den höchsten Gipfeln bis in die trockensten Wüsten, von der Tiefsee bis in unsere Gärten. Und sie machen auch an der Haustür nicht Halt, sondern gedeihen (zu unserem Leidwesen) auch in unseren Häusern. Dank neuester Mikroskopiertechniken wissen wir heute, dass Schimmel- und andere Pilze praktisch jede Nische in unserer Umwelt besiedeln und wahrscheinlich keine Pflanzen – die lange als Schlüsselorganismen für alle Lebensräume galten – längere Zeit ohne ihre Pilzpartner überdauern können. Ob als obligate Mykorrhiza-Partner im Wurzelwerk, Epiphyten auf Pflanzenoberflächen oder Endophyten im

↑ *Favolaschia calocera* (Orangeroter Porenhelming), ein hübscher Holzzersetzer, der heute an vielen neuen Orten und in neuen Habitaten auftaucht. Klimaveränderungen sowie internationaler Reise- und Handelsverkehr verändern die mykologische Landschaft.

← Pilze bilden Fruchtkörper unterschiedlichster Form und Gestalt. *Schizophyllum commune* (Gemeiner Spaltblättling) ist besonders weit verbreitet und kommt auf allen Kontinenten außer Antarktika vor.

Pflanzengewebe: Pilze sind in der Natur die wahren Strippenzieher. Zugleich verursachen sie die meisten Krankheiten bei Pflanzen, auch jenen, auf die wir als Quellen für Nahrung, Fasern und medizinische Wirkstoffe angewiesen sind. Auch hier diktieren Pilze das Geschehen.

Wir Menschen stehen als Art heute an einem entscheidenden Punkt in unserer Geschichte. Zum Zeitpunkt meiner Geburt lebten rund 3,5 Milliarden Menschen auf der Erde. Als ich Anfang der 1990er-Jahre mein Studium abgeschlossen hatte und mich der Erforschung der Pilze widmete, war die Weltbevölkerung bereits auf 5,3 Milliarden angewachsen. Heute gibt es etwa 7,8 Milliarden Menschen auf der Erde, um 2050 werden es vermutlich rund 9,7 Milliarden sein. Dieser rasante Anstieg verdeutlicht die immensen Herausforderungen, denen wir uns gegenübersehen, im Kampf gegen die globale Klimaerwärmung und bei der Suche nach Möglichkeiten, gesunde Ökosysteme zu erhalten, die für uns überlebenswichtig sind.

Pilze werden bei diesem Prozess zweifellos eine wichtige Rolle spielen, schließlich sammeln, nutzen und essen wir Menschen Pilze, seit es uns gibt – und unsere Vorfahren hielten es vermutlich genauso. Heute werden auf allen Kontinenten außer Antarktika wilde

↑ Pilze haben unterschiedlichste Farben und Formen; manchmal wirken sie wie von einer anderen Welt. Ebenso vielfältig sind ihre Lebensweisen und die Rollen, die sie für ihre Umwelt spielen.

Pilze gesammelt; viele Arten lassen sich zudem gut kultivieren. Die häufigsten essbaren Pilze jedoch sind ektomykorrhizal, interagieren also als Symbionten mit Baumwurzeln. Diese Arten beziehen ausreichend Nährstoffe von ihren Baumpartnern, um alljährlich viele Fruchtkörper auszubilden. Allerdings stehen Wälder in aller Welt aus verschiedenen Gründen unter enormem Druck; Abholzungen und die Degradation (Verödung) von Wald-Ökosystemen wirken sich unmittelbar auf die dort lebenden Pilze aus.

Doch so entscheidend Pilze auch für unseren Planeten sind, wir schenken ihnen meist fast keine Beachtung – obwohl manche sogar Leistungen vollbringen und eine Lebensweise haben wie von einer anderen Welt. Manche Pilze tun Dinge, die wahrscheinlich Ihre Vorstellungskraft übersteigen! Sind wir aber einmal unter den richtigen Bedingungen zur richtigen Zeit am richtigen Ort, werden wir vielleicht Zeugen des magischen Moments, wenn Pilze aus dem Waldboden hervortreten. Dabei entwickeln die zarten Gebilde erstaunliche hydraulische Kräfte, um durch Moder und Mulm nach oben zu dringen. Ein Pilzschirm nach dem anderen reift dann heran und setzt beim kleinsten Windhauch unzählige Sporen frei. Unmöglich zu sagen, wo diese niedergehen werden, aber wenn die Bedingungen (und das Substrat) günstig sind, beginnt der Kreislauf von Neuem. Der sichtbare „Pilz", also der Fruchtkörper, ist jedoch nur die sprichwörtliche Spitze des Eisbergs, denn der Großteil des Pilzes bleibt im Untergrund verborgen. Die Pilze, die für uns sichtbare Fruchtkörper bilden, stellen zudem nur einen Bruchteil aller Pilzarten. Was also sind Pilze? Wonach streben sie, und wie beeinflussen sie die Umwelt?

Was sind Pilze?

Pilze bilden ein eigenes Reich, das ebenso unterschiedliche Mitglieder umfasst wie das Tier- und das Pflanzenreich. Ihre Art der Nährstoffaufnahme, ihre Abwehrmechanismen, Genetik, Fortpflanzung und Kommunikation unterscheiden sich grundlegend von denen, die uns etwa von den Tieren vertraut sind.

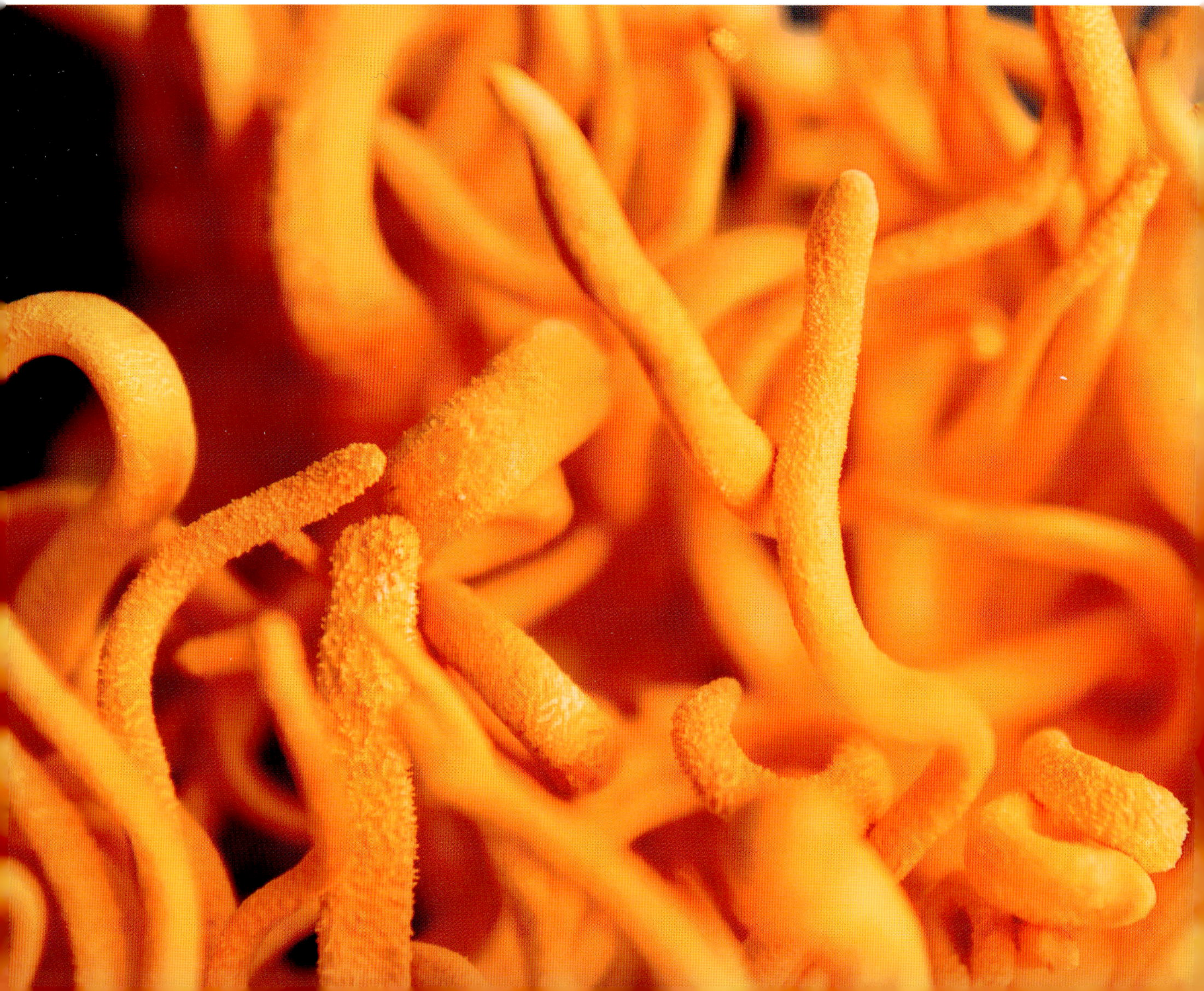

↓ *Cordyceps militaris* (Puppen-Kernkeule) in Kultur

In der Wissenschaft galten Pilze sehr lange als Pflanzen. Seit Aristoteles teilte man alle Lebewesen in Tiere und Pflanzen ein, je nachdem, ob sie zu Ortsbewegungen fähig waren oder nicht. Das heutige Klassifikationssystem mit Verwandtschaftsebenen wie Reich, Stamm, Gattung und so fort wurde im 18. Jahrhundert von Carl von Linné entwickelt. Es ist zwar differenzierter, machte aber im Hinblick auf die Pilze kaum einen Unterschied, die anfangs immer noch als Pflanzen galten. Dank besserer Kenntnisse über die evolutionären Beziehungen aller Lebewesen aber wissen wir heute, wer die nächsten Verwandten der Pilze sind: nicht etwa die Pflanzen, sondern die Tiere (und somit auch wir).

Wenn wir im Wald auf einen Großpilz (so werden Pilze bezeichnet, die mit dem bloßen Auge erkennbar sind), oder besser: seinen Fruchtkörper, stoßen, erkennen wir ihn natürlich als Pilz. Und wenn wir ein grünes Blatt in der Hand halten, wissen wir, dass es von einer Pflanze stammt. Die weitaus meisten Pilze aber bilden keine solchen Fruchtkörper, und nicht jedes Pflanzenmaterial ist grün. Woher wissen wir also, was wir vor uns haben? Wie werden Lebewesen klassifiziert? Um diese Frage zu beantworten, müssen wir etwas über Biologie und Physiologie erfahren.

In der Biologie gilt zunächst einmal die Regel, dass Lebewesen aus Zellen bestehen. Die Zelle enthält alles, was nötig ist, damit der Organismus sein Leben leben kann, und ist von einer teilweise durchlässigen (semipermeablen) Membran aus Phospholipiden umgeben. Doch schon hier herrscht unter Biolog:innen Uneinigkeit – nach dieser Definition wäre ein Virus kein Lebewesen, was manche Forscher:innen durchaus anders sehen.

Auf unterster Ebene teilt sich alles Leben in Prokaryoten und Eukaryoten. Prokaryoten sind Einzeller (auch Bakterien), die keine Zellorganellen und keinen Zellkern besitzen. Ihre DNA ist in einem einzelnen, ringförmigen Chromosom organisiert. Außer der Zellmembran besitzen manche Bakterien noch eine feste Zellwand – und das ist auch schon alles.

Eukaryoten dagegen sind physiologisch gesehen stärker organisiert. Sie besitzen Organellen wie Mitochondrien sowie einen Zellkern, und ihre DNA ist in komplexen Chromosomen angeordnet. Zu ihnen zählen die einzelligen Eukaryoten sowie Pflanzen, Tiere und Pilze.

Pilze beziehen ihre Energie auf alle nur denkbaren heterotrophen Arten – manche stellen dazu Dinge an, die unsere Vorstellungskraft glatt übersteigen. Die meisten Pilze leben wohl parasitisch, und wahrscheinlich haben alle Pflanzen artspezifische pathogene Pilze; viele unserer Nutzpflanzensorten haben sortenspezifische Pilzerreger. Andere Pilze ernähren sich saprotroph, also von zerfallender organischer Materie, während wiederum andere in echten Symbiosen leben, meist mit Pflanzen. Wenige Pilze sind carnivor und machen tierische Beute, um an Stickstoff zu kommen.

Allen Pilzen gemeinsam sind Zellwände aus Chitin, die den Pilzkörper stabil und zugleich flexibel machen. Chitin besteht wie die bei Pflanzen vorkommende Zellulose aus langkettigen Kohlenhydraten, die bei ihm aber besonders stabile Bindungen aufweisen. Chitin ist auch im Außenskelett von Insekten und anderen Arthropoden (Gliederfüßern) zu finden; zudem haben die den Pilzen am nächsten stehenden einzelligen Eukaryoten ebenfalls Chitin-Zellwände.

Der Mensch bildet keine Chitinasen, also Enzyme für den Chitinabbau. Darum ist der Glaube verbreitet, Pilze seien wegen ihres Chitins unverdaulich und lieferten uns keine Nährstoffe. Tatsächlich können wir aus Chitin (so wie aus pflanzlicher Zellulose) keine Nährstoffe gewinnen, doch Pilze und Pflanzen enthalten in ihren Zellen sehr viel anderes, das nahrhaft ist. Das von uns beim Verzehr von Pilzen aufgenommene Chitin wirkt, wie die Zellulose, als Ballaststoff und erfüllt somit eine wichtige Aufgabe in unserer Ernährung.

← Stinkmorchelverwandte wie *Aseroe rubra* sehen teilweise aus wie vom anderen Stern, sind aber hochspezialisiert auf die Bildung von Sporen und das Anlocken von Insekten als deren Verbreiter, ähnlich wie bei der Bestäubung von Pflanzen.

→ Pilze leben nicht immer mutualistisch mit Insekten zusammen. *Beauveria bassiana* und *Metarhizium anisopliae* sind entomopathogene (Insekten befallende) Pilze, hier zu sehen an *Rhynchophorus ferrugineus* (Roter Palmrüssler). Zum Vergleich in der Mitte ein nicht infizierter Käfer.

FORM UND FUNKTION

Die Fortpflanzungsstrukturen der Pilze haben verschiedenste Größen, Formen und Farben, doch Fruchtkörper, die so groß sind, dass wir sie als „Pilze" bezeichnen, werden nur von den Asco- und Basidiomyceten (Schlauch- und Ständerpilzen) gebildet. Die Fruchtkörper haben oft Lamellen, Poren oder Röhren, Zähne oder Stacheln (Champignons und Steinpilze). Es gibt konsolenförmige Fruchtkörper mit Poren oder Lamellen (Stielporlingsverwandte), solche in Nest- oder Becherform; kugelige Boviste und ähnliche Pilze, gallertige, korallen- und keulenförmige Pilze sowie Trüffel und trüffelartige Pilze.

Ähnlichkeiten in der Form der Fruchtkörper können jedoch Verwirrung stiften und bewirkten in der Vergangenheit, dass sich die Mykolog:innen nicht auf ein Klassifikationsschema einigen konnten. Als faszinierendes Ergebnis der sogenannten konvergenten Evolution gibt es unter den Ständer- wie den Schlauchpilzen Arten, die jeweils ähnliche Fruchtkörper bilden, etwa in Becher-, Keulen- oder Trüffelform. Somit gibt es unter den Ständerpilzen mehrere Ordnungen, deren Angehörige konsolenförmige Fruchtkörper bilden, doch nicht alle davon sind Porlinge (ihrerseits eine morphologische Gruppierung). Umwelt und natürliche Selek-

↑ Pilz-Fruchtkörper sind oft ansprechend geformt und ähneln manchmal anderen Lebensformen, hier *Ramaria stricta* (Steife Koralle).

Formenvielfalt für die Fortpflanzung

Pilze und pilzähnliche Organismen bilden Fortpflanzungsstrukturen verschiedenster Größen, Formen und Farben. Häufig finden sich Lamellen, Poren oder Röhren, Zähne oder Stacheln; es gibt konsolenförmige Fruchtkörper mit Röhren oder Lamellen, solche, die becher-, korallen- oder keulenförmig sind, amorph-zerfließend oder gallertig oder auch kugelförmig. Viele winzige Pilze bilden keinerlei Fruchtkörper, sondern bringen zur Fortpflanzung einfach Diasporen an Konidiophoren hervor.

LEISTLINGE

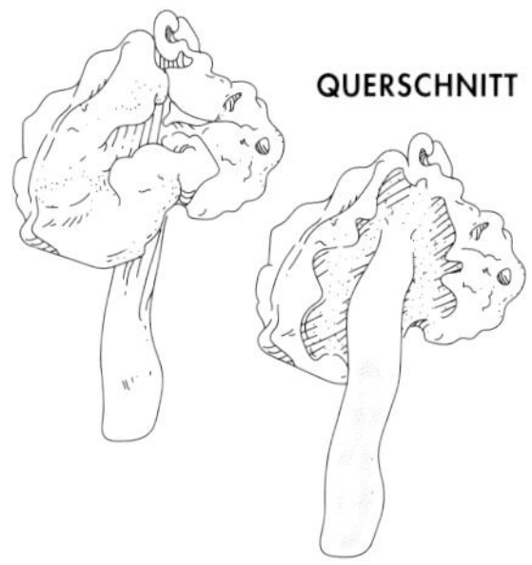

ECHTE LORCHELN UND GIFTLORCHELN

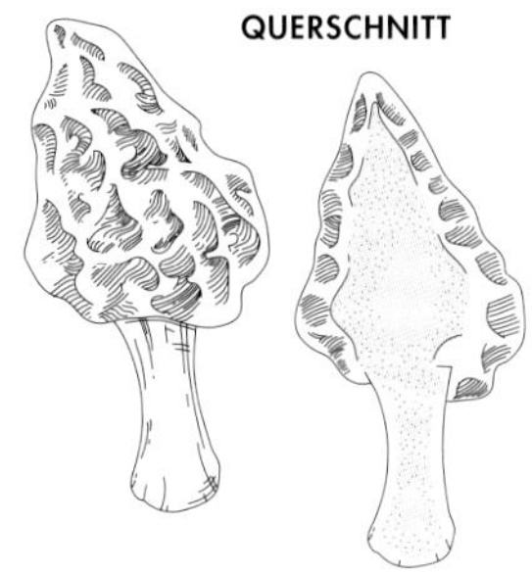

MORCHELN

ERDSTERNVERWANDTE

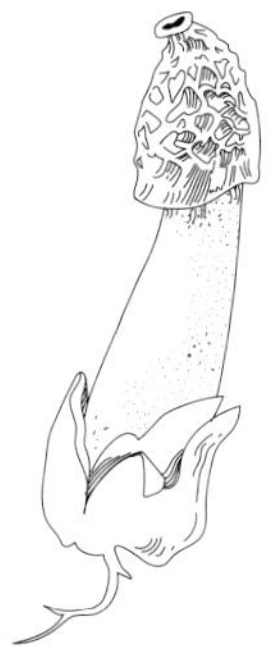

STINKMORCHELVERWANDTE

BOVISTE UND STÄUBLINGE

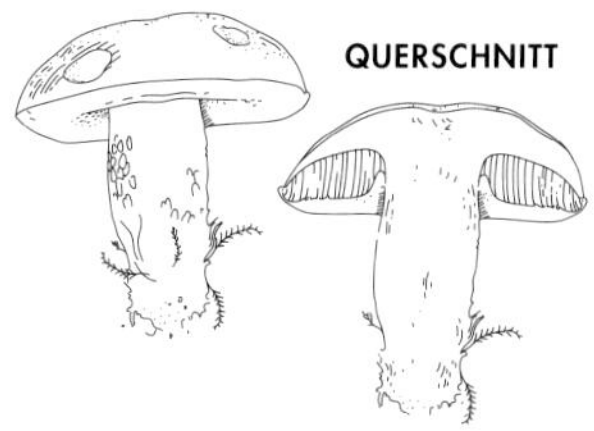

RÖHRLINGE

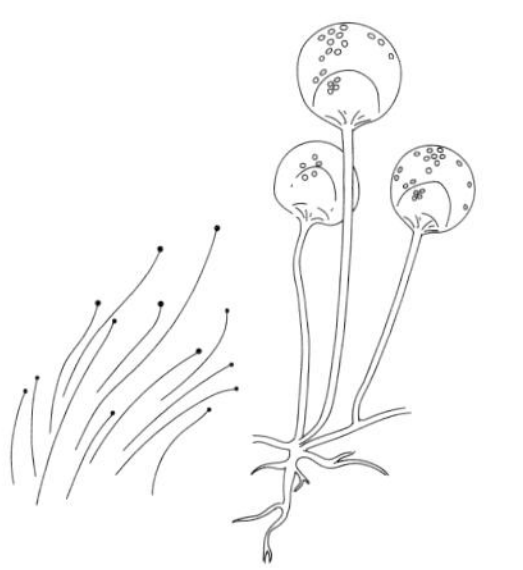

EINFACHE KONIDIOPHOREN

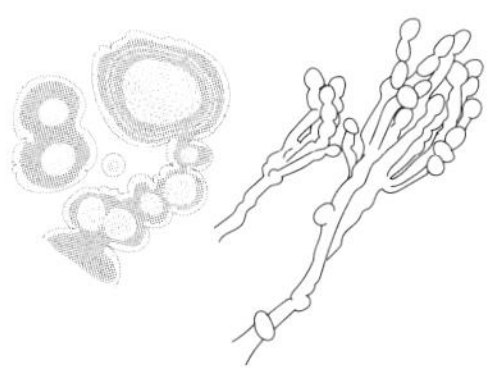

EINFACHE KONIDIOPHOREN

SCHLEIMPILZE
(hier Plasmodium-Phase)

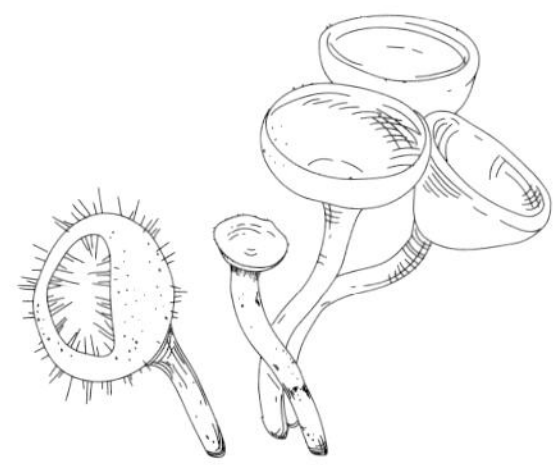

BECHERLINGSVERWANDTE

KEULEN- UND KORALLENPILZE

LAMELLENPILZE (BLÄTTERPILZE)

STACHELPILZE

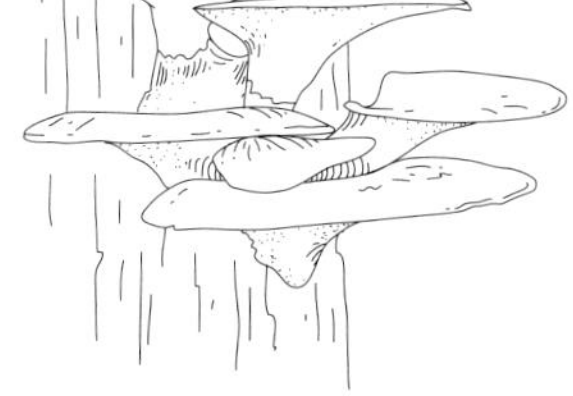

PORLINGE

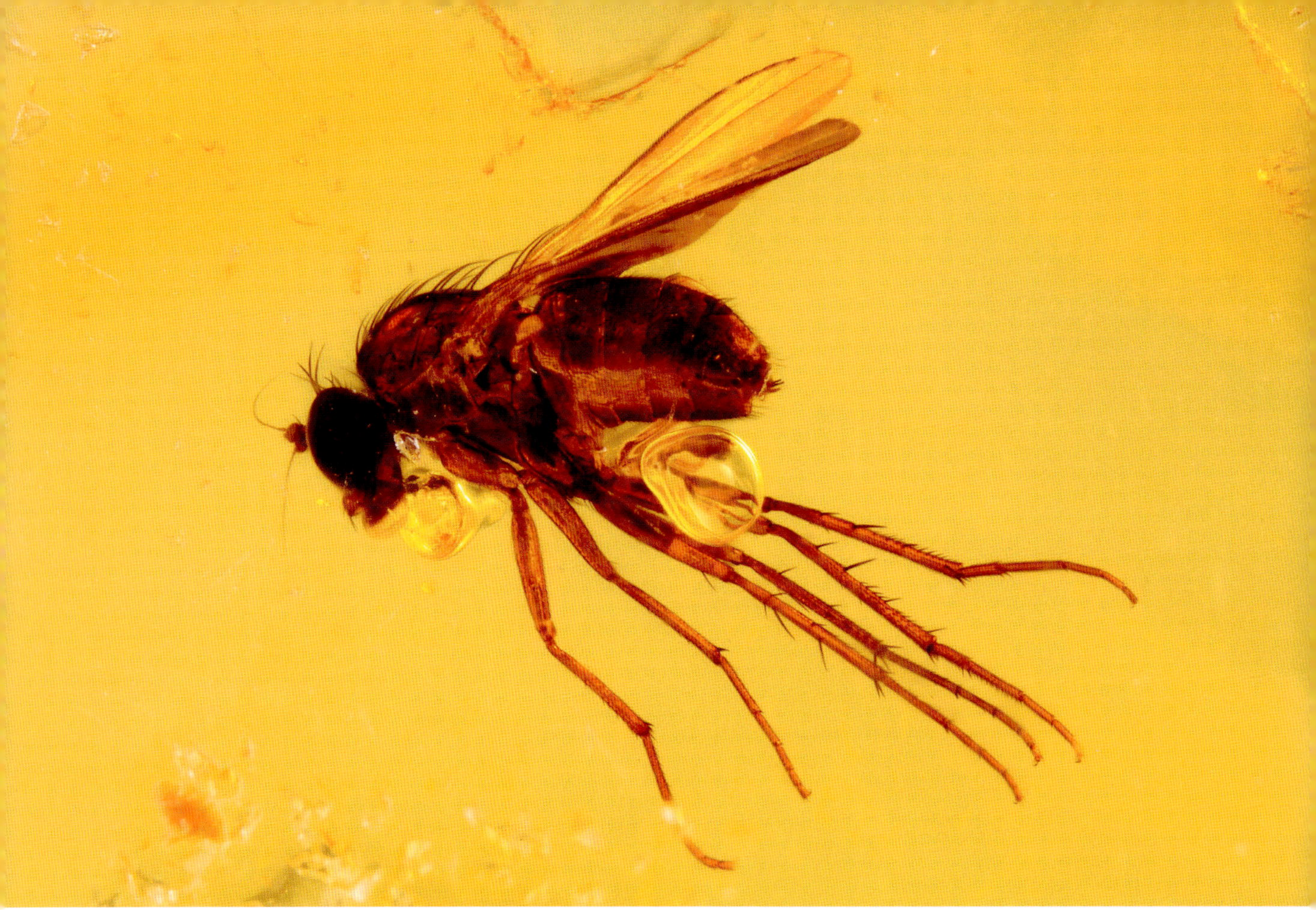

tion bewirken die Evolution eines Organismus hin zu der am besten angepassten Form; darum gibt es etwa viele Ständerpilze, die trüffelähnliche Fruchtkörper bilden – optimal für das Leben in einer trockenen (ariden) Umgebung.

FOSSILE BELEGE

Die weichen Pilzgewebe fossilisieren nur schlecht, aber es gibt dennoch einige Fossilbelege. Die ersten Pilze entwickelten sich zweifellos im Wasser, wie die meisten frühen Lebensformen. Denn Fossilfunden zufolge gibt es Pilze wahrscheinlich seit dem Neoproterozoikum (etwa 900–570 Millionen Jahre vor heute), vielleicht auch schon davor. Die bislang ältesten „Pilz"-Mikrofossilien wurden in Schiefergestein auf Victoria Island (Kanada) gefunden. Sie sind etwa 850 Millionen bis 1,4 Milliarden Jahre alt; allerdings ist steht noch nicht ganz fest, ob es wirklich Pilzfossilien sind. Wann genau es auch immer war, man ist sich einig, dass Pilze wahrscheinlich das Land eroberten, kurz bevor die ersten terrestrischen Pflanzen dies vor rund 700 Millionen Jahren taten. So ebneten sie den Pflanzen den Weg in trockenere Lebensräume.

Die ältesten Fossilbelege für flechtenähnliche Organismenformen datieren auf etwa 600 Millionen Jahre vor heute, und vor rund 550 Millionen Jahren erfolgte die Aufspaltung zwischen Chytridiomycota (Chytrid- oder Töpfchenpilzen) und den höheren Pilzen. Die ältesten taxonomisch identifizierbaren Pilze sind 460 Millionen Jahre alt und ähneln den heutigen Glomeromycota. Vor rund 400 Millionen Jahren erfolgte die Aufspaltung in Basidio- und Ascomycota (Ständer- und Schlauchpilze). Ungefähr zur selben Zeit erscheinen die ersten Insekten; erste Käfer und Fliegen treten vor rund 245 Millionen Jahren auf.

Vieles, was wir über nicht mehr existierende

Pilzarten wissen, verdanken wir in Bernstein eingeschlossenen Exemplaren. Das Baumharz hat konservierende Eigenschaften, daher sind in Bernstein oft zarte Relikte in feinsten Details erhalten, auch Pilzbestandteile. Das Harz schließt die Objekte nicht nur luftdicht ein, sondern entzieht dem Gewebe auch Wasser. Mit seinen antimikrobiellen Bestandteilen tötet es zudem Mikroorganismen ab, die organische Materie zersetzen würden, sodass alle Einschlüsse (Inklusen) quasi einbalsamiert sind. So blieben auch einige wenige fossile Pilze aus der Kreide und dem Känozoikum im Bernstein wunderbar erhalten. Der älteste dieser Pilze ist *Palaeoagaricites antiquus* (100 Millionen Jahre), der heutigen Mitgliedern der Familie Tricholomataceae (Ritterlingsverwandte) ähnelt. Weitere Arten sind unter anderem *Archaeomarasmius legettii* (90 Millionen Jahre), *Protomycena electra* (20 Millionen Jahre) und *Coprinites dominicana* (20 Millionen Jahre). Die drei letztgenannten ähneln schon sehr den Pilzen, wie wir sie in heutigen Wäldern finden.

Mykorrhiza-Symbiosen (Mykorrhizen) entwickelten sich, wie man vermutet, vor mehr als 400 Millionen Jahren, als die Pflanzen allmählich terrestrische Lebensräume eroberten. Diese Beziehungen gelten als entscheidende Neuerung in der Evolution der Gefäßpflanzen. Erst vor recht kurzer Zeit fand man erste Fossilien einer Ektomykorrhiza mit einer Blütenpflanze (Bedecktsamer, Angiospermum) in einem indischen Bernstein aus dem unteren Eozän (vor ca. 52 Millionen Jahren); sie entstanden also nur rund 13 Millionen Jahre nach dem Niedergang der Dinosaurier. Mykorrhizen sind in fossilisierter Form extrem selten.

↖ Bernstein konserviert eingeschlossene Organismen hervorragend. Es sind nur wenige Fossilien von Pilzen bekannt, aber viele von Lebewesen, die Pilze gefressen haben, wie diese mykophage Buckelfliege.

→ Das älteste bekannte Pilzfossil, *Ourasphaira giraldae*, wurde im kanadischen Northern Territory in Schiefergestein gefunden, das vor 900 Millionen bis einer Milliarde Jahren entstand. Trotz des hohen Alters sind die Fossilien sehr gut erhalten. Die deutlich erkennbaren Sporen sind weniger als einen Zehntelmillimeter lang und durch dünne, sich verzweigende Hyphenfäden verbunden.

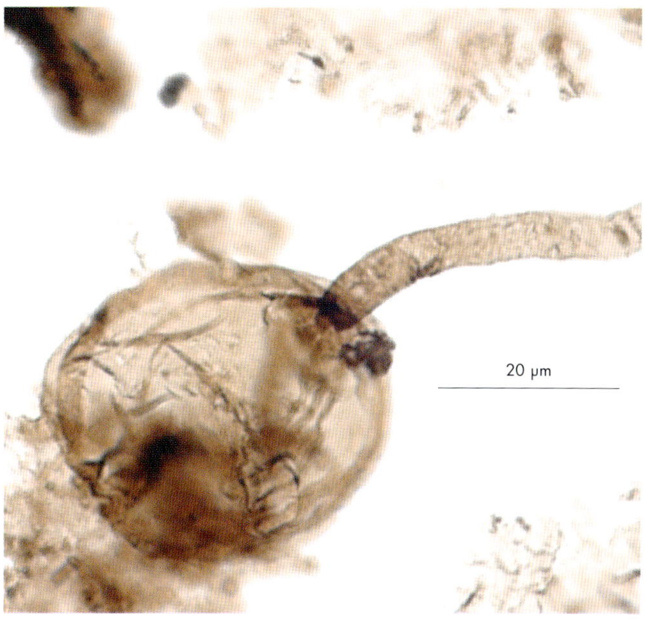

KLASSIFIKATION UND TAXONOMIE

Zum Zeitpunkt der Niederschrift des vorliegenden Buches gab es rund 100 000 benannte Pilzarten; allerdings schätzt man, dass es mehr als 1,5 Millionen gibt – der allergrößte Teil ist also noch gar nicht entdeckt und beschrieben. Der Grund ist ihre verborgene Lebensweise; die meisten Pilzarten sind mikroskopisch klein, sodass sie schwer aufzufinden sind, und jene, die sich nicht kultivieren lassen, bleiben oft unbekannt. Wir wissen aber, dass es unzählige unbekannte Pilze gibt, weil ihre DNA im Erdboden und in anderen Substraten nachgewiesen wurde.

Die Einteilung der Pilze in Hauptgruppen erfolgt anhand ihrer sexuellen Fortpflanzungsstrukturen, was bis vor Kurzem bedeutete, dass man vier Klassen unterschied: Chytridiomyceten, Zygomyceten, Basidiomyceten und Ascomyceten. Dieses taxonomische Schema ist zwar stark vereinfachend, aber immer noch recht hilfreich, um zu verdeutlichen, um was für Pilze es sich handelt und wie sich diese fortpflanzen.

Neuere Klassifikationsschemata teilen die Pilze in zusätzliche Abteilungen ein, wenn auch nicht unter allen Fachleuten Einigkeit bezüglich der taxonomischen Hierarchie mancher Gruppen besteht. Formelle Bezeichnungen dieser Abteilungen sind Chytridiomycota, Glomeromycota, Basidiomycota und Ascomycota. Die Bezeichnung „Zygomycota" wird oft in Anführungszeichen gestellt, weil sie eine künstliche, nicht monophyletische Gruppe darstellt; die hierin zusammengefassten Pilze lassen sich also nicht auf eine gemeinsame Stammform zurückführen. Die Basidiomyceten und Ascomyceten werden zusammen auch als „höhere" Pilze bezeichnet. Die meisten Menschen (wenn sie nicht gerade Mykolog:innen sind) kennen nur größere, auffällige Arten (Großpilze) der Basidiomyceten und einiger Ascomyceten.

Wenn aber Pilze anhand ihrer sexuellen Fortpflanzungsform (ihrem teleomorphen oder „perfekten" Stadium) klassifiziert werden, wie sieht es dann mit dem asexuellen (anamorphen) Stadium aus? Viele Pilzarten sind nur als Anamorphen bekannt, und viele von diesen sind von wirtschaftlicher Bedeutung – sie schädigen Feldfrüchte, zersetzen Nahrungsmittelvorräte oder verursachen Pilzinfektionen. Solche Pilze stellen Taxonomen, die sie ja benennen sollen, vor Schwierigkeiten. In der Vergangenheit fasste man diese „imperfekten" Pilze einfach in einer großen Gruppe zusammen (den Deuteromyceten oder Fungi imperfecti), ohne Ansehen ihres evolutionären Verwandtschaftsgrades. Dank der DNA-Sequenzierung lässt sich heute jedoch die zugehörige Teleomorphe eines anamorphen Pilzes identifizieren, sofern eine solche existiert. Das asexuelle Stadium kann so mit dem sexuellen verknüpft werden, ohne dass die Art in Kultur sexuelle Sporen bilden muss.

← Junge Exemplare von *Pleurotus ostreatus* (Austernseitling) sind beliebte Speisepilze und leicht zu kultivieren.

Phylogenetischer Stammbaum

Heutige Klassifikationssysteme unterscheiden bei den Pilzen die Abteilungen Chytridiomycota, Glomerulomycota, Basidiomycota und Ascomycota; die polyphyletische Gruppe der „Zygomycota" wird allmählich aufgelöst. Kurz erläutert wird die Ökologie jeder Gruppe und das Vorkommen bzw. Fehlen begeißelter Stadien.

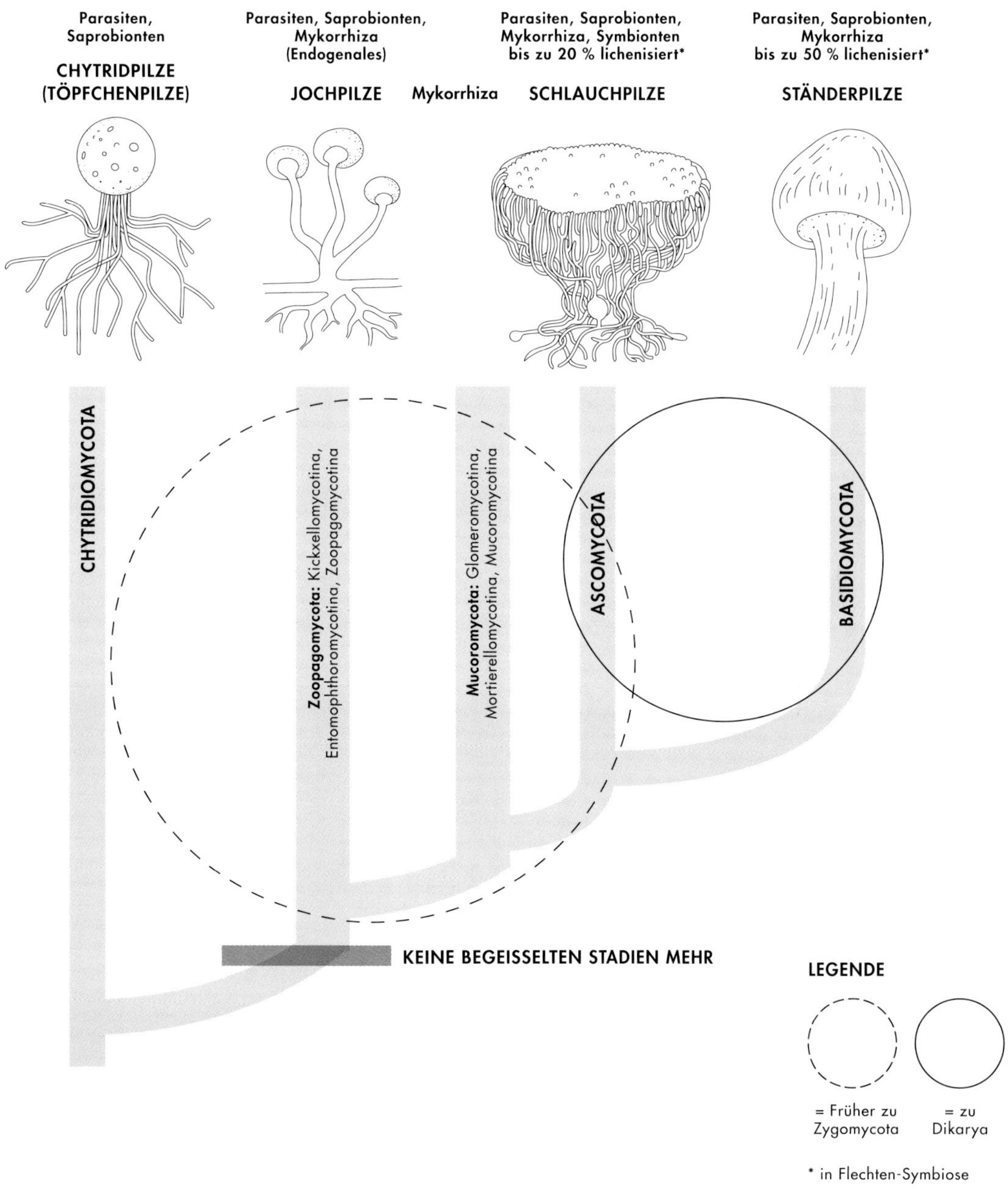

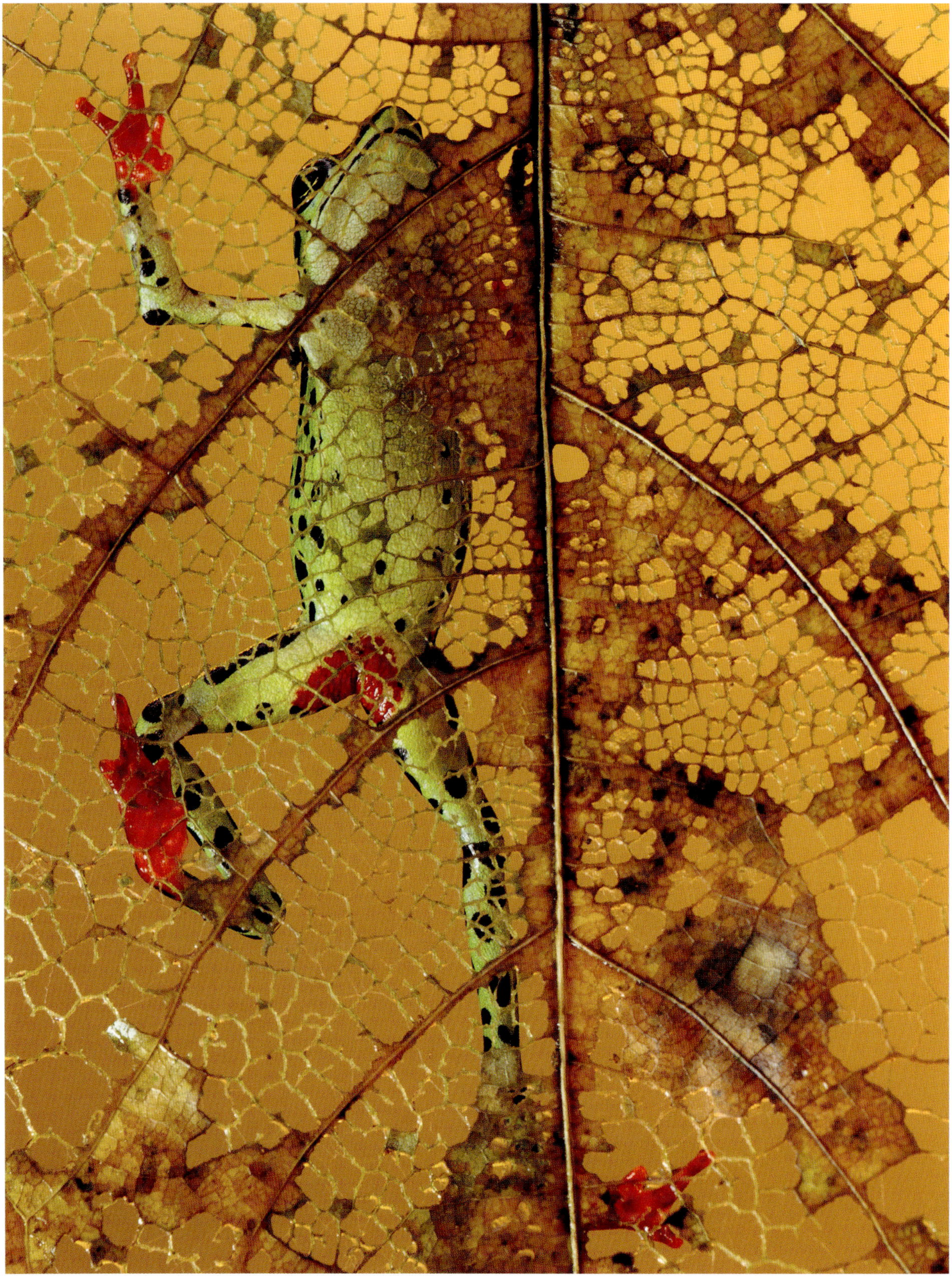

← Chytridpilze (Töpfchenpilze) sind fatale Krankheitserreger bei Amphibien wie *Atelopus spumarius,* einem Stummelfußfrosch, hier in Ecuador.

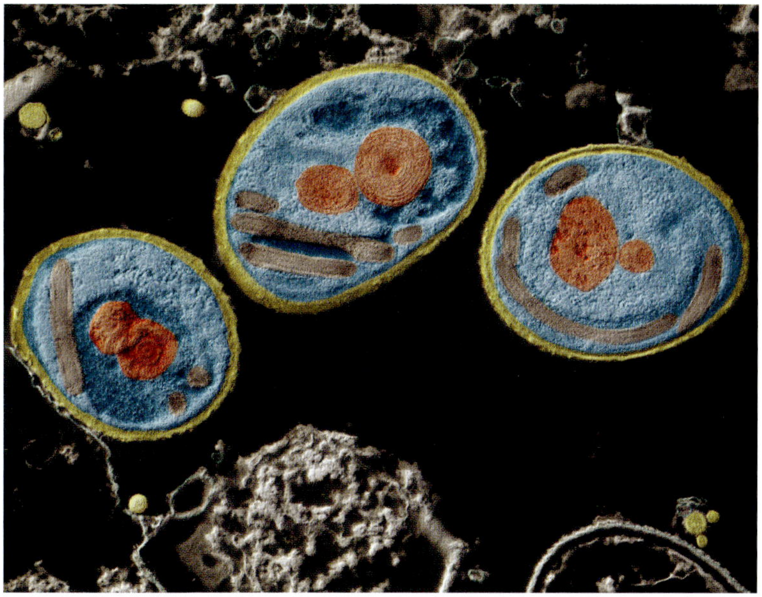

→ Zu den seltsamsten und am wenigsten erforschten Pilzen zählen die Microsporidia, hier bei 58 000-facher Vergrößerung per Transmissionselektronenmikroskop (TEM) koloriert dargestellt. Sie leben ausschließlich in den Zellen ihrer Wirte; ihre Physiologie und ihre Genome sind extrem reduziert.

Die DNA-Sequenzanalyse sorgte bei manchen dieser asexuellen Pilze auch für einige Überraschungen. So wurde für *Aspergillus* bestätigt, was seit Jahrzehnten bekannt ist, nämlich dass mehr als 300 Arten dieser anamorphen Gattung tatsächlich zu nicht weniger als elf teleomorphen Gattungen gehören – das brachte natürlich Probleme mit der korrekten Benennung mit sich. Im Jahr 2012 veränderte man daher die Nomenklaturregeln für wissenschaftliche Namen und ließ bei lange etablierten Bezeichnungen für asexuelle Stadien deren Namen in Fällen zu, wo der Wechsel zu einem Namen für das sexuelle Stadium Verwirrung gestiftet hätte. Folglich führen einige *Aspergillus*-Arten (auch berüchtigte Mykotoxinbildner wie *A. flavus, A. parasiticus* und *A. ochraceus*) weiterhin den anamorphen Namen; wo aber der teleomorphe Name günstiger ist, etwa bei bekannten sexuellen Gattungen wie *Eurotium, Emericella* und *Neosartorya,* benutzt man diesen.

Bevor wir kurz auf die Echten Pilze eingehen, sei die neueste Gruppe von Pilzen erwähnt, die Microsporidia. Bis 2006 hielt man diese merkwürdigen, winzigen Organismen für Protozoen; heute gelten sie als extrem einfache primitive Pilze oder auch nur als die nächsten Verwandten der Pilze – die evolutionären Verwandtschaftsverhältnisse innerhalb dieser Gruppe müssen noch genauer analysiert werden. Dass Sie bei Ihrem nächsten Waldspaziergang ein Microsporidium zu Gesicht bekommen, ist unwahrscheinlich, denn diese sind winzige, einzellige Parasiten von Tieren (vor allem Insekten, doch parasitieren einige auch beim Menschen). Ihr gesamter Lebenszyklus, inklusive Reproduktion, spielt sich in der Wirtszelle ab. Falls sie sich tatsächlich von den Echten Pilzen ableiten, haben sie vor langer Zeit das Hyphenwachstum aufgegeben, um als Endosymbionten zu leben. Microsporidia zählen zu den kleinsten bekannten Eukaryoten und besitzen unter diesen das kleinste Genom.

Die Microsporidia sind die neueste Gruppe; die Chytridiomyceten (Chytrid- oder Töpfchenpilze) dagegen galten lange als die primitivsten unter den Echten Pilzen. Man findet sie weltweit; die meisten Arten sind saprotroph, ernähren sich also von zerfallender organischer Materie. Einige jedoch parasitieren bei Pflanzen und Tieren (später mehr dazu, dass der weltweite Amphibienrückgang auf diese Pilze zurückgeht). Sie sind die einzigen beweglichen Pilze; ihre Zoosporen sind durch Geißeln zur Ortsbewegung fähig. Alle höher entwickelten Pilze sind unbeweglich.

Unsere nächste Gruppe, die Zygomyceten (Jochpilze), war schon immer eine bunte Mischung von Pilzen, die man anhand ihrer Hyphen, denen Trennwände fehlen, zusammengefasst hatte. Zu den bekanntesten Zygomyceten zählen *Rhizopus stolonifer* (Gemeiner Brotschimmel) sowie die *Pilobolus*-Arten (Pillenwerfer), die ihre Sporen weit schleudern können.

Die Pilzpartner der Arbuskulären Mykorrhizen (AM) rechnete man einst zu den Zygomyceten; heute fasst man sie in einer eigenen Abteilung zusammen, den Glomeromycota. Über diese Pilze ist kaum etwas bekannt, denn nur eine geringe Zahl von Arten konnte bisher in Kultur genommen werden. Wenige von ihnen (wenn überhaupt) pflanzen sich sexuell fort, sie bilden keine erkennbaren Fruchtkörper; manche bilden Ansammlungen asexueller Sporen, und das war es auch schon. Wir wissen zudem, dass die AM-Pilze mutualistische Symbionten der meisten Pflanzen sind – womöglich sind sie also die Strippenzieher allen Lebens auf diesem Planeten!

Die entwicklungsgeschichtlich jüngsten Pilze sind die Basidio- und die Ascomyceten (Ständer- bzw. Schlauchpilze); sie haben einen gemeinsamen Vorfahren. Zu den Basidiomyceten gehören die meisten Großpilze, die vielen Menschen vertraut sind und die ihre sexuellen Sporen auf einem Sporenständer (Basidium) bilden. Die Ascomyceten dagegen bilden sexuelle Sporen in einer sack- oder schlauchähnlichen Struktur, dem Ascus. Die Schlauchpilze bilden die größte Pilzgruppe; zu ihnen gehören auch Morcheln, Trüffel und Hefen.

Beide Gruppen bilden vielzellige Hyphen mit Trennwänden (Hefen allerdings sind einzellig); sie leben saprotroph, parasitisch oder als mutualistische Symbionten.

↑ Manche Schlauchpilze bilden farbenfrohe becherförmige Fruchtkörper, wie dieser hübsche *Sarcoscypha coccinea* (Scharlachroter Kelchbecherling).

→ Im 19. Jahrhundert erforschte und zeichnete der deutsche Naturforscher Ernst Haeckel viele Tiere, doch beeindruckten ihn auch einige Pilze, besonders die prächtigen Basidiomyceten.

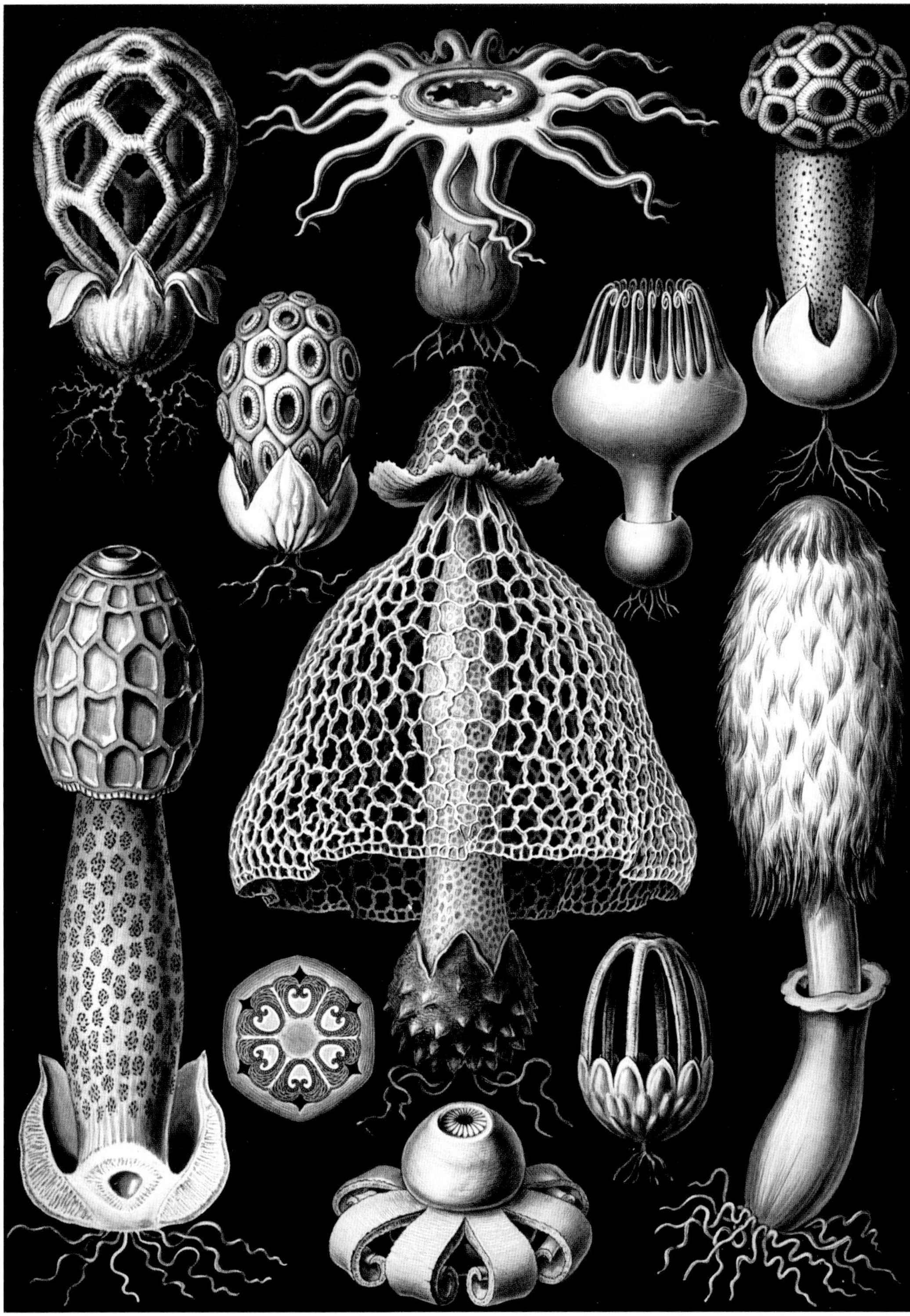

PATHOGENE PILZE

Viele Pilze, die heute auf der Erde leben, sind Pathogene (Krankheitserreger). Aber auch sie selbst haben ihre Parasiten und Pathogene. Tatsächlich parasitieren viele Pilze auf anderen Pilzen. Die verbreiteten Pilze der Gattung *Tremella* (Zitterlinge) etwa galten lange als Saprobionten an zerfallendem Holz, wo sie oft neben Arten der Gattung *Stereum* (Schichtpilze) auftreten, die Holzzersetzer sind. Wie sich jedoch zeigte, sind die Zitterlinge Parasiten von Pilzen wie den Schichtpilzen (sowie der Gattung *Peniophora,* Zystidenrindenpilze).

Wie Tiere können auch Pilze von Viren, virusähnlichen Pathogenen und sogar Prionen befallen werden. Wissenschaftler:innen erforschen die Prionen von Hefen, um mehr darüber zu erfahren, wie Prionen bei Säugetieren Krankheiten hervorrufen, etwa Kuru beim Menschen, Scrapie beim Schaf oder BSE beim Rind. Viren kommen bei Pilzen recht häufig vor und können wirtschaftlich bedeutsame Krankheiten in Pilzzuchtbetrieben hervorrufen. Pilzviren sind persistent; ihre Übertragung durch Anastomosen (Querverbindungen) oder über Sporen ist nachgewiesen. Da Anastomosen nur zwischen Pilzen derselben Art und meist auch derselben Linie auftreten, gelangen die Viren auf diesem Weg nicht an andere Arten.

In den meisten Fällen ist nicht bekannt, welche Rolle Viren im Leben der Pilze spielen. Bei manchen pflanzenpathogenen Pilzen aber kann ein Virus als Nützling für die Pflanze agieren, indem es die Krankheitswirkung des Pilzes reduziert. Das am besten erforschte Beispiel hierfür ist der Kastanienrindenkrebs, der durch den Pilz *Cryphonectria parasitica* ausgelöst wird. Wenn der Pilz Träger des Chestnut-Hypovirus ist, schränkt das seine Schadwirkung sehr ein. Daher gibt

← *Tremella mesenterica* (Goldgelber Zitterling) ist oft auf Totholz zu finden und galt lange als saprotroph. Tatsächlich parasitiert er an anderen Pilzen, die im verrottenden Holz leben.

↗ Viele unterschiedliche Organismen bilden Symbiosen. Jede Flechte etwa besteht aus einem Pilz (Saprobiont) und einer Alge oder einem Cyanobakterium (Photobiont).

es Überlegungen, ob man so nicht die durch den Pilz dezimierten Bestände der Amerikanischen Kastanie, die einst das östliche Nordamerika bedeckten, regenerieren könnte. Es gibt noch weitere Beispiele für Hypovirulenz (verringerte Pathogenität) durch Viren bei phytopathogenen Pilzen, etwa bei *Ophiostoma ulmi,* dem Erreger des Ulmensterbens.

Diese Viren sind für ihre Pilzwirte nicht nützlich, wohl aber für die von den Pilzen befallenen Pflanzen. So ist ein Pilzvirus ein obligater Partner bei einer komplexen mutualistischen Dreier-Symbiose, dank derer Pflanzen auf geothermischem Untergrund im US-amerikanischen Yellowstone-Nationalpark wachsen können. *Dichanthelium lanuginosum* etwa, ein Süßgras, wächst auch auf mehr als 50 °C warmen Böden, ist dazu aber nur mithilfe eines Pilz-Endophyten der Art *Curvularia protuberata* imstande, der wiederum mit einem spezifischen Virus infiziert ist. Hier handelt es sich um echten Mutualismus, denn das Gras kann ohne den Pilz die hohen Temperaturen nicht überleben, und der Pilz muss mit dem Virus infiziert sein – ohne Infektion vermittelt er der Pflanze keine Hitzetoleranz.

DIE ZUKUNFT

Es sind aufregende Zeit für Wissenschaftler:innen. Einerseits gibt es viele besorgniserregende Befunde über den Zustand des Planeten Erde, was deprimierend sein kann. Andererseits ist es vielleicht ein gewisser Trost, dass unser wissenschaftliches Können immerhin ausreicht, um dies zu erkennen. Wir sind imstande, das Ergebnis von ergriffenen (oder nicht ergriffenen) Maßnahmen im Modell zu berechnen und vorherzusagen, und die Wissenschaft kann die Funktionsweise komplexer Ökosysteme besser verstehen. Wir können heute praktisch alle Lebewesen erfassen – sogar die, die wir nicht sehen können –, bevor noch mehr von ihnen verschwinden.

Somit sind alle Menschen, die heute auf der Erde leben, wohl Teil des bedeutsamsten Jahrhunderts in unserer langen Geschichte; unsere heutigen Entscheidungen werden sich dramatisch auf die Zukunft der Menschheit und allen Lebens auf diesem Planeten auswirken. Alles Leben im Ökosystem Erde steht miteinander in Verbindung, und alles ist von allem abhängig. An vielen dieser Verbindungen sind Pilze beteiligt; sie zählen zu den wichtigsten Zersetzern (Destruenten), Pathogenen und Symbionten überhaupt. Begeben wir uns also in eine Welt, die so ganz anders ist als unser vertrautes Umfeld: in die (überwiegend) verborgene Welt der Pilze.

Mykolog:innen haben ihre eigenen Fachbegriffe, um Pilze und deren morphologische Eigenschaften zu beschreiben. Dieses Buch setzt zwar keinerlei Fachwissen voraus, aber wie in jedem Buch über Naturgeschichte und Lebewesen ist eine gewisse wissenschaftliche Terminologie unerlässlich. Doch keine Sorge – das Glossar am Ende des Buches erläutert die verwendeten Begriffe.

← Jede:r hat schon einmal Pilze bzw. ihre Fruchtkörper gesehen. Wer mehr über ihre Ökologie und ihre Bedeutung in der Natur weiß, sieht sie fortan mit ganz anderen Augen.

FORTPFLANZUNG

Verbreitung der Sporen

Die Verbreitung der Sporen von Großpilzen wird oft als passiver Vorgang beschrieben, bei dem der Wind die Sporen vom Fruchtkörper davonträgt. Einmal in der Luft, sind sie natürlich den wechselnden Strömungen ausgesetzt; ihre Freisetzung aber erfolgt alles andere als passiv, ja bei vielen Pilzen regelrecht explosiv.

→ *Sordaria macrospora*, ein Schlauchpilz, der sich als Zersetzer ernährt, bildet winzige, bovistähnliche Fruchtkörper. Seine Sporen werden in röhrenförmigen Asci gebildet und wie mit einer Wasserpistole freigesetzt.

← *Lycoperdon pyriforme* (Birnenstäubling) stößt, wenn er z. B. von Regentropfen getroffen wird, Sporen-Staubwolken aus. Bei Zersetzern wie diesem keimen Sporen, die auf feuchtem Totholz gelandet sind, zur nächsten Generation heran.

Die meisten der bekannten Sporen bildenden Pilze sind Schlauch- oder Ständerpilze. Jede Gruppe hat dabei ihre ganz eigene Art, die Sporen freizusetzen; dabei gibt es einige interessante Besonderheiten, auf die einzugehen sich lohnt. Die sporenbildende Fruchtschicht (Hymenium) jedenfalls ist oft so angeordnet, dass die Oberfläche und somit Sporenproduktion maximiert wird – die Fruchtkörper sind dann gefältelt, gerippt, mit Lamellen oder Röhren versehen, verzweigt und so fort. Manche allerdings haben einfach die Form einer glatten Keule.

SCHLAUCHPILZE

Die Sporen-Freisetzung der Schlauchpilze (Ascomyceten) erinnert an eine Wasserpistole. Die Pilze dieser Gruppe bilden ihre Sporen in einem länglichen, sackähnlichen Schlauch, dem Ascus. Bei einigen Arten der Becherlingsartigen (Pezizales), wie *Morchella* (Morcheln), *Helvella* (Lorcheln) oder *Chlorociboria* (Grünspanbecherlinge), finden sich die Asci auf der Fruchtschicht, bei anderen Arten – wie *Cordyceps* (Kernkeulen), *Claviceps* und *Xylaria* – in Kammern im Inneren des Fruchtkörpers.

Mit zunehmender Reife des Fruchtkörpers (Ascokarp oder Ascoma) sammelt sich Flüssigkeit im Ascus, sodass dieser anschwillt. Der Innendruck steigt immer mehr, bis die Ascusspitze schließlich reißt und die Ascosporen herausgeschleudert werden. Das ist bei manchen großen Becherlingsverwandten nicht nur sichtbar, sondern manchmal auch deutlich hörbar. Bei einem reifen Fruchtkörper mit „feuerbereiten" Asci reicht oft schon ein Luftzug, damit sie sich gleichzeitig entladen. Selbst der größte Pilzfeind wird wohl angetan sein, wenn er ein vorsichtig gesammeltes Ascokarp betrachtet, es anpustet und dann … paff!

STÄNDERPILZE

Bei den Ständerpilzen (Basidiomyceten) erfolgt die Sporenfreisetzung ganz anders und geradezu explosiv; sie lässt sich am besten als Oberflächenspannungs-Katapult beschreiben. Die Sporen (Ballistosporen genannt) entstehen am Schirm des Fruchtkörpers, entweder auf der Oberfläche von Lamellen, wie bei den Egerlingen, oder an der Wand von Röhren, wie bei den Steinpilzen und Porlingen. Die Oberfläche des Hymeniums ist mit speziellen Hyphenendigungen bedeckt, den Basidien; diese tragen kleine Fortsätze (Sterigmata), an denen sich die Sporen entwickeln.

Entscheidend für den Abschuss der Sporen ist bei Ständerpilzen der „Bullersche Tropfen". Zunächst wird am Sterigma eine kleine Menge hygroskopischer Zuckerlösung abgegeben, die z. B. Mannitol enthält. Wasser aus der Luft kondensiert daran und auf der Oberfläche der Spore; auf der Sporenoberfläche entsteht ein Flüssigkeitsfilm und am Sterigma ein Tropfen. Dieser „Bullersche Tropfen" erreicht irgendwann eine kritische Größe, sodass er den Film auf der Spore erreicht und sich mit diesem vereint. Dabei zieht die Oberflächenspannung den Tropfen schlagartig auf die

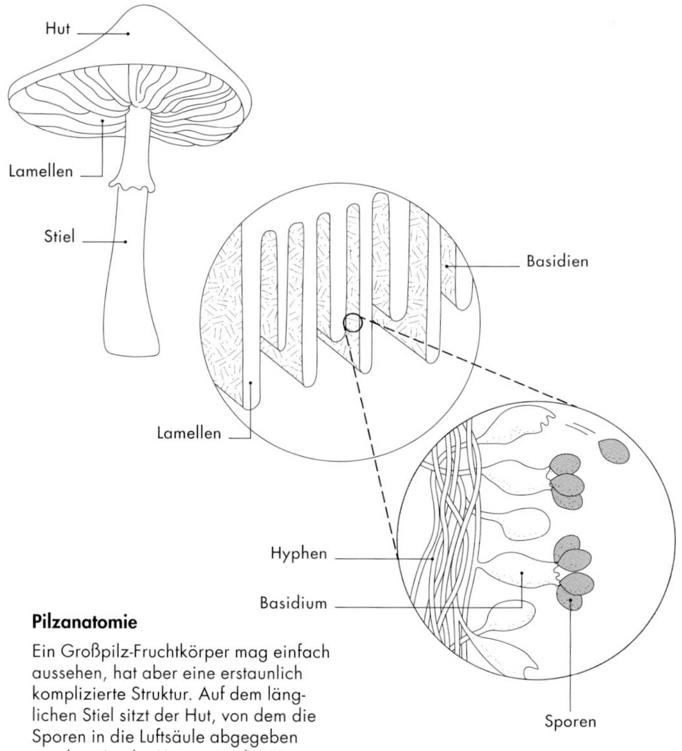

Pilzanatomie

Ein Großpilz-Fruchtkörper mag einfach aussehen, hat aber eine erstaunlich komplizierte Struktur. Auf dem länglichen Stiel sitzt der Hut, von dem die Sporen in die Luftsäule abgegeben werden. An der Unterseite des Huts vergrößern hier unzählige Lamellen die Oberfläche des Hymeniums. Auf ihnen sitzen die Basidien, die unzählige Sporen hervorbringen.

„Abschuss" der Sporen

Die Freisetzung der Ballistosporen bei Ständerpilzen in Einzelschritten

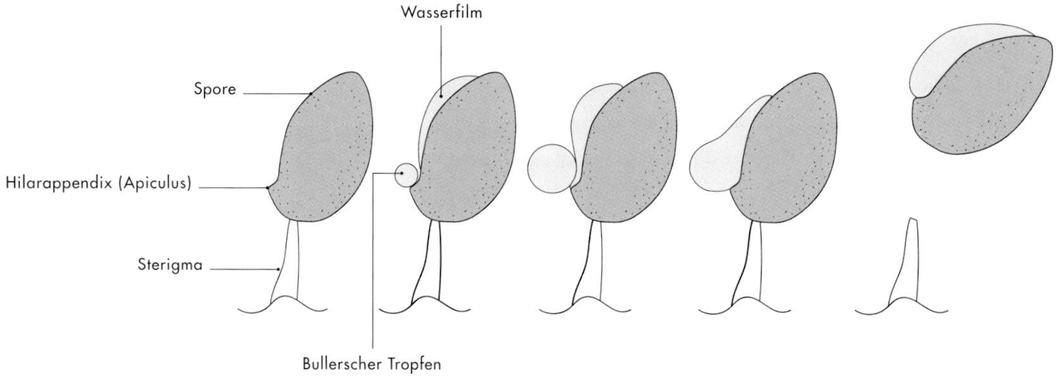

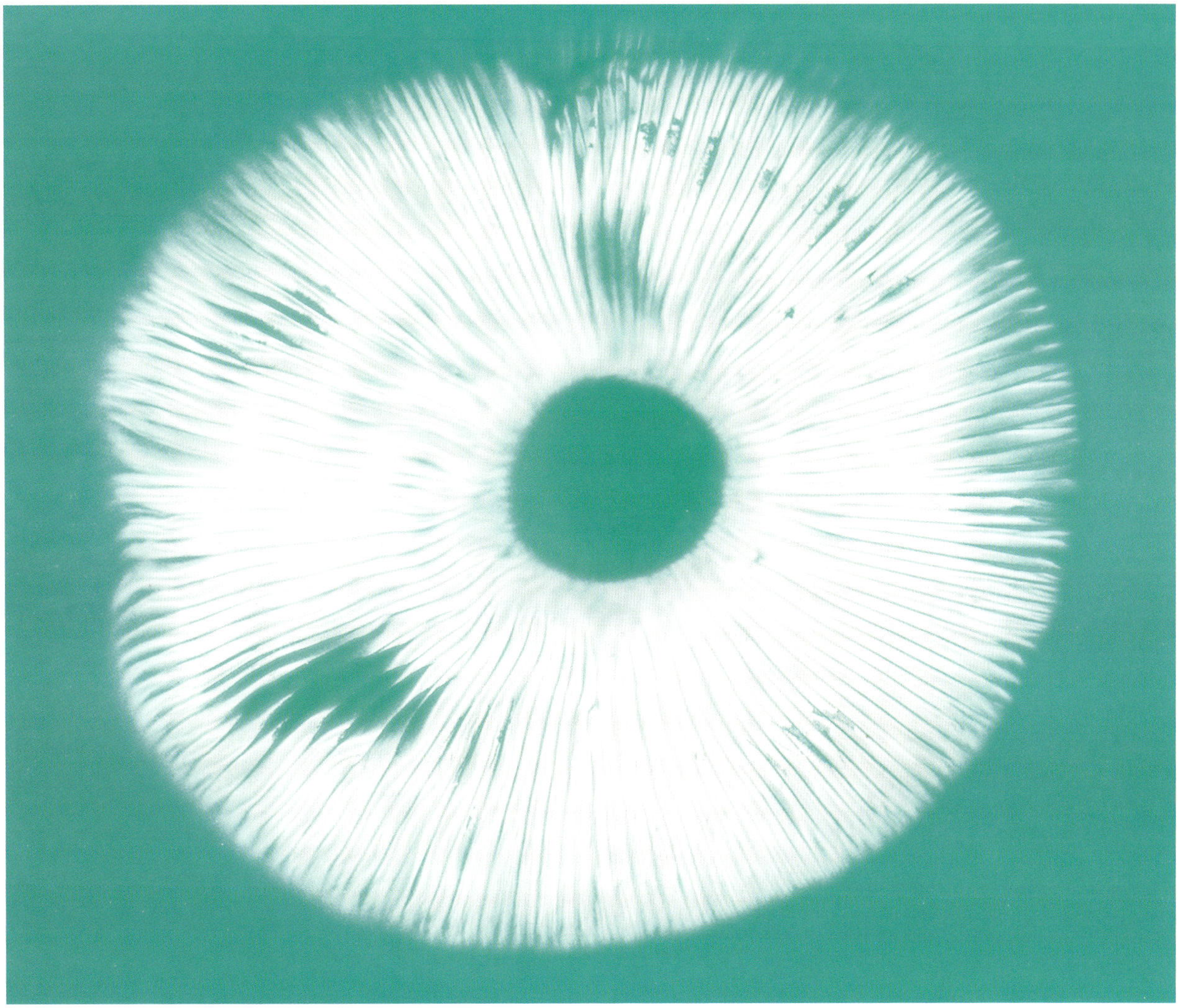

Spore; er kollabiert und die Oberflächenenergie wird in kinetische Energie umgewandelt. Diese reicht aus, um die Spore aus dem Hymenium zu lösen, sie sogar regelrecht von ihrem Basidium anzuschießen, wenn auch nur über kurze Distanz. Durch den Luftwiderstand verlangsamt sie sich, bis sie durch die Schwerkraft nach unten fällt und dabei von Luftströmungen weitergetragen wird.

Der Bullersche Tropfen ist nach dem britisch-kanadischen Mykologen Reginald Buller benannt. Seine Bildung erfordert zwar eine gewisse Luftfeuchtigkeit, doch zu viel Nässe kann den Mechanismus unterbrechen. Darum sind die Fruchtkörper vieler Ständerpilze wie ein Schirm geformt, der das Hymenium vor Regen schützt.

Viele andere bergen das Hymenium komplett im Inneren des Fruchtkörpers, etwa Boviste und Trüffel. Aus demselben Grund gibt es auch eher keine aquatischen Pilze mit Ballistosporen – abgesehen von einem bizarren Beispiel, das später vorgestellt wird.

↑ Pilzsporen sind mikroskopisch klein, können sich aber über Nacht unter einem abgeschnittenen Pilzschirm in solchen Mengen ansammeln, dass sie als „Sporenabdruck" sichtbar werden.

WIRKUNG DER SCHWERKRAFT

Viele Pilz-Fruchtkörper setzen noch stunden- oder gar tagelang Sporen frei, nachdem man sie vom Substrat entnommen hat. Die Zellen von Pilzen aus dem Wald (oder auch von Zuchtpilzen aus dem Supermarkt) bleiben lebendig, solange der Fruchtkörper frisch gehalten wird. Manche Ständerpilze (besonders Wulstlinge, Gattung *Amanita*) wachsen sogar noch weiter und biegen sich aufwärts. Die Sporenfreisetzung funktioniert nur, wenn der Schirm horizontal ausgerichtet ist; je höher er in die Luftsäule ragt, umso besser werden die Sporen von Luftströmungen davongetragen. Das Wachstum erfolgt in Reaktion auf die Schwerkraft (Gravitropismus, auch Geotropismus genannt). Pflanzen zeigen dagegen Phototropismus, wenden sich also der Sonne zu, um deren Energie effektiver mit ihren Blättern einzufangen. Das Hymenium (z. B. Lamellen, Röhren oder Zähne) wiederum wächst senkrecht zum Schirm, zeigt also positiven Gravitropismus. Wird der Schirm aus der Horizontalen gebracht, wächst der Fruchtkörper so lange, bis das Hymenium wieder in der Vertikalen ist. Konsolenförmige Baumpilze machen es ähnlich, wenn „ihr" Baum seine Neigung ändert oder umstürzt. Dann wird ein neuer Fruchtkörper gebildet, der wieder horizontal ausgerichtet ist. Der Gravitropismus der Pilze stellt sicher, dass die Sporen aus den Lamellen oder Röhren ungehindert nach unten fallen können und nicht auf einer benachbarten sporenbildenden Oberfläche landen.

← *Flammulina* spp. (Samtfußrüblinge) bilden Fruchtkörper auf holzigem Substrat, die Sporen freisetzen.

→ Pferdehufförmige Fruchtkörper von *Fomes fomentarius* (Zunderschwamm)

WIE PILZE „NACH OBEN" WACHSEN

Pilze wachsen mit einer faszinierenden Methode „nach oben". Ihr Gravitropismus ähnelt dem Phototropismus, mit dem sich Pflanzen einer Lichtquelle zuwenden. Bei Pflanzen senden die Zellen der dem Licht am stärksten ausgesetzten Stängelseite bestimmte Hormone (Auxine) an die Zellen der „dunklen" Seite, was in deren Zellwänden eine physiologische Veränderung bewirkt. Die dortigen Zellen setzen Enzyme frei, sogenannte Expansine. Diese schwächen die Zellwände auf der dunklen Seite, sodass diese Zellen weniger starr sind und sich ausdehnen können. Die Zellen mit dem größten Abstand zur Lichtquelle erhalten das stärkste Auxin-Signal und strecken sich am stärksten, sodass das Längenwachstum ungleich erfolgt. Dadurch neigt sich die Pflanze in die entgegengesetzte Richtung, also zum Licht. So kann sie mit den oberen Blattoberflächen effektiver Licht einfangen.

Der Gravitropismus der Pilze funktioniert ähnlich; bis vor Kurzem jedoch wusste man nur wenig darüber. Forscher:innen führten sorgfältige Pfropf-Experimente mit heranreifenden *Flammulina*-Basidiocarpen (Fruchtkörpern mit Basidien) durch, um die Effekte zu prüfen. Sie entschieden sich für diese Gattung, weil sie lange Stiele hat und leicht zu kultivieren ist (sie ist als Enokitake im Asia-Markt erhältlich). Der am empfindlichsten auf die Schwerkraft reagierende Teil des Fruchtkörpers ist die Spitze des Stiels, wie man durch sorgfältige Manipulationen an Schirm und Stiel herausfand. Die Forscher:innen entfernten die Schirme heranwachsender Fruchtkörper und pfropften stattdessen Schirme oder aber Schirme mitsamt Stielspitzen auf, manchmal auch umgedrehte Stiele. Die Effekte der vielen Eingriffe demonstrierten einen „akropetalen", also zur Spitze strebenden, Transport von Mycel-Stoffwechselprodukten durch die lebenden Hyphen des Stieles, der die Neigung des Fruchtkörperstiels in Reaktion auf die Schwerkraft induzierte.

Diese Metaboliten signalisieren offenbar die Gravitationskräfte, doch weiß man noch nicht recht, wie. Wahrscheinlich erfolgt die Wahrnehmung der Schwerkraft bei Pilzen ähnlich wie die Wahrnehmung von oben und unten im menschlichen Gleichgewichtsorgan tief im Innenohr. Wir halten unser Gleichgewicht mithilfe dieser Organe, die aus flüssigkeitsgefüllten Räumen bestehen, in denen winzige Otholithen („Ohrsteine", die tatsächlich aus Kalk und einem Protein bestehen) über winzige Sinneshaare streifen, die die Hohlräume auskleiden. Meist ruhen die Steinchen einfach und vermitteln uns so, wo unten ist. Werden wir aber durchgeschüttelt oder geschleudert, kullern die Partikel wild umher, und wir sind desorientiert oder werden schwindlig. Ähnlich nehmen Pilzzellen die Schwerkraft wahr.

In den Hyphenzellen fungieren wahrscheinlich die Zellkerne als „Pilz-Otholithen"; ihr Absinken innerhalb der Zellen folgt der Schwerkraft und vermittelt den Pilzzellen, wo oben ist. Die Zellkerne sind von Aktinfilamenten umgeben, fädigen Proteinstrukturen, die das „Innenskelett" (Cytoskelett) der Zelle bilden. Sinken die Zellkerne ab, üben sie Zug auf die Filamente aus, die wiederum an der Zellwand ziehen, an der sie ansetzen. Dieser Zug löst in der Zelle eine Veränderung in Reaktion auf die Schwerkraft aus; dort, wo sie die Schwerkraft „wahrnimmt", beginnen Mikrovesikel, sich zu füllen und auszudehnen, Vakuolen dehnen sich aus, und insgesamt dehnt sich somit die Hyphenzelle aus. Letztlich richtet sich dann der Stiel eines Pilzes, den Sie früher am Tag gesammelt haben, weiter entgegen der Schwerkraft aus – auch noch Stunden später.

Schwerkraft, Temperatur und Feuchtigkeit sind abiotische Faktoren, die sich auf die Bildung der Fruchtkörper auswirken. Und auch Licht wird womöglich dazu benötigt. Die meisten Menschen mögen glauben, dass Pilze kein Licht brauchen, doch gibt es viele Pilze, die Phototropismus zeigen. Wer schon einmal *Lentinula edodes* (Shiitakepilz) angebaut hat, weiß, dass dieser ohne Licht überhaupt keine Fruchtkörper bildet. *Polyporus brumalis* (Winter-Stielporling) wächst auf das Licht zu. Viele andere Pilze bilden ohne Licht keine Schirme oder sonstwie deformierte Fruchtkörper. Dabei handelt es sich wohl um einen im Lauf der Evolution entwickelten Sicherheitsmechanismus – gelingt es den Hyphen nicht, aus der Rinde zerfallenden Holzes oder einem anderen Substrat hervorzutreten, verschwendet der Pilz keine Energie darauf, einen Fruchtkörper zu bilden, der gar nicht effektiv Sporen freisetzen könnte.

Tropismus bei Pilzen

Der Stiel eines Fruchtkörpers neigt sich in Reaktion auf die Schwerkraft, sodass der Schirm horizontal ausgerichtet ist und freigesetzte Sporen direkt aus den Lamellen an der Schirmunterseite nach unten fallen können.

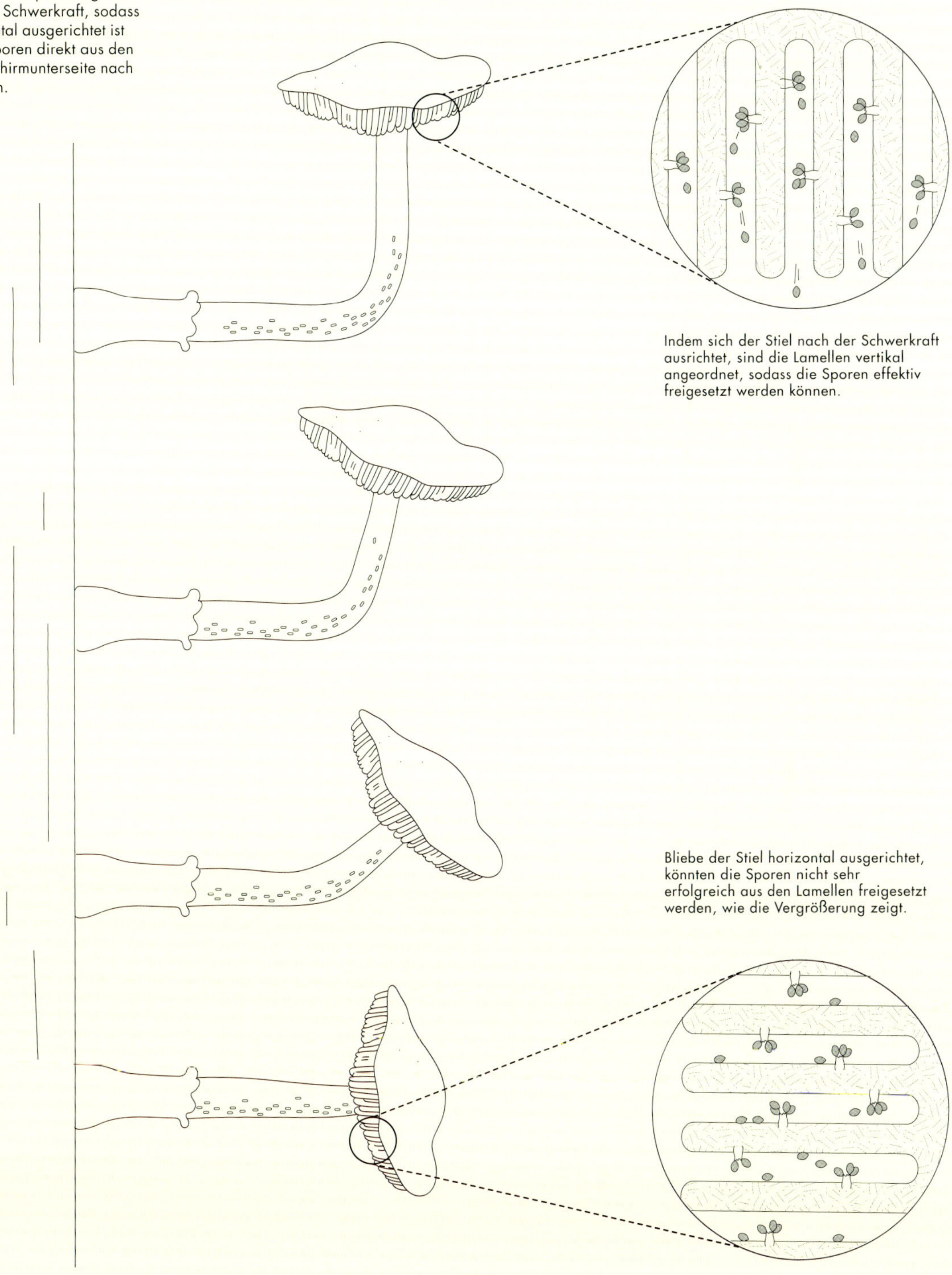

Indem sich der Stiel nach der Schwerkraft ausrichtet, sind die Lamellen vertikal angeordnet, sodass die Sporen effektiv freigesetzt werden können.

Bliebe der Stiel horizontal ausgerichtet, könnten die Sporen nicht sehr erfolgreich aus den Lamellen freigesetzt werden, wie die Vergrößerung zeigt.

↑ *Polyporus brumalis* (Winter-Stielporling) auf Holzsubstrat

↗ Fruchtkörper von *Lentinula edodes* (Shiitake) aus Anbaukultur

BAUCHPILZE

Nicht alle Ständerpilze haben Ballistosporen. Die sogenannten „Bauchpilze“ (früher Gasteromyceten), darunter Stinkmorcheln, Boviste und Nestlingsverwandte, brauchen Wind oder Wasser (oder einen gezielten Tritt), um ihre Sporen freizusetzen. Während die meisten Boviste ihre Sporen durch ein Loch an der Oberseite des Fruchtkörpers ausstoßen, machen es die Angehörigen der Gattung *Disciseda* (Scheibenboviste) anders. Diese kuriosen Boviste bilden sich von oben nach unten; die schwerere Basis (mitsamt Erde und Schmutz, die daran haften) befindet sich anfangs an der Oberseite, die Öffnung (Ostiole) an der Unterseite.

Das Ganze funktioniert, weil der Bovist teilweise in der Erde sitzt und während seiner Entwicklung nur lose verankert ist. Reift er heran, trocknet und schrumpft er und lockert sich noch weiter. Irgendwann wird er durch Wind oder Regen abgelöst und gibt seine Sporen im Davonrollen ab. Da die Basis am schwersten ist, bleibt er schließlich mit der Ostiole nach oben liegen.

Scheibenboviste findet man auf trockenen und exponierten Flächen in Australien, Europa und Nordamerika, die oft von großen Weidegängern besucht werden. Man vermutet, dass die Boviste davon profitieren, dass diese sie mit den Hufen bzw. Klauen anstoßen oder zertreten. Tatsächlich habe ich diese eigenartigen Pilze immer nur dort beobachtet, wo Rinder oder Schafe weideten.

Die hübschen kleinen Nestlingsverwandten kommen weltweit vor. Sie bilden ihre Sporen in kleinen Päckchen (Peridiolen), die wie „Eier“ in einem nestähnlichen Becher erscheinen. Fällt ein Regentropfen in den Becher, spritzen die Eier einige Zentimeter weit, manchmal sogar deutlich weiter weg und bleiben dort an Blättern oder Zweigen haften. Viele Arten sind darauf spezialisiert, herabgefallene tote Zweige oder Äste zu zersetzen, doch wie bleiben sie daran haften?

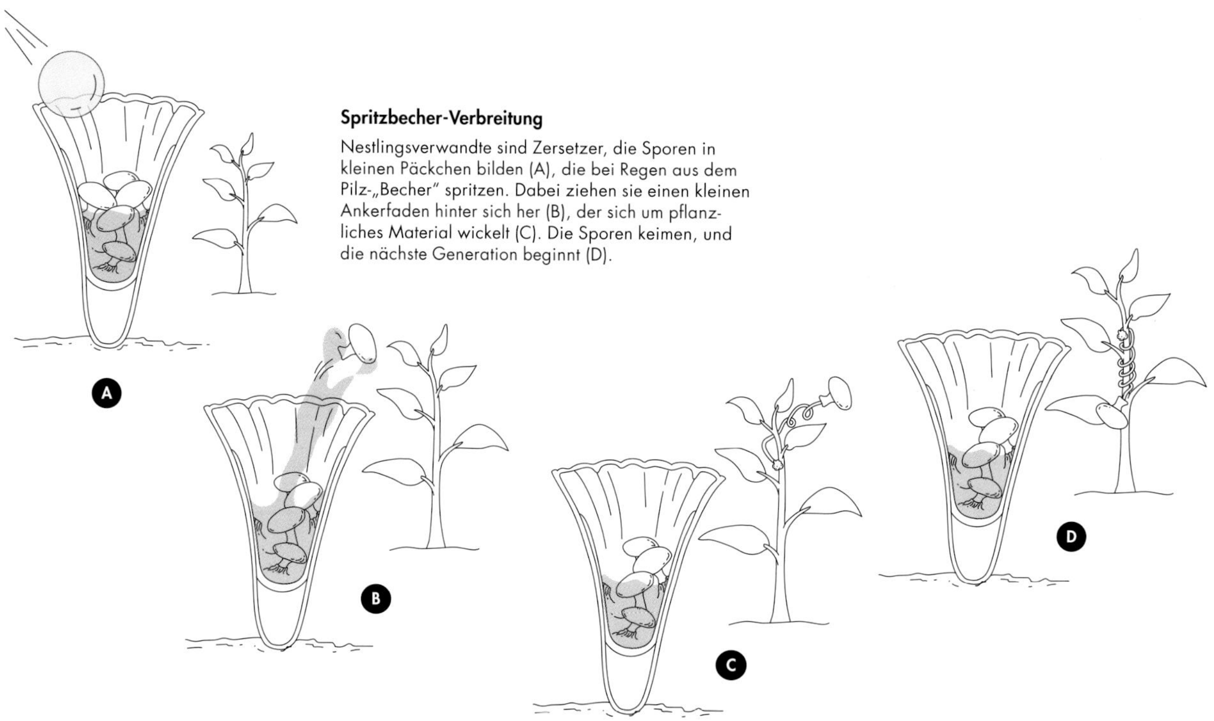

Spritzbecher-Verbreitung

Nestlingsverwandte sind Zersetzer, die Sporen in kleinen Päckchen bilden (A), die bei Regen aus dem Pilz-„Becher“ spritzen. Dabei ziehen sie einen kleinen Ankerfaden hinter sich her (B), der sich um pflanzliches Material wickelt (C). Die Sporen keimen, und die nächste Generation beginnt (D).

Werden die Peridiolen nicht vom Regen in den Boden gespült? Des Rätsels Lösung: Bei vielen Arten hängt an den Peridiolen ein feiner Pilzfaden, der Funiculus. Spritzt die Peridiole aus dem Becher, hängt dieser Faden wie ein kleiner Anker daran, wickelt sich um den ersten Zweig, den er berührt, und fixiert so das Sporenpäckchen.

Viele andere Pilzarten setzen all ihre Sporen in einem einzigen kleinen Päckchen frei. Manche koprophilen Pilze bilden Sporen in widerstandsfähigen Päckchen, die sogar den Verdauungstrakt von Grasfressern passieren und dann mitsamt ihrem Nährsubstrat – Dung – ausgeschieden werden können. Wie aber gelangen die Sporen eines Dungpilzes in einen anderen Wiederkäuer? Das ist nicht leicht, meiden die Tiere doch den Dung von Artgenossen. Auf Weiden gibt es sogenannte Geilstellen mit sehr üppigem Grasbewuchs dort, wo direkt neben Dunghaufen nicht gegrast wurde.

Die Lösung: Viele koprophile Pilze setzen ihre Sporen in Richtung Licht frei, und zwar mit genug Schleuderkraft, um die Geilstellen zu überwinden – Arten der Gattung *Pilobolus* („Pillenwerfer") können bis zu 2,5 m überwinden. Immer erfolgt die Freisetzung bei Tag und in einer schwarz pigmentierten Peridiole, die die Sporen vor Schäden durch das Sonnenlicht schützt.

↑ Die winzigen Peridiolen von *Crucibulum laeve* (Gemeiner Tiegelteuerling) sehen aus wie Eier in einem Vogelnest. Trifft ein Regentropfen den Becher, werden sie herausgespritzt.

Zoochorie

Wind ist ein wichtiger Verbreiter von Pilzsporen, doch auch die Verbreitung durch Tiere (Zoochorie) spielt eine wichtige Rolle. Über sie ist jedoch weit weniger bekannt, ist doch nur etwa ein Prozent von den Zehntausenden bekannter Pilzarten mit Tieren assoziiert. Mit der Zeit aber werden wir sicher mehr über das Zusammenwirken von Tieren und Pilzen herausfinden und vielleicht feststellen, dass einige dieser Assoziationen ganze Ökosysteme tragen.

↓ *Scaphidium quadrimaculatum*, ein Kahnkäfer, frisst Hyphen und Fruchtkörper und verbreitet mit Sicherheit dabei Sporen an neue Standorte.

Trüffelähnliche Pilze, die hypogäische (unterirdische) Fruchtkörper bilden, brauchen fast immer tierische Vektoren für die Verbreitung ihrer Sporen, und die Mykophagie, also der Verzehr der Pilze durch verschiedene Organismen, dürfte auch für die Pilzpartner bei Arbuskulären Mykorrhizen (AM) an Pflanzenwurzeln eine wichtige Rolle spielen.

Wir wissen, dass hypogäische Trüffeln und trüffelähnliche Pilze von vielen Säugern gefressen werden, darunter Nager, Hirsche, Wildschweine und Primaten; Schildkröten fressen sowohl epigäische (überirdisch wachsende) als auch hypogäische Fruchtkörper. In Australien stellen hypogäische Trüffeln und trüffelähnliche Pilze einen Großteil der Großpilze. Kleinsäuger tragen dort zweifellos viel zur Pilzvielfalt bei, während in Neuseeland, wo Vögel die Nahrungsnetze dominieren, trüffelähnliche Pilze Fruchtkörper bilden, die Beeren am Waldboden ähneln. Vielfach wurde nachgewiesen, dass Säugetiere nicht nur reife Sporen nach der Aufnahme verbreiten, sondern deren Reifung durch die Verdauung sogar noch fördern.

Die Aufnahme und anschließende Ausscheidung mit dem Kot nennt man Endozoochorie. Pilzsporen können jedoch auch außen an tierischen Vektoren transportiert werden (Epizoochorie). Natürlich können auch Insekten bei zufälligem Kontakt mit Schimmelpilzen und Fruchtkörpern Sporen aufnehmen und forttragen, und Hefen können an den Mundwerkzeugen von Insekten und Schnäbeln von Vögeln von einer Blüte oder fauligen Frucht zur anderen wandern. Viele Pilze aber locken tierische Vektoren mit ausgefeilten Strategien gezielt an.

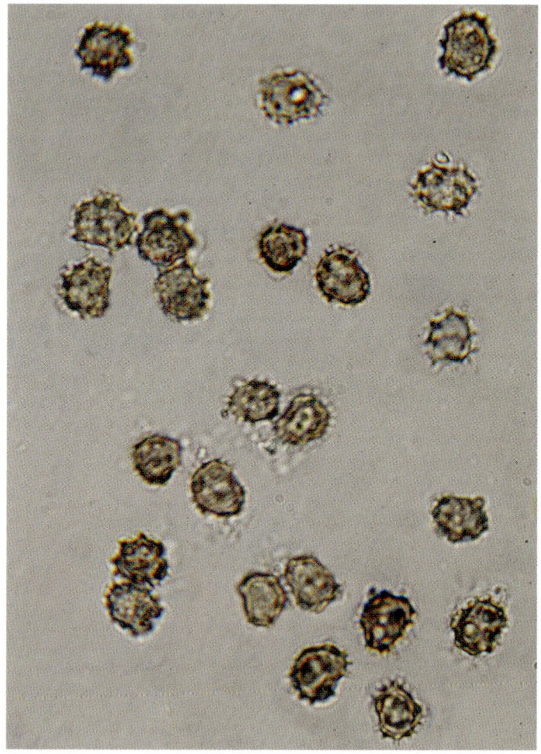

Zu den bekanntesten zählen die Phallales (Stinkmorchelverwandten), die mit üblen Gerüchen Aasfliegen anlocken. Die angeblich süße Sporenmasse (Gleba) ist gefältelt und bleibt an den Fliegen kleben, die die Sporen dann zu anderen geeigneten Substraten tragen, etwa Dung oder verrottender Vegetation. Es gibt zudem Belege dafür, dass geeignete Sporen auch den Verdauungstrakt der Fliegen passieren können.

Alle Fruchtkörper einer gewissen Größe sind attraktiv für mykophage Fliegen und andere Arthropoden, und wenn Sie regelmäßig Pilze sammeln, haben Sie gewiss schon deren Larven gesehen (und wohl auch mitgegessen). Es mag verwundern, dass die Pilze nicht massenhaft Toxine gegen das Gefressenwerden gebildet haben wie die Pflanzen, doch spricht einiges dafür, dass sie davon profitieren, wenn Arthropoden Pilzgewebe und Sporen fressen, da dies ihre Verbreitung fördert. Nachgewiesen ist dies für Pilze, die resupinate (krustige) Fruchtkörper auf der Unterseite von Hölzern und anderen versteckten Oberflächen bilden. Diese Lebensweise scheint angesichts der sonst aufrechten, in die Luft ragenden Fruchtkörper abwegig, doch bietet die Sporenbildung nahe dem Erdboden auch Vorteile: Dort weiden Schnecken sowie Springschwänze und andere Arthropoden. Für krustige Pilze wie den Ektomykorrhizapilz *Tomentella sublilacina* sind diese Nahrungsnetze im Boden ideal, um seine Sporen zu verbreiten.

↑ *Tomentella radiosa* bildet krustenförmige (resupinate) Fruchtkörper an der Unterseite am Boden liegender Hölzer.

↗ Sporen von *Tomentella* spp.

→ Eine frisch erschienene Stinkmorchel wie diese *Phallus impudicus* (Gemeine Stinkmorchel) ist von einer schleimigen Sporenmasse bedeckt, die rasch von Fliegen verzehrt wird.

INSEKTEN ALS SYMBIONTEN

Bestimmte Insektengruppen sind vielfach obligat mit Pilzen assoziiert. Oft dient der Pilz als Nahrungsquelle, und manche Insekten haben spezielle taschenförmige Organe (Mykangien, auch Maultaschen genannt), um „ihren" Pilz stets mit sich zu führen. Xylophage (Holz fressende) Insekten benötigen Pilze, um das Holz zu zersetzen – ohne die Pilze (genauer: deren Enzyme) können sie die Zellulose nicht verdauen. Manche dieser Insekten impfen das Holz mit dem Pilz und beginnen dann nach einer Weile, das nun für sie verdauliche Material zu fressen. Andere Symbiontenpilze sind Pflanzenpathogene und schwächen den Wirtsbaum, sodass er leichter von Käfern attackiert werden kann.

Die vielleicht faszinierendsten xylophagen Insekten sind die Ambrosiakäfer, eine Gruppe, die sehr unterschiedliche Käfer mehrerer Familien nach ihrer Lebensweise als „Pilzgärtner" zusammenfasst. Sie bohren sich ins Holz und impfen es mit Ambrosia-Pilzen; sie ernähren sich dauerhaft von den so entstandenen Pilzgärten in ihren Bohrgängen im Splintholz.

Die verschiedene Arten umfassenden Ambrosia-Pilze sind perfekt an die Symbiose mit den Käfern angepasst und treten in zwei Formen auf: zum einen als fädige Hyphen, die in den Fraßgängen der Käfer wachsen und diese komplett auskleiden, sodass die Konidiophoren (das „Ambrosia") von den Käfern leicht gefressen werden können, und zum anderen als hefeartige Form, die in den Mykangien der Käfer durch Drüsensekrete kultiviert und genährt wird. Da diese Pilzarten tief in den Käfergängen wachsen, breiten sie sich vermutlich ausschließlich über den Transport in den Mykangien aus. Die primitivsten Ambrosiakäfer besitzen gar kein echtes Mykangium, sie verbreiten die Pilzsporen wohl in ihrem Verdauungstrakt. Etwas weiter entwickelte Käferarten besitzen einfache Mykangien, bloße Eindellungen auf ihrem Exoskelett, und die am weitesten entwickelten Kladen der Ambrosiakäfer haben unabhängig voneinander spezielle taschen- oder grubenförmige Mykangien mit Drüsen entwickelt. Es sei angemerkt, dass sich Mykangien bei den Käfern (Coleoptera) und anderen Arthropoden mehrfach unabhängig voneinander entwickelt haben; mehr zu Holzwespen mit Mykangien später.

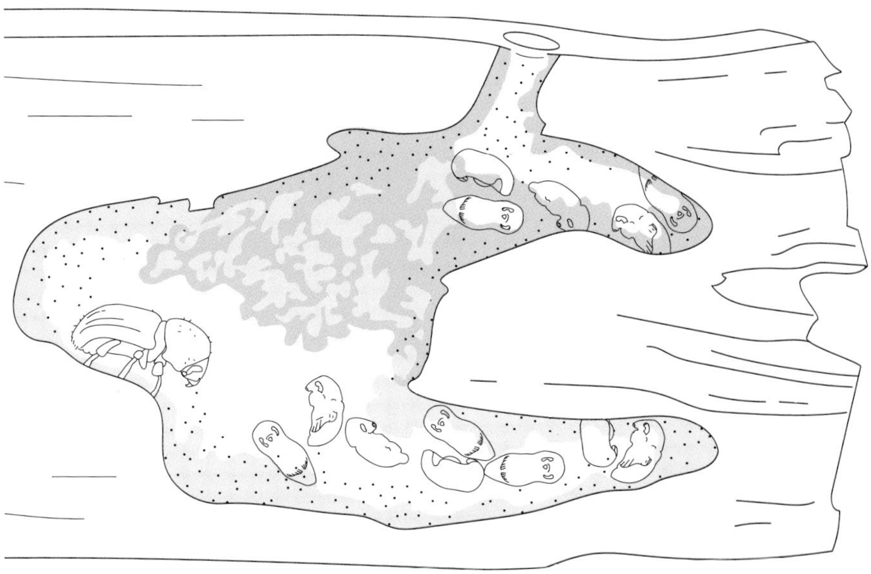

Kinderstube

Ambrosia-Pilze kleiden die Gänge und Brutkammern von *Xylosandrus crassiusculus* (Asiatischer Nutzholzborkenkäfer) aus. Die Larven ernähren sich ausschließlich davon und weiden sie in ihren Bohrgängen im Wirtsbaum ab.

→ Die Larven der Borkenkäfer (Scolytinae) bohren Gänge durch und fressen Holz, das durch Pilze zumindest teilweise zersetzt wurde.

Mimikry

Manche Pilze haben erstaunliche Kniffe entwickelt, um Tiere dazu zu bringen, ihre Sporen zu verbreiten; unter anderem imitieren sie Blütenpflanzen samt „Pseudoblüten". Dank natürlicher Selektion schlagen diese trickreichen Pilze die Pflanzen mit den eigenen Mitteln.

Mimikry ist die durch evolutionäre Anpassung entwickelte Ähnlichkeit eines Organismus mit einem bestimmten anderen. Die bekanntesten Beispiele sind Tiere, die diesen Effekt nutzen, um sich vor Fressfeinden zu schützen, wie bei harmlosen Schwebfliegen, die Wespen nachahmen. Ähnlich faszinierende Beispiele gibt es bei Pflanzen und Pilzen, wobei es noch viele zu entdecken gilt.

Der Schlauchpilz *Epichloë elymi* (vormals *E. typhina*) gehört zur Familie Clavicipitaceae (Mutterkornpilzverwandte). Zu dieser zählen neben ihm viele weitere für Gräser pathogene Arten, darunter der berüchtigte *Claviceps purpurea* (Mutterkornpilz, siehe S. 88), Erreger des Ergotismus. *Epichloë* lebt komplett im Gewebe der Wirtspflanze, ist also ein Endophyt.

Während des Fortpflanzungszyklus bildet der Pilz eine sterile Hyphenmasse (Stroma, Mehrzahl Stromata) auf der Oberfläche des Grashalms. Die Hyphen des Stromas sind von nur einem „Geschlecht" (Paarungstyp) und bilden einfache, nicht befruchtete Sporen, die Spermatien. Diese fungieren ganz so wie der haploide Pollen bei Pflanzen: Sie verwehen mit der Luft oder werden von Bestäubern zu einem anderen Individuum derselben Art verbracht, wo dann die Befruchtung erfolgt.

Vor Kurzem wurde entdeckt, dass Fliegen der Gattung *Botanophila,* die zu den Blumenfliegen zählen, als „Bestäuber" für *Epichloë* dienen. Weibliche Fliegen werden vom Pilzstroma angelockt, fressen daran und legen ein einzelnes Ei darauf ab. Die Fliegen besuchen Pilzstromata an verschiedenen Graspflanzen und fungieren dabei als Vektoren für Spermatien, die sie auch mit dem Kot ausscheiden. Dank dieser „Pseudobestäubung" gelingt dem Pilz die sexuelle Fortpflanzung, und er bildet Ascosporen. Dieser Mutualismus ist vermutlich für beide Seiten obligat; die Pilz-Spermatien werden nicht

← Adultes Exemplar von *Botanophila fugax*

→ Der verbreitete endophytische Pilz *Epichloë elymi* lebt komplett im Gewebe von *Elymus virginicus* (Virginische Quecke) und bildet zur Fortpflanzung ein wattiges, weißes Stroma auf der Oberfläche seiner Wirtspflanze.

ERGOTISMUS

Im Mittelalter war eine gefürchtete Krankheit verbreitet, das „Antoniusfeuer", das stets unvorhersehbar auftrat. Symptome waren Kribbeln und Brennen der Haut, Lähmungen, Krämpfe, Zittern und Halluzinationen; Frauen erlitten oft Fehlgeburten, und generell war die Fruchtbarkeit bei Betroffenen verringert. Ursache war Ergotismus, eine Vergiftung mit Mutterkorn, das zur Verengung von Blutgefäßen mit Durchblutungsstörungen und einem Anstieg des Blutdrucks führt. Manche Betroffenen entwickeln eine Nekrose (Gangrän); viele verloren ihre Hände und Füße, und Tausende Menschen starben. Dokumente über Ausbrüche belegen eine Mortalitätsrate von durchschnittlich 40 Prozent. Ergotismus tritt auch heute noch vereinzelt auf; der größte Ausbruch in der Neuzeit betraf 1951 ein ganzes Dorf in Frankreich.

6977
M. S. del. J. N. Fitch lith.
Vincent Brooks Day & Son Imp.
L. Reeve & Co London.

mit Wind oder Wasser verbreitet, und die *Botanophila*-Fliegen ernähren sich wahrscheinlich ausschließlich von Pilzen der Gattung *Epichloë*.

Im dichten tropischen Regenwald gibt es in Bodennähe nur wenig Luftbewegung, darum müssen die dort lebenden Blütenpflanzen eher auf bestäubende Insekten setzen als auf Windbestäubung. Viele Pilze verfolgen vermutlich ähnliche Strategien; darauf deutet unter anderem eine merkwürdige Symbiose zwischen einem Baum, einem Pilz und einer Gallmücke in den tropischen Wäldern auf Borneo hin. Der fragliche Baum *Artocarpus integer* (Cempedakbaum, ein Brotfruchtbaum) ist einhäusig getrenntgeschlechtlich (monözisch), hat also jeweils sowohl weibliche als auch männliche Blüten. Forscher:innen entdeckten, dass ein Jochpilz der Gattung *Choanephora* die männlichen Blüten des Baumes infizieren kann. Der Pilz wird von Adulttieren und Larven von Gallmücken der Gattung *Contarinia* gefressen, die von den Blüten angelockt werden. Dabei übertragen die Mücken nicht nur den Pollen von den männlichen zu den weiblichen Blüten des Baumes, sondern auch die Pilzsporen. So nützt der tierische Bestäuber nicht nur dem Cempedakbaum, sondern auch dem pathogenen Pilz.

Blätter und Blüten von Heidelbeeren und Amerikanischen Heidelbeeren werden oft von *Monilinia vaccinii-corymbosi* (Familie Sclerotiniaceae) parasitiert. Das infizierte Gewebe verfärbt sich, und es erscheinen epiphytische Hyphen, die Konidien bilden. Infiziertes Gewebe scheint UV-Licht in ähnlicher Weise zu reflektieren wie die Blüten der betroffenen Pflanzen, zudem bilden die Pilzhyphen offenbar neben den infektiösen Konidien auch ein süßes Sekret. Beides – die Farbe und das nektarähnliche Exsudat – scheint die normalen Bestäuber der Pflanze anzulocken, die dann die Pilzkonidien auf gesunde Blüten übertragen und den Erreger verbreiten. Der Pilz überwintert als Sklerotium („Dauermyzel") in „Fruchtmumien". Im Frühjahr bilden die Sklerotien dann wieder kleine Fruchtkörper, die infektiöse Sporen auf die austreibenden Blätter entlassen – jene Blätter, die später die imitierten „Blüten" bilden.

Es gibt einige Beispiele dafür, dass Pilze Pflanzen imitieren, doch sind nur sehr wenige Fälle bekannt, in denen Pflanzen Pilze nachahmen. Auch wenn dieses Buch von Pilzen handelt, sei doch eine Pflanze beschrieben, die sich so gekonnt als Pilz ausgibt, dass kaum ein Mensch den Unterschied erkennen könnte. In den Nebelwäldern der mittel- und südamerikanischen Tropen wachsen Orchideen der Gattung *Dracula*. Die etwa 100 Arten der Gattung leben an tropfnassen Standorten, in denen kaum andere Blütenpflanzen Wurzeln schlagen mögen. Somit gibt es dort auch nur wenige Bestäuber, wohl aber vielerlei Pilze, die ganzjährig im Humus ihre Fruchtkörper bilden. Die Orchideen entwickelten sich deshalb so, dass sie für die mykophagen Fliegen attraktiv wurden, um sich von diesen bestäuben zu lassen. Die auffälligen Blüten mancher *Dracula*-Arten ähneln Fruchtkörpern mit Lamellen, und sie riechen auch so. Tatsächlich sondern die Orchideen exakt denselben Duftstoff ab wie Pilze, nämlich 1-Octen-3-ol, um die Charade perfekt zu machen.

← *Dracula chestertonii* ist eine in Kolumbien beheimatete Orchidee. *Dracula* bedeutet wörtlich „kleiner Drache" und bezieht sich auf die blutroten Blüten mit gespornten Hüllblättern. Diese Art wurde nach Joseph Henry Chesterton (1837–1883) benannt, der sie entdeckte. Der berühmte Pflanzensammler hatte von James Veitch & Sons den Auftrag erhalten, in Südamerika nach seltenen und unbekannten Orchideenarten zu suchen – worin er großen Erfolg hatte. Bei seiner letzten Reise entdeckte er diese faszinierende Art, deren Ökologie jedoch erst vor recht kurzer Zeit entschlüsselt wurde.

PUCCINIA MONOICA

Ein Rostpilz, der falsche Blüten erzeugt

WISS. NAME	*Puccinia monoica*
ABTEILUNG	Basidiomycota
ORDNUNG	Pucciniales
FAMILIE	Pucciniaceae
HABITAT	Gebirge

Das wohl extremste Beispiel für Pflanzen-Mimikry zeigt *Puccinia monoica,* ein Rostpilz, der Kreuzblütler (Familie Brassicaceae) der Gattungen *Arabis* (Gänsekressen) und *Phoenicaulis* befällt. Barbara Roy von der University of Oregon, die das ökologische Zusammenspiel von Pilzen und Pflanzen in Nordamerika und Europa erforscht, entdeckte, dass der Pilz nach der Infektion die Bildung von Blüten durch die Wirtspflanze unterdrückt und stattdessen die Bildung hoher „Pseudoblumen" induziert, die den Blüten der Wirtspflanze nicht ähneln.

Ein häufiger Wirt für *P. monoica* ist die im Westen Nordamerikas beheimatete Art *Phoenicaulis cheirantoides,* die meist an hoch gelegenen, ariden Standorten wächst und kleine rosa Blüten bildet. Infizierte Pflanzen jedoch bilden vermehrt Blattrosetten und keine echten Blüten, dafür aber hellgelbe Pseudoblumen.

Ein zweiter Wirt ist *Arabis hoelboellii,* eine große, aufrecht wachsende Pflanze mit schmalen Blättern. Diese bildet normalerweise winzige Kreuzblüten, doch infizierte Pflanzen bleiben niedrig im Wuchs und bilden gelbe Pseudoblumen.

In beiden Fällen sind die von den Wirtspflanzen gebildeten Pseudoblumen also andersfarbig als die Blüten nicht infizierter Pflanzen. Bei genauerem Hinsehen zeigt sich, dass sie eigentlich aus einer Rosette blütenblattähnlicher Blätter bestehen, die von Pilz-Spermogonien bedeckt sind – die Ursache für die gelbe Farbe. Das Hyphengewebe des Pilzes ist zudem nicht nur wohlriechend, sondern bildet eine süßklebrige Substanz, die Spermatien enthält. Diese werden dann von Vektoren auf empfängliche Hyphen auf den Pseudoblumen anderer Pflanzen übertragen; diese „Pseudobestäubung" ermöglicht die sexuelle Fortpflanzung des Pilzes.

Offenbar schlagen die Pilz-Hochstapler sogar die Pflanzen mit den eigenen Mitteln, denn infizierte Exemplare „blühen" früher als nicht infizierte. Gelb ist außerdem in vielen Ökosystemen die vorherrschende Blütenfarbe, auch im montanen Lebensraum von *Phoenicaulis.* Der Pilz kann sich also auch nachteilig auf den Fortpflanzungserfolg vieler anderer Pflanzenarten der Umgebung auswirken, denn sein Duft und die süße „Belohnung" sind womöglich für bestäubende Insekten attraktiver als das Angebot anderer Blütenpflanzen.

→ *Arabis hoelboellii* mit gelben Pseudoblumen

PHALLUS INDUSIATUS

Eine Stinkmorchel mit „betörendem" Geruch

WISS. NAME	*Phallus indusiatus*
ABTEILUNG	Basidiomycota
ORDNUNG	Phallales
FAMILIE	Phallaceae
HABITAT	Wald, urbaner Siedlungsbereich

Auf den ersten Blick erinnern die Fruchtkörper im Frühstadium an Vogeleier, die halb im Bodenmaterial verborgen sind, oder an merkwürdige Boviste. Schaut man ein bis zwei Tage später noch einmal nach, sind die „Eier" aufgeplatzt, und ein phallusartiger, faulig riechender Fruchtkörper ist hervorgetreten.

Stinkmorcheln und ihre Verwandtschaft sind von allen Kontinenten außer Antarktika bekannt; viele kommen auch in urbanen Gebieten häufig vor, da sie saprotroph in zerfallendem organischem Material leben. Manche Arten sind kosmopolitisch, oft eingeschleppt durch Importe von Rindenmulch und Zierpflanzen. Es lässt sich nicht vorhersagen, wo sie auftauchen werden, doch wo auch immer man sie entdeckt, ist ihnen Aufmerksamkeit gewiss. Einige Stinkmorcheln ähneln Tintenfischen oder Polypen; daneben gibt es verschiedenste Formen, von puritanisch (komplett mit goldenem oder reinweißem „Schleier") bis anzüglich (und fatal an Geschlechtsorgane erinnernd). Charles Darwins älteste Tochter Henrietta („Etty") ergötzte sich daran, sie zu zerstören, wann auch immer sie sie in den Wäldern um Downing House entdeckte, auf dass die Dienerschaft in ihrer Tugend unbefleckt bliebe.

Angesichts ihres Äußeren verwundert es nicht, dass die Mykologie eine eigene Ordnung für sie eingerichtet hat, die Phallales (Stinkmorchelartige). Die meisten Arten lassen sich darin zwei Gruppen zuordnen, den unverzweigten (und meist phallusförmigen) und den verzweigten (mit „Armen" oder „Klauen" oder in „Käfigform"). Viele tragen oft anschauliche Trivialnamen, wie *Stinky Squid* („Stinkender Tintenfisch", *Pseudocolus fusiformis*), Prächtige Schleierdame *(Phallus multicolor)* oder Fingerpilz (englisch *Lizard's Claw,* „Echsenkralle", *Lysurus cruciatus*), um nur einige zu nennen. *Phallus indusiatus* mit seinem hübschen „Schleier" ist ein in Asien oft kultivierter Pilz.

Zu irgendeinem Zeitpunkt ihrer Evolution gaben die Stinkmorchelartigen die Fortpflanzung mit Ballistosporen auf und brachten Insekten (besonders Aasfliegen) dazu, ihre Sporen zu verbreiten. Der reifende Fruchtkörper bildet eine stinkende Gleba, die Basidiosporen enthält. Ihr Geruch lockt Fliegen an, die von der Gleba fressen und meist binnen weniger Stunden die komplette Sporenmasse aufnehmen. Die Basidiosporen scheiden sie dann andernorts mit dem Kot wieder aus.

→ *Phallus indusiatus*

SPHAEROBOLUS STELLATUS

Gemeiner Kugelschneller

Vorsicht, Sporenabschuss!

WISS. NAME	*Sphaerobolus stellatus*
ABTEILUNG	Basidiomycota
ORDNUNG	Geastrales
FAMILIE	Geastraceae
HABITAT	Wald, urbaner Siedlungsbereich

Etliche Pilze profitieren von menschlichen Aktivitäten wie Transportwesen, Ackerbau und auch Gartengestaltung. Viele Pilzarten sind gut ausgestattet, um den heute in Siedlungsgebieten fast allgegenwärtigen Rindenmulch zu zersetzen. Dieser Mulch ist so gefragt, dass er in aller Welt fabriziert und in alle Welt verschickt wird – und mit ihm viele Pilzarten in neuartige Habitate verschleppt werden.

Arten der Gattung *Sphaerobolus* (Kugelschneller) wachsen meist unbemerkt auf Holzspänen und Mulch. Diese winzigen Pilze verdanken ihren anschaulichen Trivialnamen ihrer Fähigkeit, ein Sporenpäckchen (Peridiole) über große Distanz zu schleudern. Ihre Technik ist dabei die eines Katapults; die Energie für den Abschuss liefert eine unter Druck stehende Membran im Inneren des Sporenträgers (Sporophors), die sich schlagartig ausstülpt. So werden die Peridiolen (übrigens mit einem hörbaren Knall) bis zu sechs Meter weit katapultiert.

Seit einigen Jahren stellen die Kugelschneller ein echtes Problem für Hausbesitzer:innen, Mulchproduzenten und Versicherungen dar, denn die stark klebrigen Sporenpäckchen haften irreversibel an jeder glatten Oberfläche, so auch an Fenstern, Autos und Hausfassaden. Wer also sein Auto neben gemulchten Flächen parkt, muss damit rechnen, dass es auf einer Seite mit dunklen Kügelchen besprenkelt ist, selbst wenn er oder sie nur kurz beim Zahnarzt war!

Winzige Katapulte

Der Abschuss der Sporenpäckchen beim Sporenschneller in Einzelschritten. Mit Heranreifen der Sporen steigt der Druck im Inneren des Fruchtkörpers, der die Peridiolen beim Entladen weit herausschleudert.

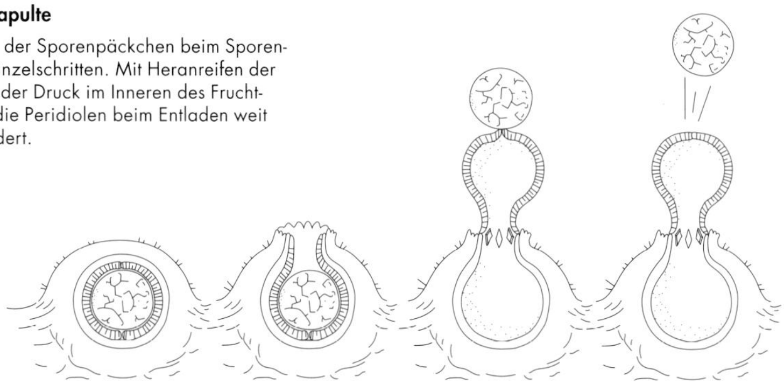

→ *Sphaerobolus stellatus* auf Holzmulm. Die großen weißen Peridiolen sind „abschussbereit"; zu sehen sind auch entleerte Fruchtkörper.

PSATHYRELLA AQUATICA

Psathyrella aquatica

Ballistosporen unter Wasser

WISS. NAME	*Psathyrella aquatica*
ABTEILUNG	Basidiomycota
ORDNUNG	Agaricales
FAMILIE	Psathyrellaceae
HABITAT	Fließgewässer

Im Jahr 2005 machte man im Rogue River im US-Bundesstaat Oregon eine ungewöhnliche Entdeckung: Fruchtkörper von Pilzen – unter Wasser! Natürlich nahm man zunächst an, sie seien aus ins Wasser gefallenen Holzstücken hervorgetreten, doch das war nicht der Fall. Die Pilze waren nicht nur bislang unbekannt, sondern die Wissenschaftler:innen fanden sie seither jedes Jahr. Und sie bilden tatsächlich ihre Fruchtkörper unter Wasser aus.

Von mehreren Schlauchpilzen ist bekannt, dass sie unter Wasser wachsen und Fruchtkörper bilden, doch einen aquatischen Lamellenpilz kannte bis dahin niemand. Der Ständerpilz *Gloiocephala aquatica* aus der Familie Physalacriaceae (Rindenschwammverwandte), eine winzige, an Schwindlinge (Gattung *Marasmius*) erinnernde Art aus eutrophen Stillgewässern in Patagonien (Argentinien), kommt ihm recht nahe, hat aber keine Lamellen.

P. aquatica ähnelt den meisten anderen Arten der Gattung, wie man sie im Wald oder auf dem Komposthaufen erwarten würde, und wie der Pilz seine Sporen produziert, ist noch unbekannt. Ballistosporen lassen sich vermutlich unter Wasser nicht „abschießen"; eine Theorie lautet daher, dass dieser Pilz irgendwie Luftblasen an seinen Lamellen erzeugt und dann Sporen in diese freisetzt – „Flöße" aus Sporen wurden jedenfalls in der Nähe der Fruchtkörper sicher nachgewiesen. Alternativ könnten sich die Sporen auch verbreiten, wenn die Fruchtkörper vergehen und davontreiben.

Selbst wenn diese Frage beantwortet wird, bleibt noch eine andere: Wie gelangen die Sporen *stromaufwärts?* Der Mykologe Jonathan Frank von der Southern Oregon University fing und sezierte verschiedene Wirbellose, die mit dem Unterwasserpilz assoziiert waren; so wollte er herausfinden, wie die Sporen der konstanten Strömung begegnen konnten. Tatsächlich fand er Sporen von *P. aquatica* im Verdauungstrakt der Larven von Köcher- und Eintagsfliegen sowie Kriebelmücken. Somit sind wohl aquatische Insekten an der Verbreitung der Sporen beteiligt, die sie aufnehmen, wenn sie am Pilz fressen oder aber in seiner Nähe weiden oder filtrieren. Es braucht mehr Daten, um die Rolle dieser Wirbellosen zu bestätigen, doch sind aquatische Insekten jedenfalls in der Lage, sich entgegen der Strömung flussaufwärts zu bewegen (besonders wenn sie selbst von Fischen oder Vögeln gefressen werden, die die Sporen noch weiter tragen können).

→ Ein Abschießen von Ballistosporen dürfte unter Wasser unmöglich sein, doch irgendwie hat der bizarre *Psathyrella aquatica* einen Weg für die Freisetzung gefunden. Die Wissenschaft rätselt noch, wie.

PAUROCOTYLIS PILA

Ein falsches Früchtchen

WISS. NAME	*Paurocotylis pila*
ABTEILUNG	Ascomycota
ORDNUNG	Pezizales
FAMILIE	Pyronemataceae
HABITAT	Wald

Paurocotylis pila **ist ein merkwürdiger Pilz aus der Familie der Feuerkissenverwandten (Pyronemataceae), der bei der Fortpflanzung sowohl auf Zoochorie als auch auf Mimikry zurückgreift. In Ozeanien findet man viel häufiger als anderswo Pilz-Fruchtkörper in Trüffelform; grabende Säugetiere sind die wichtigsten Vektoren für Sporen der trüffelbildenden Pilze Australiens. Deren Fruchtkörper sind meist unauffällig gefärbt, verströmen aber einen intensiven Duft; schließlich suchen Säuger meist mit der Nase nach Nahrung. In Neuseeland dagegen sind Vögel die dominierenden Pflanzenfresser, und die dortigen Trüffelbildner haben verschiedene Tricks entwickelt, um sie anzulocken. Manche dieser Pilzarten bilden leuchtend violette, blaue oder rote Fruchtkörper, die wie auf dem Waldboden liegende Beeren aussehen – Vögel auf Nahrungssuche fressen diese und scheiden die Sporen dann anderswo aus.**

Die vielleicht überzeugendste „Beere" bildet *Paurocotylis pila*. Das Ascokarp bildet sich ab dem Spätsommer dicht unter der Erdoberfläche; mit zunehmender Reife nimmt es an Größe zu und ragt allmählich aus der Erde. Die roten Fruchtkörper ähneln dabei in Größe und Farbe den Früchten von Steineiben (Gattung *Podocarpus*), die zur selben Zeit reifen und zu Boden fallen.

Über die Ökologie von *Paurocotylis* ist kaum etwas bekannt. Die wenigen bekannten Arten aus Nord- und Südamerika gelten als selten oder stark gefährdet, und man weiß über sie fast nichts. *P. pila* ist heute auch in Großbritannien zu finden, wohin die Art wohl Anfang der 1970er-Jahre aus Neuseeland eingeschleppt wurde (einer Anekdote zufolge im Zusammenhang mit dem Besuch einer Rudermannschaft aus Neuseeland). Anfangs nahm man an, die Gattung bilde Mykorrhizen, doch neuere Studien deuten darauf hin, dass Angehörige dieser Gattung (und der verwandten Gattungen *Geopyxis, Hydnocystis* und *Densocarpa*) eher endophytisch oder saprotroph (oder beides) leben.

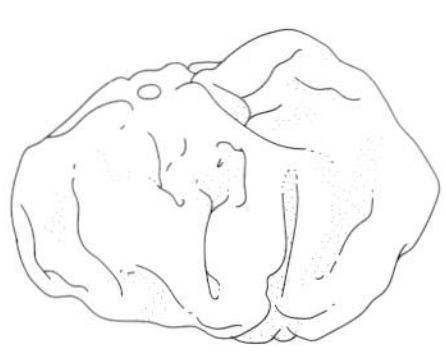

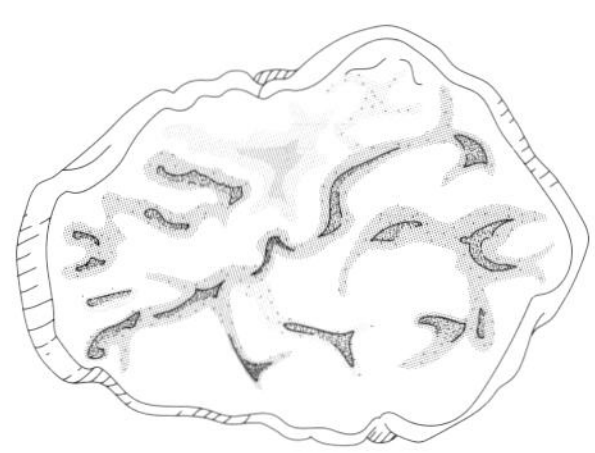

Trüffelartiger Fruchtkörper
Die Fruchtkörper dieses Pilzes sehen aus wie leuchtend bunte Beeren; im Querschnitt zeigen sich jedoch Kammern, die mit sporenbildenden Hymenien ausgekleidet sind.

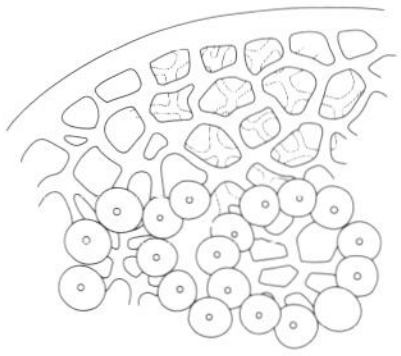

→ Die nur erbsengroßen bunten „Beeren" von *P. pila* sind hier stark vergrößert dargestellt.

PILOBOLUS CRYSTALLINUS

Pillenwerfer: Explosive Fortpflanzung

WISS. NAME	*Pilobolus crystallinus*
ABTEILUNG	Zygomycota
ORDNUNG	Mucorales
FAMILIE	Pilobolaceae
HABITAT	Wald, Agrarland

Der Dung von Weidetieren ist der bevorzugte Lebensraum vieler Pilze, die man deshalb als koprophil bezeichnet. Somit ist er hervorragend geeignet, um einen ganzen Mikrokosmos an Pilzarten zu beobachten, die in schneller Abfolge kommen und gehen. *Pilobolus crystallinus*, ein „Pillenwerfer", ist oft der Erste, der den Dung besiedelt und Sporen bildet, meist binnen weniger Tage.

Das frische nährstoff- und cellulosereiche Substrat ist bereits mechanisch zerkleinert, feucht und perfekt temperiert, sodass es rasch von Pilzen besiedelt wird. Ebenso rasch sind seine Nährstoffe verbraucht; daher hat *P. crystallinus* einen faszinierenden Kniff entwickelt, um als Erster zur Stelle zu sein: Er sorgt dafür, dass seine Sporen bereits bei der Ausscheidung im Dung vorhanden sind. Dazu schleudert dieser faszinierende Pilz seine Sporen in schwarzen Sporangien-Päckchen so weit, dass sie außerhalb der Geilstellen (der gemiedenen Grasflächen in unmittelbarer Nähe zu Dunghaufen) landen, um dort mit dem Gras gefressen zu werden.

VOM LICHT ANGEZOGEN

Wie gelingt das? Zunächst einmal ist *P. crystallinus* phototrop. Er bildet winzige gestielte Fruchtkörper (Sporangiophoren), die auf ihrer Spitze ein einzelnes Sporenpäckchen tragen und zum Licht hin wachsen. Das Ende der Sporangiophore ist ein Bläschen, das sich mit Flüssigkeit füllt und dabei anwächst. Dieses wirkt wie eine Linse; das Licht scheint durch die Außenhülle und wird auf der gegenüberliegenden Innenwand gebündelt. Ein Photorezeptor sendet daraufhin einen Impuls in den darunter befindlichen Stiel, der wiederum auf der lichtabgewandten Seite schneller zu wachsen beginnt. Somit neigt sich der Sporangiophor zum Licht hin und „zielt". Platzt das Bläschen, wird das schwarze Sporangium in Richtung Licht geschleudert.

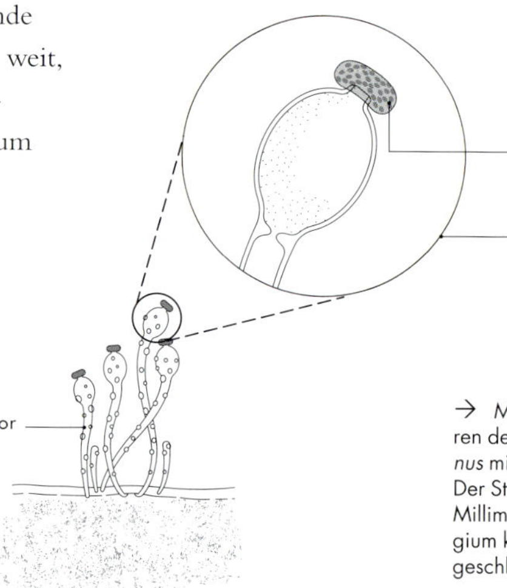

Form und Funktion

Ein einzelner Sporangiophor mit blasiger Spitze dient als Linse, um das Sonnenlicht zu bündeln, sodass das Sporangium in die richtige Richtung geschleudert wird. Das schwarze Sporangium ist ein Sporenpäckchen, dem die Verdauungsenzyme von Pflanzenfressern nichts anhaben können.

→ Makroaufnahme von Sporangiophoren des Pillenwerfers *Pilobolus crystallinus* mit glitzernden Flüssigkeitströpfchen. Der Stiel misst in der Länge nur wenige Millimeter, doch das schwarze Sporangium kann bis zu zwei Meter weit fortgeschleudert werden.

CHEMIE UND PHYSIOLOGIE

Ungewöhnlicher Stoffwechsel

In den Organismenreichen sind die nächsten Verwandten der Tiere die Pilze. Das erschließt sich nicht auf den ersten Blick, da Pilze und Tiere morphologisch und auch auf der zellulären Ebene völlig ungleich aussehen. Chemisch und physiologisch haben Tiere und Pilze allerdings viele Gemeinsamkeiten und überdies einen gemeinsamen Vorfahren.

↓ Die holzzersetzenden Samtfußrüblinge (*Flammulina* spp.) sind sehr verbreitet.

Im Gegensatz zu Tieren besitzen Pilzzellen eine Zellwand, doch innerhalb der Zelle ist der Stoffwechsel ziemlich ähnlich: Es gibt Ribosomen, Mitochondrien sowie DNA, die in Form von Chromosomen vorliegt. Die Verdauung läuft außerhalb des eigentlichen Organismuskörpers ab. Pilze verdauen organische Materie, indem sie Enzyme ins Substrat ausscheiden und das verdaute Material anschließend aufnehmen. Ähnlich verhält es sich (im Prinzip) bei Tieren: Sie fressen die Nahrung und verstauen sie in einem „Behälter" (dem Magen), in den Enzyme sezerniert werden; das verdaute Material wird über die Epithel-Auskleidung resorbiert, die den Außenraum vom Innenraum des Tierkörpers trennt.

Unter den richtigen Bedingungen können Pilze so ungefähr alles als Nahrungsquelle nutzen. Sie können das Papier von Büchern, ferner Fotos und Filme oder die Beschichtung von Kameralinsen fressen; sie können Wegwerfwindeln, Plastikgegenstände und andere Erdölprodukte (auch Rohöl bei Ölverschmutzungen) verdauen; sie können Kraftstoffleitungen in Flugzeugen verstopfen und so ziemlich jedes Material in Haus und Hof zerstören.

Doch bei Pilzen ist nicht nur die Ernährungsweise ungewöhnlich: Manche können bei Dunkelheit leuchten, andere bilden äußerst toxische Substanzen, die zu den stärksten Giften der gesamten Natur zählen. Viele können zudem auch in Abwesenheit von Sauerstoff gedeihen; gelegentlich werden dabei große Mengen an Alkoholen gebildet. Schließlich gibt es phytopathogene (Pflanzenkrankheiten hervorrufende) Pilze, die derart in den Stoffwechsel der Wirtspflanze eingreifen können, dass blüten- oder fruchtähnliche Strukturen entstehen. Ferner existieren tierpathogene (zoopathogene) Pilze, die das Gehirn ihrer Wirte manipulieren, sodass diese zu pilzgesteuerten „Zombies" werden – alles nur im Dienst der Pilzverbreitung.

MELANINE

Auch die Bildung von Melaninen zählt zu den gemeinsamen Merkmalen von Tieren und Pilzen. Melanine gehören zu den organischen Verbindungen, die im gesamten Organismenreich am weitesten verbreitet sind.

Diese dunklen Pigmente werden von Tieren zum Schutz vor ultravioletter Strahlung und anderen schädlichen Umweltfaktoren gebildet – beim Menschen ist das zum Beispiel die Bräunung der Haut als Reaktion auf Sonneneinstrahlung. Bei Pilzen haben Melanine viele Funktionen, von der Verstärkung von Zellwänden bis zum Schutz bei Temperatur- und Trockenstress, Salz- und pH-Stress sowie vor Strahlung (ultraviolettes Licht, ionisierende Strahlung usw.). Melanine binden außerdem giftige Schwermetalle und oxidierende Stoffe, schützen vor lytischen Enzymen oder anderen Toxinen von Mikroorganismen und bilden die Grundlage für die Virulenz einiger phytopathogener Pilze.

Pilzmelanine sind meistens braun bis schwarz und können damit sichtbares, ultraviolettes und in gewissem Maße auch infrarotes Licht absorbieren. Das ist besonders für Pilzarten vorteilhaft, die Rhizomorphen (sie ähneln Pflanzenwurzeln) bilden; diese überbrücken den Abstand von einem zum nächsten Substrat und müssen physikalischen Stress wie Sonnenlicht und Austrocknung aushalten. Mithilfe der Rhizomorphen gelangt Hallimasch *(Armillaria)* beispielsweise von Baumstumpf zu Baumstumpf oder auch zu lebenden Bäumen und ist daher als Forstpathogen so gefürchtet. Lange nachdem die Fruchtkörper verschwunden sind und das Holz weitgehend zersetzt ist, überdauern die Rhizomorphen auf Totholz – was zeigt, wie widerstandsfähig sie sind.

← Hallimasch (*Armillaria* sp.) ist ein sehr häufiger und gefährlicher Schadpilz von Forstbäumen. Er wächst auch saprotroph auf Totholz.

Auch Hitze und Kälte sind Stressfaktoren, deren schädliche Folgen durch Melanine abgeschwächt werden; ein Beispiel ist *Monilinia fructicola,* ein Ascomycet, der für Braunfäule an Steinfrüchten verantwortlich ist. Diese Art gedeiht auch bei hohen Temperaturen – Mutanten ohne Melaninbildung können das nicht. Tatsächlich sind viele Mikromyceten und Flechten melanisiert, vor allem die Bewohner von extremen Substraten wie Felsflächen und kalten Standorten.

Melanine wirken ferner als Antioxidanzien und sind gegen die Lyse (Auflösung von Zellen) durch Enzyme sowie gegen mikrobielle Angriffe resistent. Diese Eigenschaften helfen phytopathogenen Pilzen anscheinend dabei, die Verteidigungsstrategien der Wirtspflanze zu überwinden, und tragen so zur Virulenz des Pathogens bei. Auch wichtige Krankheitserreger des Menschen, wie *Cryptococcus*-Arten, sind melanisiert; die entsprechenden Melaninmangelmutanten verlieren hingegen ihre Infektionsfähigkeit.

Melanine besitzen eine hohe Zugfestigkeit, daher verstärken sie Zellwandstrukturen, beispielsweise bei Pilzsporen. Auf diese Weise können die melanisierten Zellwände von Pilzen osmotischem Stress und Turgorkräften besser standhalten. Zudem sind melanisierte Pilzsporen wesentlich besser vor Austrocknung und schädlicher UV-Strahlung geschützt. Ionisierende Strahlung wie auch UV-Licht schädigen die DNA und können folglich für alle lebenden Zellen negativ sein. Ohne Melanin stellt Sonnenlicht eine Gefahr für unsere Hautzellen dar. Pilze, die durchscheinende oder farblose Sporen bilden, sind normalerweise nicht sehr lange überlebensfähig. Einige, wie *Ganoderma,* bilden jedoch dunkel pigmentierte, melanisierte Sporen, die im Erdboden jahrelang lebensfähig bleiben.

AUTOTROPHE PILZE

Erstaunlicherweise führt eine andere Strahlung, nämlich Atomstrahlung, bei einigen melanisierten Pilzen anscheinend zu gesteigertem Wachstum. Dies wurde an Proben von *Cladosporium* und *Penicillium* gezeigt, die man aus den Reaktorruinen von Tschernobyl isoliert hatte. Diese Pilze sind anscheinend zur Energiegewinnung aus ionisierender Strahlung fähig und folglich autotroph, doch die Details dieser „Radiosynthese" wurden bisher nicht aufgeklärt. Hier sind *Cladosporium*-Sporen zu erkennen, die digital koloriert wurden.

ÄSTHETISCHER VERFALL

Pilzmelanine führen beim sogenannten gestockten Holz oft zu wunderschönen Effekten. Vielleicht kennen Sie auch Möbel, Gitarren, Schalen oder andere Holzobjekte aus „Riegelahorn“ oder „Vogelaugenahorn“ – dabei handelt es sich nicht um spezielle Baumarten, sondern um Wuchsanomalien des Holzes. Weist das Holz jedoch dunkle Verfärbungen und vor allem „Zonenlinien“ auf, dann handelt es sich um einen Befall durch Holzpilze, der auch zu Verformungen führen kann. Wenn *Armillaria, Xylaria* und einige andere Pilze ins Holz hineinwachsen, bilden sie um den Ort der Infektion herum sogenannte pseudosklerotische Platten. Nach dem Verarbeiten des Holzes erscheinen diese Platten als dunkle Demarkationslinien (Zonenlinien); könnten wir das Ganze jedoch dreidimensional betrachten, dann würden wir innen einen Holzbereich

↓ *Xylaria*-Arten (oberes Foto) sind häufige Holzfäulepilze. Diese Ascomyceten bilden dunkle keulenförmige Gebilde, sogenannte Stromata; in diesen sind winzige Kammern eingesenkt, in denen die Sporen gebildet werden.

→ *Xylaria*-Arten (oberes Foto) sind häufige Holzfäulepilze. Diese Ascomyceten bilden dunkle keulenförmige Gebilde, sogenannte Stromata; in diesen sind winzige Kammern eingesenkt, in denen die Sporen gebildet werden.

↘ Der Holzfäulepilz *Physisporinus vitreus* (Glasigweißer Porling), ein Basidiomycet, zählt zu den Porlingen. Seine sporentragenden Basidien befinden sich in Röhren, hier gut zu erkennen (unteres Foto).

erkennen, der von Pilzhyphen und sehr viel Melanin umgeben ist. Auf diese Weise grenzt der Pilz seinen Wachstumsbereich von der Umgebung ab, also auch von anderen Pilzen.

Der Porling *Fomes fomentarius* (Zunderschwamm) ist für wunderschöne dunkle Demarkationslinien verantwortlich, bei anderen Holzpilzen entstehen eventuell Zonenlinien in anderen Farben. Durch *Chlorociboria* (Grünspanbecherling) verfärbt sich das faulende Holz blaugrün. Derartiges Holz ist in den Anfangsstadien der Zersetzung – bevor Struktur und Stabilität beeinträchtigt sind – bei Kunsttischlern sehr begehrt.

Klassikfans wissen vermutlich, dass der Klang einer Stradivari von vielen Faktoren abhängt: Aus welchem Holz wurde sie gebaut, wie wurde das Holz gelagert und getrocknet, welche Substanzen und Leime wurden beim Instrumentenbau verwendet? Über die Jahrhunderte hat man versucht herauszufinden, was eine Stradivari so einzigartig macht.

Einige Forscher:innen glauben, dem Geheimnis näherzukommen: Kürzlich stellte man eine sehr preiswerte Violine vor, gebaut aus einem Holz, das vorher mit den beiden Holzfäulepilzen *Physisporinus vitreus* (Glasigweißer Porling) und *Xylaria longipes* (Langstielige Ahorn-Holzkeule) behandelt worden war. Man verwendete dieselben Holzarten wie professionelle Geigenbauer: Fichtenholz für die Decke des Instruments und Bergahornholz für Boden, Zargen und Hals. Das Ungewöhnliche an *Physisporinus* und *Xylaria* ist, dass sie die Zellwände des infizierten Holzes nur allmählich abbauen, sodass diese nicht völlig zersetzt, sondern nur dünner werden. So bleibt eine Art steifes „Gerüst" erhalten, das für Schallwellen gut durchlässig ist, die Elastizität des Holzes jedoch nicht beeinträchtigt.

Nach der Behandlungszeit wurde das Pilzholz mit einem Gas behandelt, das Pilze abtötet, und anschließend stellten Meister-Geigenbauer daraus Violinen her. Eine Gruppe audiophiler Hörer und eine Fachjury bewerteten die Instrumente später in einer verdeckten Hörprobe. Die Ergebnisse waren sensationell – die Fachjury befand, die preiswerte „Mykoholz-Violine" sei im Klang von der echten Stradivari von 1711 nicht zu unterscheiden.

↑ → *Omphalotus nidiformis* (Australischer Geisterpilz) sieht bei Tageslicht ziemlich langweilig aus (oben), doch bei Dunkelheit leuchten diese Pilze tatsächlich!

BIOLUMINESZENZ

Zu den Besonderheiten von Pilzen zählen leuchtende, biolumineszente Arten: Sie können also selbst Licht emittieren. Die Biolumineszenz ist seit der Antike bekannt, bereits Aristoteles und Plinius der Ältere beschrieben Holz, das in der Dunkelheit leuchtete. Man beachtete das Phänomen nicht weiter, bis im 18. Jahrhundert in Bergwerken von leuchtendem Holz berichtet wurde.

Inzwischen wissen wir, dass dieses Leuchten nicht auf Pflanzen, sondern auf Pilze zurückgeht und dass es vier bekannte Abstammungslinien biolumineszenter Basidiomyceten gibt, die etwa 80 Arten umfassen. Zu den bekannteren „Leuchtpilzen" zählen *Armillaria, Mycena, Omphalotus* und *Panellus* – wenn das Licht von Pilzhyphen im Holz ausgeht, handelt es sich oft um *Armillaria*-Arten (Hallimasch).

Das Licht geht auf eine Stoffwechselreaktion des Pilzes zurück, bei der Elektronen auf ein Akzeptormolekül (Luciferin) übertragen werden. Dieses wird durch das Enzym Luciferase in Anwesenheit von Sauerstoff gespalten, was zu einer elektronisch angeregten

ERHELLENDE PILZE

Der Naturforscher Alexander von Humboldt beschrieb 1796 als einer der Ersten die Lumineszenz von Rhizomorphen in deutschen Steinkohlebergwerken. Man berichtete von einem hellen Leuchten der hölzernen Ausbauteile in den Gruben, das anscheinend so hell war, dass man auf Grubenlampen verzichten konnte. Die hohe Luftfeuchtigkeit und Temperatur im Bergstollen waren offenbar für die Lichtemission wichtig; diese ging nach den Beschreibungen vor allem von den Hyphenspitzen der sogenannten *Rhizomorpha*-Pflanzen aus.

Form des Luciferins führt und anschließend zur Emission von Licht mit einer maximalen Wellenlänge von etwa 525 nm, während das Luciferin in den Grundzustand zurückkehrt. Dieser Prozess ist bei allen biolumineszenten Organismen mehr oder weniger gleich, auch wenn die Luciferine und Luciferasen nicht absolut identisch sind.

Oft wird gefragt, welchen „Zweck" die Biolumineszenz bei Pilzen hat und ob es irgendeinen Vorteil für den jeweiligen Organismus gibt. Es wurden etliche Funktionen postuliert, insbesondere, dass die Biolumineszenz zur Anziehung von Evertebraten zwecks Sporenverbreitung dient, doch in gemäßigten Biomen ist es anscheinend nicht der Fall. In sehr dichten tropischen Regenwäldern mit wenig Luftbewegung könnte die Biolumineszenz – laut neueren Forschungsergebnissen – ein Mechanismus zur Sporenverbreitung durch Fluginsekten sein.

Eine andere Theorie besagt, die Biolumineszenz sei für Pilze schlicht eine Möglichkeit, um Energie abzugeben, die als Nebenprodukt des oxidativen Stoffwechsels entsteht – so wie die meisten Organismen (auch wir Menschen) Wärme als Stoffwechselnebenprodukt abstrahlen. Diese chemische Reaktion könnte auch mit der Entgiftung von Peroxiden einhergehen, die während der Lignolyse (Abbau von Lignin) gebildet werden. Viele der biolumineszenten Pilze zersetzen Holz und Laubstreu, darunter Weißfäulepilze, wie *Armillaria mellea* (Honiggelber Hallimasch) und *Panellus stipticus* (Herber Zwergknäueling). Faktoren, die das ligno-

lytische System von Weißfäulepilzen induzieren oder reduzieren, können nachweislich auch Biolumineszenz induzieren oder reduzieren.

Nach wie vor ist die Funktion der Biolumineszenz aber nicht geklärt und wird kontrovers diskutiert. In der Gattung *Mycena*, (Helmlinge) sind beispielsweise mindestens 33 Arten mit Biolumineszenz bekannt, viele weitere *Mycena*-Arten sind aber nicht biolumineszent; daher stellt sich die logische Frage: Hat sich die Biolumineszenz in der Gattung nur einmal entwickelt und das Merkmal ging anschließend viele Male wieder verloren? Oder ist sie innerhalb der Gattung immer wieder unabhängig voneinander entstanden?

Nach Ansicht mancher Wissenschaftler:innen bringt Biolumineszenz Pilzen keinen evolutionären Vorteil, da Gattungen wie *Mycena* leuchtende und nicht leuchtende Arten umfassen, die in freier Natur anscheinend gleichermaßen erfolgreich sind. In diesen Fällen ist es wahrscheinlich, dass die Biolumineszenz für bestimmte Pilze vorteilhaft war – vielleicht für die Sporenverbreitung – und von einigen Arten als ein evolutionäres „Überbleibsel" ohne wirklichen selektiven Vorteil oder Nachteil beibehalten wurde. Ich persönlich vermute, dass dieses Merkmal irgendeinen Nutzen haben muss, da es bei derart vielen Pilzarten erhalten blieb.

↓ *Mycena roseoflava*, dieser kleine leuchtende Pilz ist in Australien und Neuseeland heimisch.

Gift und Rausch

Von allen Inhaltsstoffen der Pilze hat man vermutlich die toxischen Pilzsubstanzen am besten untersucht. Dieses Thema füllt viele Bücher und ist so umfangreich, dass aussichtlos wäre, hier eine zusammenfassende Darstellung zu versuchen. Wegen ihrer Omnipräsenz werden Sie aber im gesamten Buch und in fast jedem Kapitel Hinweise auf Pilztoxine finden.

Toxine sind Substanzen, die von lebenden Organismen gebildet werden und die Lebensprozesse eines anderen Organismus vergiften, indem sie die normale Funktion biochemischer Stoffwechselwege oder anderer Prozesse blockieren oder auf andere Weise stören. Pilze bilden eine riesige Anzahl an Substanzen, die für andere Organismen (auch für Menschen) toxisch sind. Einige dieser Verbindungen dienen sicherlich der Verteidigung, um Pilze vor Fressfeinden zu schützen – ein Beispiel sind die sehr giftigen, bitteren Alkaloide des Mutterkornpilzes, die als Fraßschutz wirken. Andere Pilztoxine töten die Zellen des Wirtsorganismus ab, auf dem bestimmte Pilze leben. Ferner gibt es Verbindungen, die für Menschen vermutlich rein zufällig toxisch sind; so sind die Amatoxine – sie kommen in weltweit verbreiteten Pilzarten vor, z. B. einigen *Amanita*-Arten – jedes Jahr für Todesfälle verantwortlich, ohne dass man wüsste, warum die Pilze diese Substanzen bilden.

Allerdings können viele toxische Substanzen auch zur Heilung eingesetzt werden. Der berühmte Schweizer Arzt Paracelsus (er gilt als Begründer der Toxikologie) wies darauf hin, dass der Unterschied zwischen Arzneimittel und Gift oft nur in der Dosis liegt.

→ Der Fliegenpilz *(Amanita muscaria)* zählt zu den häufigen Giftpilzen.

HEFE

Der Beginn der Landwirtschaft und die Domestizierung von Pflanzen und Tieren zählen zu den wichtigsten Ereignissen der Menschheitsgeschichte, denn sie lösten den Aufstieg von Zivilisationen und – damit einhergehend – demografische, technologische und kulturelle Entwicklungen aus. Die Domestizierung der Gerste im Fruchtbaren Halbmond führte vor etwa 6000 Jahren dazu, dass bei den Sumerern ein Vorläufer des modernen Biers aufkam. Bier und andere alkoholische Getränke spielten möglicherweise eine entscheidende Rolle für den Zusammenhalt menschlicher Gesellschaften, denn gemeinsames Trinken ist ein sozialer Akt, oft mit eigenen Ritualen; zudem dienten alkoholische Getränke als Quelle für Nahrung und als Heilmittel.

In Europa entwickelte sich das Bierbrauen im Lauf des Mittelalters; man braute eine Art obergäriges Bier. Dabei wird *Saccharomyces cerevisiae* (Bierhefe) eingesetzt, dieselbe Art, die auch bei der Weinherstellung und als Backhefe Verwendung findet. Die untergärige Brauweise entstand im 15. Jahrhundert in Bayern. Bis zum Ende des 19. Jahrhunderts hatte das untergärige Brauen breite Zustimmung gefunden, und inzwischen ist es weltweit zur beliebtesten Brauweise geworden (global über 250 Milliarden Dollar Umsatz pro Jahr).

Anders als die meisten obergärigen Biere und Wein benötigen untergärige Biere eine langsame Fermentation (Gärung) bei niedrigen Temperaturen mit der kältetoleranten Hefe-Spezies *Saccharomyces pastorianus* (früher als *S. carlsbergensis* bezeichnet). *S. pastorianus* konnte bisher nicht in freier Natur isoliert werden und kann sich ohne die Mithilfe des Menschen nicht vermehren. Das ist höchst ungewöhnlich, wenn man bedenkt, dass die Welt quasi in Bier schwimmt und das meiste davon seine Existenz diesem Pilz verdankt.

Kürzlich hat man bei einer globalen Bestandsaufnahme der Wildhefen jedoch die Herkunft von *S. pastorianus* entdeckt: Diese ist durch Hybridisierung einer obergärigen *Saccharomyces-cerevisiae*-Bierhefe mit einer

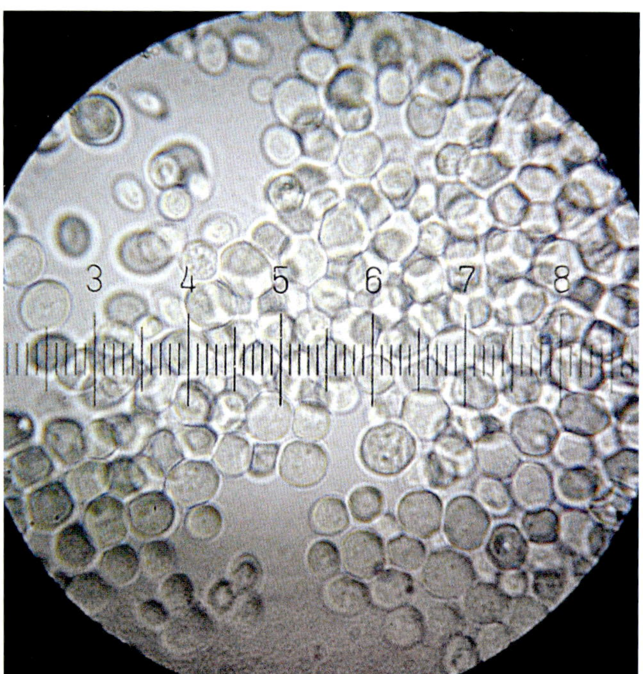

bislang unbekannten, aber kältetoleranten *Saccharomyces*-Art entstanden. Sofort stellt sich natürlich die Frage: Was genau machen Bierhefen in freier Natur?

Im „Blutungssaft“ von Bäumen, der aus Verletzungen austritt, finden sich von Natur aus zahlreiche verschiedene Hefe-Spezies. Auf der Nordhalbkugel kommen *Saccharomyces*-Arten bei Eichenbäumen vor; in den kühl-gemäßigten Regionen der Südhalbkugel sind Scheinbuchen (Südbuchen, *Nothofagus*-spp.) heimisch, in ihrem Blutungssaft gibt es jedoch andere Wildhefen.

Die rätselhafte Hefe-Spezies, die ein Elternteil von *S. pastorianus* ist, tauchte auf, als man die Hefen in Waldgebieten mit *Nothofagus*-Beständen katalogisierte. Die neue Art erhielt den Namen *Saccharomyces eubayanus,* da sie der Art *S. bayanus* ähnelte (einer komplexen Hybride aus *S. eubayanus, S. uvarum* und *S. cerevisiae,* die nur im Brauereiumfeld auftritt).

Populationen der neu entdeckten *S. eubayanus* finden sich in den kühlen *Nothofagus*-Wäldern Patagoniens, an Südamerikas südlicher Spitze. Ganz schön weit weg von Bayern und Böhmen, und es ist nicht bekannt, wie die Vorfahren der modernen (untergärigen) Bierhefe nach Europa gelangten. Allerdings gibt es seit Jahrhunderten enge Handelsbeziehungen zwischen Europa und Südamerika. Man muss das genetische Material der wilden Stämme von *S. pastorianus* bestimmen, um die Taxonomie und Systematik dieses wichtigen kältetoleranten Artkomplexes aufzuklären und ferner zu verstehen, welche Schlüsselereignisse zur Domestizierung der untergärigen Hefen führten.

↑ Die kühlen subpolaren Südbuchenwälder liegen im südlichsten Teil von Südamerika. Hier ein Foto aus dem Nationalpark Los Glaciares (Argentinien). In der Ferne ist der Gipfel des Cerro Torre zu erkennen.

← Der französische Chemiker Louis Pasteur war ein Pionier der Mikrobiologie und Fermentationslehre.

←← Lichtmikroskopische Aufnahme der Backhefe, *Saccharomyces cerevisiae*

Interessanterweise wurde die rätselhafte Hefe gemeinsam mit einem weiteren Pilz gefunden, der ebenfalls mit *Nothofagus* vergesellschaftet war: *Cyttaria*. Deren Fruchtkörper ähneln Golfbällen, die an der Baumrinde haften. Und diese Fruchtkörper sind nicht nur essbar, sondern schmecken auch deutlich süß, denn diese Pilzart zählt zu den wenigen, die Zucker bilden können. Der Mikrobiologe Elio Schaechter schrieb, Darwin habe berichtet, dass die Einwohner:innen von Feuerland diese Pilze verzehrten, „obwohl sie merkwürdigerweise die verschrumpelten älteren den jungen Exemplaren vorzogen. Vor ein paar Jahren kam mir als mögliche Erklärung der hohe, für Pilz einzigartige Zuckergehalt von *Cyttaria* in den Sinn … könnte es sein, dass [die Yagán] ältere, bereits gärende Pilze bevorzugten? Die Menschen dieser Ethnie waren sehr zäh und abgehärtet; trotz der klimatisch sehr harten Lebensbedingungen trugen sie nur wenig Kleidung. Ich vermutete, dass ein bisschen Alkohol aus vergorener *Cyttaria* wohl deutlich zur guten Laune beigetragen hat.“

Die Gebräuche der heutigen Bewohner:innen Patagoniens unterstützen diese Vorstellung: Sie sammeln und verzehren die Fruchtkörper („Llao-llao“-Pilz), die von den Scheinbuchen abfallen, direkt oder vergären sie zu einem Getränk namens „Chica de Llao-llao“ – könnte dieses die „Mutter aller Biere“ sein? Vielleicht. *Cyttaria*-Arten beherbergen mit Sicherheit die kältetolerante untergärige Hefe, und diese ist zweifellos für den Gärprozess bei den indigenen Bieren Südamerikas verantwortlich. Wir werden uns auf Seite 122 näher mit *Cyttaria* beschäftigen.

Wir wissen zwar eine Menge über Bier- und Weinhefe, doch sie sind nicht die einzigen Pilze, die in die Herstellung von des Menschen liebster Droge (Ethanol/„Alkohol“) eingebunden sind. Viele Pilze reagieren auf die zahllosen flüchtigen Verbindungen, die in der Luft enthalten sind, und es gibt sogar Pilze, für die solche flüchtigen Substanzen aus der Umgebungsluft als

→ Die reifen Fruchtkörper von *Cyttaria darwinii* sehen eher wie die Früchte von Pflanzen aus als wie Pilze.

432
Fibrillaria vinarius Sow
Racodium cellare P.
Zasmidium cellare

einzige Kohlenstoffquelle ausreichen. Zu den merkwürdigsten Pilzen dieser Sorte gehört *Zasmidium cellare,* der Kellerschimmel (Kellertuch, Weinkellerschimmel), der aufgrund ähnlicher äußerlicher Merkmale eine Weile in die Gattung *Cladosporium* gestellt wurde. Er wächst in weichen graugrünen bis schwarzen Belägen über Oberflächen und besitzt eine einzigartige Ernährungsweise.

Wie der Name schon sagt, kommt Weinkellerschimmel in alten Weinkellern und Brennereien vor, und zwar weltweit. Er kann mit der Zeit dichte, von der Decke herabhängende Matten bilden, diese Hyphengebilde beziehen ihren Kohlestoff ausschließlich aus den Alkoholdämpfen. Die aus den Fässern verdunstende Alkoholmenge – der sogenannte Angels' Share – kann beträchtlich sein. Matten und Beläge aus Pilzmyzel wirken nicht sonderlich appetitlich, doch das Kellertuch gilt seit Jahrhunderten als erwünschter Mitbewohner im Weinkeller. Dies ist besonders bei der Herstellung des Tokajers der Fall, da der Pilz an den wunderbaren Aromen dieses berühmten Edelweins mitwirkt. Kellerschimmel verhindert auch muffigen und modrigen Geruch im Weinkeller.

Der Pilz kann sich auch saprotroph ernähren (z. B. von toten Essigfliegen, Pappe), wenn keine flüchtigen Kohlenstoffquellen vorhanden sind. Die modernen Methoden in Weinkeller und Brennereien mit ihren Edelstahltanks, hohen Hygienestandards und der intensiven Belüftung der Keller sind für das Kellertuch nicht förderlich. Vielleicht wird *Zasmidium cellare* wegen der modernen Kellerwirtschaft sogar bald zur gefährdeten Art?

← *Zasmidium cellare* läuft unter vielen Namen und ist seit Jahrhunderten bekannt. Im späten 18. Jahrhundert beschrieb und zeichnete der englische Naturforscher James Sowerby die weichen Matten des Kellerschimmels in seinem Werk über englische Pilze.

↑ Der Weinkellerschimmel, *Zasmidium cellare,* wirkt zwar gruslig und eklig, doch das Kellertuch ist seit Jahrhunderten in den europäischen Weinkellern gern gesehen, denn es verhindert den Modergeruch im Keller.

Chemische Bewusstseinskontrolle

Es gibt natürlich viele tierpathogene Pilze, und wir werden in diesem Buch später noch mehr besprechen. Eine besonders bizarre Gruppe pathogener Pilze, die auf Insekten und andere Arthropoden spezialisiert ist, möchte ich aber schon hier vorstellen.

Da die Insekten die weltweit größte Tiergruppe darstellen, ist es keine Überraschung, dass zahlreiche Pilze auf das Töten von Insekten spezialisiert sind. Zwei Pilzordnungen ragen besonders heraus: die Entomophthorales (sie galten lange als Zygomyceten) und die Hypocreales (eine Ordnung der Ascomyceten). Viele Mitglieder der beiden Ordnungen sind Pathogene von Insekten (Entomopathogene, manche bringen ihren Wirt um), Pflanzen und sogar anderen Pilzen. Innerhalb der Entomophthorales sind alle Arten der Familie Entomophthoraceae entomopathogen (tatsächlich bedeuten *entomo-* und *phthora* im Altgriechischen „Insekt"

← Eine Kernkeule (*Cordyceps* sp.), die als Zombiepilz aus ihrem Wirtsinsekt herauswächst; aufgenommen im Schutzgebiet Danumtal, Sabah, Borneo, Malaysia.

Wipfelkrankheit

Sobald eine Ameise mit einem „Zombiepilz" infiziert wurde, ist ihr Schicksal besiegelt. Das Pathogen beginnt den Ameisenkörper zu übernehmen und dirigiert den Wirt direkt vor dem Tod an einen möglichst hohen Ort, wo der Pilz sporulieren wird.

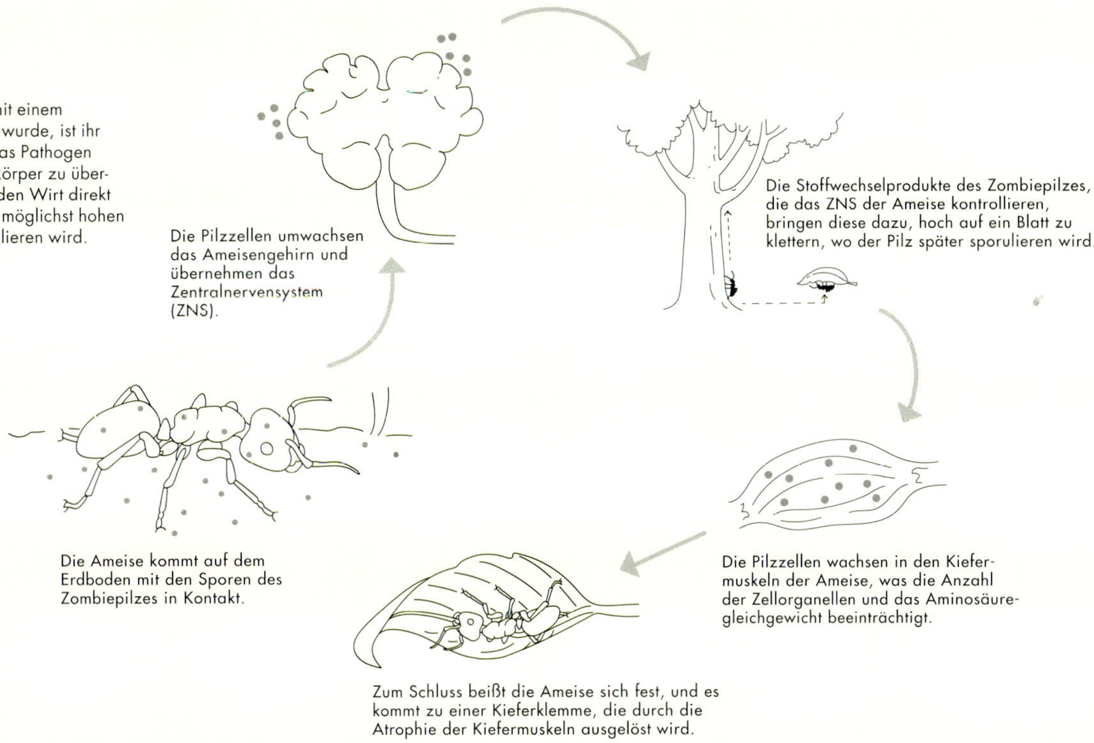

und „Zerstörung"); innerhalb der Hypocreales enthalten die Familien Ophiocordycipitaceae und Clavicipitaceae etliche entomopathogene Arten.

Die Entomophthorales und die Hypocreales sind zwar sehr unterschiedliche Pilzordnungen, doch sie haben einige Gemeinsamkeiten, die durch konvergente Evolution entstanden sind. Vertreter beider Pilzgruppen infizieren ein Wirtsinsekt und durchwachsen in Form von Hyphen dessen gesamten Körper. Unmittelbar vor dem Tod des Wirts übernehmen sie die Kontrolle über dessen Gehirn und bestimmen damit, wie und wohin er sich zu bewegen hat. Ich möchte nochmals betonen, dass beide Gruppen sich jeweils aus unterschiedlichen Vorfahren entwickelt und die „Zombiefizierung" ihrer Opfer unabhängig „erfunden" haben – ich finde das einfach erstaunlich.

Die Wirkung dieser Pilze und ihre raffinierten Fortpflanzungsmethoden sind oft unglaublich. So entfernen sich Ameisen, die mit dem Pilz *Pandora formicae* befallen sind, von ihrer Kolonie und klettern in den meisten Fällen an Pflanzen hoch („Wipfelkrankheit"), beißen sich fest und sterben dort, die Sporenträger (Sporophore) durchbrechen dann den Ameisenkörper, und die Sporen werden freigesetzt. Auch das Verhalten von Ameisen, die mit *Ophiocordyceps unilateralis* infiziert sind, wird vom Pilz manipuliert: Sie beißen sich im Laubwerk direkt über den Ameisenstraßen der Kolonie fest. Aus dem Kopf der sterbenden Ameise wächst ein Fruchtkörper, und von dort regnet es infektiöse Sporen auf die Artgenossen herab.

Der Pilz *Eryniopsis lampyridarum* befällt Arten der nordamerikanischen Weichkäfergattung *Chauliognathus* (*C. pennsylvania* und *C. marginatus*) und ist besonders raffiniert. Der infizierte Käfer klettert z. B. bis zu den Blüten einer Goldrute, beißt sich dort fest und stirbt. Am nächsten Morgen, nach etwa 15–22 Stunden, öffnen sich die Flügel des toten Käfers in einer Begattungsposition, sodass die Artgenossen zu kopulieren versuchen. Dabei kommen sie mit infektiösen Sporen in Kontakt, die das Abdomen des toten Käfers inzwischen bedecken.

Auch *Massospora cicadina* zählt gewissermaßen zu den Zombiepilzen. Dieser sehr merkwürdige Pilz, eine von 14 Arten der kleinen, spezialisierten Gattung *Massospora*, wird auf Seite 96 vorgestellt.

LOPHODERMIUM PINASTRI

Kiefernnadel-Spaltlippe

Chemische Kriegsführung

WISS. NAME	*Lophodermium pinastri*
ABTEILUNG	Ascomycota
ORDNUNG	Rhytismatales
FAMILIE	Rhytismataceae
HABITAT	Wald und urbaner Siedlungsbereich

Alle Bäume werfen im Rahmen der sogenannten Seneszenz regelmäßig ihre Laub- bzw. Nadelblätter ab. Der Lichtmangel am Ende der Vegetationszeit, starke Temperaturschwankungen und Trockenperioden können den Blattfall auslösen. Da Pflanzen über den Blattfall auch Pathogene eliminieren können, lohnt es sich, die Blätter und Nadeln abzusuchen – man findet die verschiedensten interessanten Pilze! Die meisten sind aber sehr klein, und man muss genau hinsehen.

Wahrscheinlich ist Ihnen die Kiefernnadel-Spaltlippe bisher nicht aufgefallen, denn dieser winzige Schlauchpilz erinnert auf den ersten Blick an kleine schwarze Flecke auf den Nadeln der verschiedensten Kiefernarten. *Lophodermium*-Arten sind als Phytopathogene von Laub- und Nadelgehölzen weltweit bekannt und verbreitet; bei letzteren führen sie zum Nadelfall. Alle Arten der Gattung leben vermutlich saprotroph auf der Laub- und Nadelstreu; einige Arten wie *Lophodermium pinastri* leben zudem asymptomatisch als Endophyten in den lebenden Nadeln des Baums.

Wenn bei Ihnen in der Nähe Kiefern wachsen, sollten Sie dort einmal nach dem Pilz suchen. Man findet die *Lophodermium*-Fruchtkörper auf abgestorbenen Nadeln, entweder am Boden oder noch auf dem Baum. Der Pilz sieht, wie gesagt, auf den ersten Blick nach wenig aus, aber der Schein trügt. Bei genauerer Untersuchung erkennt man wahrscheinlich glänzende schwarze fußballförmige Ascokarpien, die nur 0,8 mm lang sind. Sie sind etwas erhaben und in der Längsrichtung der Nadel ausgerichtet. Bei der Reife bildet sich ein Längsspalt, über den die Sporen freigesetzt werden.

Noch interessanter sind schwarze Demarkationslinien, die quer über die Nadel verlaufen und die einzelnen *Lophodermium*-Ascokarpien trennen. Diese schwarzen „Zonenlinien" werden gebildet, wenn ein Myzel innerhalb des Pflanzengewebes auf ein anderes Myzel trifft – dasselbe Phänomen, das wir in größerem Maßstab bei gestocktem Holz erkennen können; dort bewirken Pilze eine Farbveränderung des Holzes.

→ Die in den Kiefernnadeln wachsenden *Lophodermium-pinastri*-Kolonien lassen sich anhand der winzigen Fruchtkörper erkennen.

CLAVICEPS PURPUREA

Mutterkornpilz

Seit der Antike als giftig bekannt

WISS. NAME	*Claviceps purpurea*
ABTEILUNG	Ascomycota
ORDNUNG	Hypocreales
FAMILIE	Clavicipitaceae
HABITAT	Grasland

Die über 40 Arten der Gattung *Claviceps* parasitieren alle auf Süßgräsern, Binsengewächsen und Riedgräsern. Am bekanntesten ist *Claviceps purpurea,* er kommt in allen gemäßigten Klimaregionen vor und befällt mehr als 400 Wirtsspezies, darunter auch wichtige Getreidearten. Der Pilz infiziert nur den Fruchtknoten seiner Wirtsblüte und wandelt diesen in ein gekrümmtes schwarzviolettes hartes Sklerotium um – das berüchtigte Mutterkorn.

Im Spätfrühjahr keimen aus diesen Sklerotien winzige pilzähnliche gestielte Stromata aus. Darin eingebettet sind Fruchtkörper, die sexuelle Sporen (Ascosporen) bilden. Diese werden herausgeschleudert und gelangen zu den blühenden Wirtspflanzen.

Mutterkorn führt zu Ernteeinbußen, da Getreidekörner durch Sklerotien ersetzt werden, doch das ist nicht das wirkliche Problem. Vielmehr bildet der Pilz toxische Alkaloide, die Mensch und Vieh vergiften können – das Krankheitsbild ist als Ergotismus („Antoniusfeuer") bekannt. Mit modernen Reinigungsmethoden wird Mutterkorn aus dem Erntegut entfernt, bevor das Getreide gemahlen oder als Tierfutter verwendet wird. Doch dies ist teuer und nicht immer ausreichend effizient. Möglicherweise wurden die Hexenprozesse von Salem (Massachusetts, USA) – lange einer Massenhysterie angelastet – durch Ergotismus ausgelöst. Im Februar 1692 begannen einige junge Mädchen in Salem unter Krampfanfällen und Schreikrämpfen zu leiden und „in Zungen" zu reden. Als sie befragt wurden, beschuldigten sie eine obdachlose Bettlerin, eine bettlägerige ältere Frau und das karibische Sklavenmädchen Tituba. Nur Tituba gab in einem erzwungenen Geständnis an, sie habe einen Pakt mit Satan gemacht, und belastete einige Mitverschwörer. Im Ort brach Hysterie aus, und es kam zu den mehrwöchigen Hexenprozessen. Als Beweismittel wurden nur groteske Zeugenaussagen vorgebracht. Wer sich schuldig bekannte oder andere Hexen benannte, blieb von der Todesstrafe verschont; wer seine Unschuld beteuerte, hatte nicht so viel Glück. Schließlich wurden neunzehn Frauen gehängt, und ein älterer Mann wurde durch Erdrücken unter schweren Steinen umgebracht.

→ Ein schwarzviolettes Mutterkorn zeigt an, dass Getreidekörner mit *Claviceps purpurea* infiziert sind.

Mutterkorn-Sporulation

Im Frühjahr wachsen aus dem überwinterten Sklerotium winzige pilzähnliche Stromata heraus; darin entwickeln sich später die Fruchtkörper.

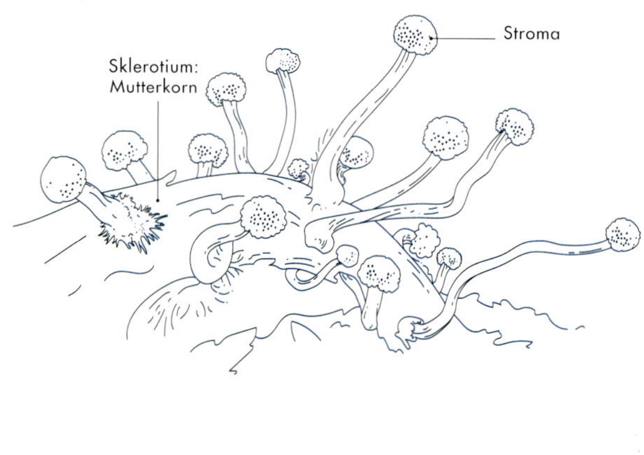

FOMES FOMENTARIUS

Zunderschwamm

Ideal zum Zündeln

WISS. NAME	*Fomes fomentarius*
ABTEILUNG	Basidiomycota
ORDNUNG	Polyporales
FAMILIE	Polyporaceae
HABITAT	Wald

Fomes fomentarius **gilt als phytopathogen, da er normalerweise auf den Stämmen lebender Bäume wächst. Wahrscheinlich ist dieser Porling aber ein Saprobiont, der im bereits abgestorbenen Kernholz des Wirtsbaums zu einer Weißfäule führt. Der Pilz wächst auch nach dem Absterben des Baumes noch lange weiter und kann zu wunderschönen Verfärbungen führen („gestocktes Holz", siehe Seite 70).**

Der Zunder- oder Feuerschwamm bildet große Pilzkonsolen und wächst vor allem auf Laubbäumen. Die Ausgrabungen prähistorischer Siedlungen in Italien und der Schweiz förderten auch Zunderschwammreste zutage – er wurde also schon vor Jahrtausenden genutzt, um Feuerglut zu entfachen, möglicherweise bereits im Jungpaläolithikum vor etwa 15 000 Jahren.

Bevor es Zündhölzer gab, stellte man in Deutschland und Frankreich ab dem 17. Jahrhundert den Zunder für „Schlagfeuerzeuge" in Heimarbeit her. Die Sets zum Feuermachen (ein Kästchen oder Beutel) enthielten den vorbereiteten Zunder(schwamm), einen Feuerstahl und einen Feuerstein. Die Zunderindustrie bot vielen Menschen Arbeit, von den „Schwammsammlern" bis zu den Betrieben, wo der Zunder verarbeitet wurde. Anfang des 20. Jahrhunderts beschäftigte eine Zunderfabrik in Ulm noch etwa 70 Menschen und produzierte jährlich 50 Tonnen Zunder. Da Zunder ohne offene Flamme, Rauch oder üblen Geruch sehr langsam abbrennt, eignet er sich besonders als Docht oder Lunte – einmal entzündet, glüht er über Stunden oder Tage weiter und kann so transportiert werden.

Im September 1991 entdeckten Wanderer in den Ötztaler Alpen einen mumifizierten Mann. Er lag am Rand eines Gletschers auf der italienisch-österreichischen Grenze. Ursprünglich nahm man an, es handele sich um einen verschollenen Bergsteiger, der irgendwann abgestürzt war. Im Südtiroler Archäologiemuseum in Bozen (Italien) stellte man jedoch fest, dass Ötzi" – so sein Spitzname – um 3300 bis 3100 vor Christus gelebt hatte. Bei der Gletschermumie wurden zahlreiche Objekte gefunden, darunter ein Bogen, Pfeile und ein Stück Birkenporling *(Piptoporus betulinus)*, das wohl zur Blutstillung diente. Ferner entdeckte man in einer Tasche ein Stück Zunderschwamm *(F. fomentarius)*, in Blätter eingewickelt – vermutlich trug Ötzi also einen glimmenden Zunder mit sich.

→ Die Fruchtkörper von mehrjährigen Porlingen wie *Fomes fomentarius* überdauern viele Jahre; jedes Jahr entsteht eine neue Schicht des sporenbildenden Röhrengewebes, sodass die Konsole immer größer wird.

OPHIOCORDYCEPS SINENSIS

Chinesischer Raupenpilz

Wertvolles Arzneimittel

WISS. NAME	*Ophiocordyceps sinensis*
ABTEILUNG	Ascomycota
ORDNUNG	Hypocreales
FAMILIE	Ophiocordicipitaceae
HABITAT	Grasland

Der Chinesische Raupenpilz wird im Norden des Himalajas als *Jartsa Gunbu* bezeichnet („Sommergras-Winterwurm"). Er spielt in der dortigen Kultur und Medizin seit Langem eine Rolle und wurde bereits im 15. Jahrhundert in Texten beschrieben – vermutlich aber viel früher und unter anderen Lokalnamen.

Heutzutage ist *Ophiocordyceps sinensis* für das Leben der Menschen im Hochland im Norden des Himalaja-Gebirges fast so wesentlich wie das Yak, und wer kann, sucht im Frühjahr auf den Hochgebirgsweiden nach diesem besonderen Pilz. Tatsächlich macht *Ophiocordyceps* je nach regionaler Produktivität 50 bis 90 Prozent des Einkommens aus. Als traditionelles Arzneimittel erzielen die Pilze in China extrem hohe Preise.

Lange rätselte man über die Beziehung zwischen dem Pilz und seinem Wirt, dem Nachtfalter *Thitarodes armoricanus* und verwandten Arten (Familie Wurzelbohrer). Die Larven dieser Arten ernähren sich von Gräsern und anderen krautigen Pflanzen der Himalaja-Höhenlagen, bevor sie sich zum Überwintern etliche Zentimeter in den Boden graben, dort als Puppe überdauern und im Frühling als Falter schlüpfen. Man fragte sich, wie die *Ophiocordyceps-sinensis*-Sporen eigentlich den Weg zu den Larven der *Thitarodes*-Falter finden.

Kürzlich fand man heraus, dass viele Gräserarten und andere Blütenpflanzen, von denen die Larven sich ernähren, den Pilz als Endophyten beherbergen. Weitere Belege unterstützen die These, dass der Pilz seinen Wirt über dessen Verdauungstrakt infiziert und offensichtlich recht lange in ihm lebt, bevor er ihn umbringt.

Lebenszyklus des Chinesischen Raupenpilzes

Frühling: Pilzstroma wächst aus dem Boden (A) und wird sichtbar. Aus kleinen Kammern (Perithecien), die ins Stroma eingebettet sind, werden Sporen freigesetzt (B), die auskeimen und Gräser, Raupen oder beide infizieren. Die Raupen fressen im ganzen Sommer Gras, graben sich aber zur Verpuppung ein (C). Infizierte Raupen sterben nicht sofort, sondern graben weiter (D), bis sie mit dem Kopf nach oben zu liegen kommen (E).

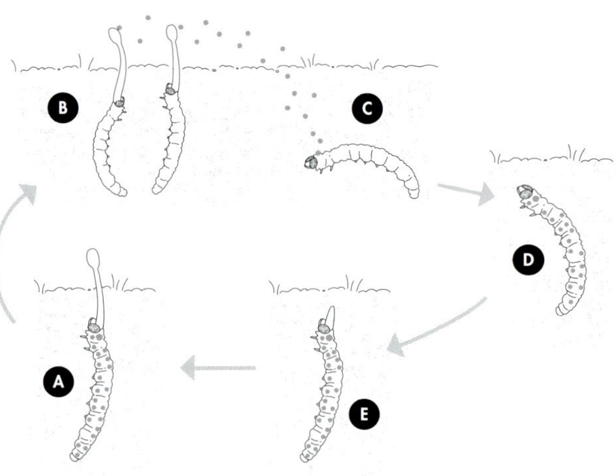

→ Der Raupenpilz erscheint im Frühjahr. Es ist erstaunlich, dass dieser Pilz in der Lage ist, nicht nur das Immunsystem von Pflanzen, sondern auch von Insekten zu unterlaufen, damit er seinen Lebenszyklus vollenden kann. Auch andere Vertreter der Ordnung Hypocreales können zwischen Wirten aus unterschiedlichen Organiosmenreichen wechseln – von Pflanzen zu Tieren, von Pilzen zu Tieren etc.

FUSARIUM GRAMINEARUM

Ein Getreidepilz, der extrem toxische Mykotoxine bildet

WISS. NAME	*Fusarium graminearum*
ABTEILUNG	Ascomycota
ORDNUNG	Hypocreales
FAMILIE	Nectriaceae
HABITAT	Agrarland und urbaner Siedlungsbereich

Trichothecene sind eine große Stoffklasse chemisch verwandter Mykotoxine, die von verschiedenen Pilzarten gebildet werden, darunter von Vertretern der Gattungen *Fusarium* (insbesondere *F. graminearum*) sowie *Stachybotrys, Trichoderma* und *Trichothecium.* Die Vergiftungen mit Trichothecen-Mykotoxinen erfolgen meist über Lebens- und Futtermittel – verschimmeltes Getreide wie Weizen, Hafer, Gerste oder Mais – und können für Menschen, Vieh und andere Tiere sehr gefährlich sein.

Der bekannteste Fall, der Menschen betraf, ereignete sich kurz nach dem Zweiten Weltkrieg in der Sowjetunion; Getreide, das mit T2-Toxin verseucht war, führte dort möglicherweise zum Tod von 100 000 Menschen. Kaum überraschend, dass man Trichothecene auch auf ihre Verwendungsmöglichkeiten als chemischer Kampfstoff hin untersucht hat, bedenkt man die extreme Toxizität dieser Substanzen. Doch wurden sie jemals eingesetzt? Der frühere US-Präsident Reagan war definitiv davon überzeugt. Zwei Jahre nach Ende des US-Militäreinsatzes in Vietnam tauchten im Sommer 1975 Berichte aus der Region auf, denen zufolge die Truppen der laotischen Regierung Chemiewaffen, die sie von der Sowjetunion erhalten hatten, gegen die Hmong einsetzten (die gegen die Kommunisten gekämpft hatten). Tausende Flüchtlinge, vertrieben aus ihren Zufluchtsorten im Gebirge, berichteten, sie seien einem „gelben Regen" (Yellow Rain) ausgesetzt gewesen, der zu Nasen- und Zahnfleischbluten, Erblindung, Zittern, Krämpfen und Tod führte. Die CIA sammelte insgeheim Proben und analysierte diese, woraufhin Präsident Reagan die Sowjetunion beschuldigte, sie habe waffenfähige Trichothecen-Mykotoxine an ihre Verbündeten in Vietnam und Laos geliefert.

Später überprüfte ein Team von Wissenschaftler:innen die Anschuldigungen vor Ort in Südostasien und konnte sie widerlegen: Das Team kam zu dem Schluss, dass die gelben Tropfen auf den Blättern höchstwahrscheinlich aus „Bienenkot" bestanden – Bienen setzen auf den gemeinsamen „Reinigungsflügen" regelmäßig große Mengen an Bienenkot ab, der Pollen enthält. Bei den geringen Mykotoxinspuren, die man in den CIA-Proben gefunden hatte, handelte es sich wohl um Laborverunreinigungen: Dieses falsch-positive Ergebnis erscheint plausibel, da das beauftragte Analyselabor als Prüflabor für Mykotoxine tonnenweise Getreide und andere Agrarprodukte untersucht hatte, die mit Mykotoxinen verseucht waren. Zudem wurden keine chemischen Kampfstoffe gefunden, und die vielen befragten vietnamesischen Soldaten hatten niemals den geringsten Beweis für den Einsatz irgendwelcher „Yellow-Rain-Kampfstoffe" vorgelegt. Die „Beweise" basierten demnach vermutlich auf falschen Geheimdienstinformationen, fehlerhaften Daten und einem Mangel an biologischem Grundwissen.

→ Elektronenmikroskopische Aufnahme der phytopathogenen *Fusarium-graminearum*-Sporen; Einsetzbild: vergilbte Weizenähre mit Krankheitssymptomen, daneben eine gesunde Ähre.

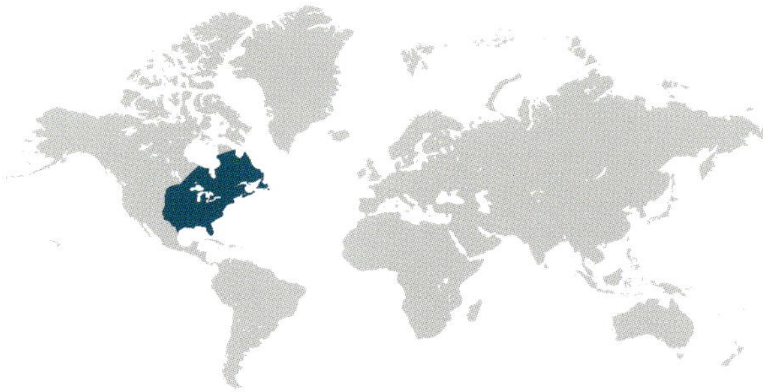

MASSOSPORA CICADINA

Ein Pilz, der aus Zikaden fliegende Sporenstreuer macht

WISS. NAME	*Massospora cicadina*
ABTEILUNG	Zygomycota
ORDNUNG	Entomophthorales
FAMILIE	Entomophthoraceae
HABITAT	Wald und urbaner Siedlungsbereich

Die lauten Gesänge der Singzikaden sind uns vor allem aus dem Mittelmeergebiet vertraut. Diese oft recht großen Fluginsekten bilden eine eigene Familie (über 3000 Arten), die zur riesigen Ordnung der Schnabelkerfe gehört. Singzikaden verbringen den größten Teil ihres Lebens als Larven grabend im Erdboden, saugen an Pflanzenwurzeln, schlüpfen irgendwann und leben als Adultinsekt nur ein paar Wochen. Und in Nordamerika gibt es etwas Besonderes – die „Periodischen Zikaden" mit ihrem „Sporenstreuerpilz" …

Die kleine Gattung *Magicicada* („Periodische Zikaden") kommt nur im östlichen Nordamerika vor und ist außergewöhnlich, denn diese Zikaden schlüpfen nur periodisch und synchronisiert; es gibt also nicht in jedem Jahr Adultinsekten. Stattdessen verbringen sie als Larven genau 13 oder 17 Jahre (je nach Spezies) im Boden und schlüpfen dann synchronisiert. In einem Jahr, in dem „Periodische Zikaden" schlüpfen, erreichen die Zahlen während der 3- bis 4-wöchigen Brutzeit fast 1,5 Millionen Individuen pro „Acre" (rund 4000 m^2).

Diese Zikadenmengen sind ein gefundenes Fressen für Prädatoren, die allerdings nur einen Bruchteil der Insekten erbeuten. Deutlich gefährlicher ist *Massospora cicadina,* ein Pilz, der früher zu den Zygomyceten zählte. Er infiziert die Zikadenlarven, während sie vor dem Schlupf durch Erdröhren an die Oberfläche klettern. Die Pilzhyphen durchwachsen den gesamten Zikadenkörper, bis das Abdomen von Konidien erfüllt ist. *M. cicadina* bildet Psilocybin (ein Psychedelikum) und Cathinon (ein Amphetamin), sodass der Wirt während seiner letzten Tage frenetisch umherfliegt und versucht, mit allen verfügbaren Partnern zu kopulieren, die folglich ebenfalls infiziert werden.

Aus Konidien, die im Sekundärwirt auskeimen, entwickeln sich sexuelle Sporen. Im Endstadium der Infektion fallen die letzten Abdominalsegmente der Zikade ab, doch sie fliegt weiter umher, wie ein Salzstreuer, aus dem es Pilzsporen auf das Erdreich regnet. Diese überleben als Dauersporen jahrelang im Boden – bis sie, ja, Sie haben richtig geraten, nach 13 oder 17 Jahren auskeimen und die nächste Generation von Zikaden infizieren.

Die Gattung *Massospora* wurde von Charles Horton Peck (1833–1917) erstmals beschrieben. Peck war von 1867 bis 1915 „New York State Botanist" und sammelte im Lauf dieser Zeit 36 000 Herbarbelege von Pilzen, Moosen, Farnen und Samenpflanzen. Was die Pilzkunde anging, war er Autodidakt, beschrieb und benannte aber trotzdem 2700 neue Pilzarten – die merkwürdigste war vermutlich *Massospora cicadina*.

→ Diese adulte Zikade beherbergt ein todbringendes Pathogen: Sobald *Massospora cicadina* sexuelle Sporen bildet, fällt das Abdomenende des Wirts ab, und die sporengefüllten Hyphen liegen frei.

SAPROBIONTEN UND PARASITEN

Unsere verrottete Welt

Pilze spielen im Ökosystem der Erde vielfältige Rollen – genauso mannigfaltig ist die Art und Weise, wie sie an ihre Nahrung kommen. Pilze können nicht ihre eigene Nahrung „herstellen", so wie Pflanzen, die Sonnenlicht als Energiequelle nutzen, oder wie viele Bakterien, die Energie aus der Oxidation von anorganischen Verbindungen gewinnen. Stattdessen sind Pilze auf andere Organismen angewiesen.

← Beim Abbau durch Braunfäulepilze entstehen würfelig zerbröckelnde Holzreste.

↙ Foto gegenüber: weiße längsfaserige Holzreste beim Abbau durch Weißfäulepilze

Pilze sind heterotroph, so wie der Mensch und andere Tiere, beziehen also ihre Energie und Nahrung von anderen Organismen – entweder saprotroph (sie zersetzen totes organisches Material) oder biotroph (sie leben als Symbiont oder Parasit eines anderen lebenden Organismus). Im deutschen Sprachraum verstehen wir unter einer „Symbiose" für gewöhnlich eine Beziehung zwischen zwei oder mehr Partnern, in der alle Partner vom Zusammenleben profitieren; genauer gesagt, handelt es sich hierbei um einen Mutualismus. Wir halten uns hier weitgehend an diese Definition. Manche Autor:innen (vor allem im angelsächsischen Raum) fassen den Begriff Symbiose weiter und schließen auch Parasiten und Pathogene (die den Wirtsorganismus schädigen) mit ein, oft auch den Kommensalismus (nur ein Partner profitiert, der andere wird aber nicht geschädigt).

Phylogenetischen Analysen zufolge traten Holzfäulepilze erst gegen Ende des Karbons (vor 360–290 Millionen Jahren) auf, also deutlich nach der Evolution der Holzgewächse. Statt sich zu zersetzen, wurde diese frühe organische Materie daher unter Sauerstoffabschluss chemisch reduziert, sodass sie fossilisierte und unsere heutigen fossilen Brennstoffe entstanden. Mit der Zunahme von Holzfäulepilzen ging das Anwachsen der Kohlevorkommen im Perm rasant zurück.

Wenn Sie einen umgestürzten Waldbaum genauer ansehen, entdecken Sie ein Ökosystem im Kleinen: All sein totes organisches Material liegt hier wie auf einem Präsentierteller, von dem sich alle Lebewesen bedienen können, die in der Lage sind, Holz abzubauen. Einfache Einzeller und Bakterien ernähren sich von Zuckern auf der Holzoberfläche, Schleimpilze umschließen und verschlingen diese Organismen. Dank ihrer Cellulasen (Enzyme für Celluloseabbau) sind Pilze gut ans Zersetzen von Holz angepasst. Holzfressende Käfer, Holzwespen und andere können sich allesamt von verholztem Material ernähren, das von Pilzen bewohnt und abgebaut wurde und oft erst durch diese Insekten mit den Pilzen angeimpft wurde. Zudem nehmen Vögel und Säuger das Holz „auseinander", wenn sie nach Nahrung suchen; andere Waldbewohner lassen sich in Baumhöhlen nieder. Und der oben erwähnte Waldbaum vollendet seinen Lebenszyklus schließlich, wenn das Totholz als Substrat für Keimpflanzen dient oder gänzlich zu Humus verrottet.

Der Abbau von Kohlenhydraten und anderen organischen Verbindungen ist in vieler Hinsicht so etwas wie eine „umgekehrte Photosynthese". Bei der Photosynthese wird Sonnenlicht der roten und blauen Wellenlängen von Pflanzen-Chlorophyll eingefangen.

Kreislauf des Lebens

In jedem Lebensraum besteht ein Nahrungsnetz aus vielen abiotischen Faktoren (Wasser, Sonnenlicht, Temperatur) und biotischen Komponenten wie leicht sichtbaren Pflanzen und Tieren. Genauso wichtig sind die oft unsichtbaren Destruenten (Zersetzer) wie Pilze, sie bauen tote organische Materie sowohl ober- als auch unterirdisch ab.

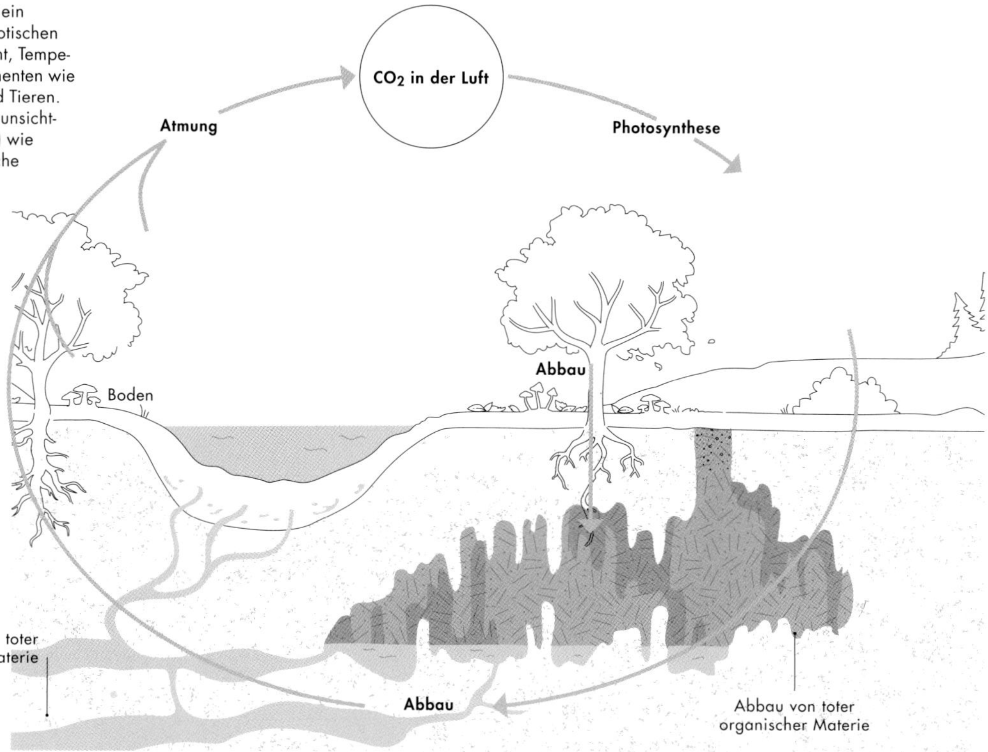

Diese eingefangenen energiereichen Lichtquanten dienen dazu, Kohlenstoffdioxid (CO_2) in Molekülen zu „fixieren", die aus immer längeren Ketten von C-Atomen (Kohlenstoff-Atomen) und Wasserstoffen bestehen, den sogenannten Kohlenhydraten der Pflanzenmaterie. Man kann kaum glauben, dass fast *alles* Pflanzliche, das wir rundum sehen, von der kleinsten Keimpflanze bis zum größten Mammutbaum, ursprünglich aus der Luft stammt.

Ausgehend vom Sonnenlicht wird die eigentliche Kohlenstofffixierung durch ein besonderes Enzym namens Ribulose-1,5-bisphosphat-carboxylase/-oxygenase (RuBisCO) katalysiert. Die RuBisCO hängt CO_2 an ein Zuckermolekül mit 5 C-Atomen an, sodass ein Zucker mit 6 C-Atomen entsteht, der als Grundbaustein für Cellulose und andere Kohlenhydrate dienen kann, den typischen Komponenten, aus denen Pflanzen bestehen.

Bei der aeroben Atmung – die für Pilze und auch für uns Menschen typisch ist – läuft genau das Umgekehrte ab: Zucker mit 6 C-Atomen wie Glucose werden zu ihren Wasserstoffen abgebaut, und das „Aufbrechen" der Wasserstoffbindungen setzt die Energie frei, die unsere Zellen nutzen. Die übrig bleibenden Verbindungen mit nur einem C-Atom sind weitgehend nutzlos für uns und werden meist in ihrer am stärksten oxidierten Form als CO_2 abgegeben.

HOLZZERSETZER

Die meisten Holzfäulepilze sind entweder auf den Abbau von Cellulose oder von Lignin spezialisiert, doch vorweigend sind sie hinter derselben Sache her – der Cellulose. Pilze, die Cellulose direkt abbauen, werden als „Braunfäulepilze" bezeichnet, da das braune Lignin im Holz zurückbleibt. Dieses Polymer ist aus sehr stabilen Ringmolekülen aufgebaut, es härtet und verstärkt die Holzstruktur; doch sobald die Cellulose zersetzt ist, bekommt das Holz Risse und zerbröckelt würfelig. Übrigens sind Mutterboden und Humusschicht deshalb so dunkelbraun, weil sie viel Lignin enthalten, dessen Abbau für Pilze und Mikroorganismen zu aufwendig war. Typische Braunfäulepilze sind die Porlinge *Laetiporus* (Schwefelporlinge), *Phaeolus schweinitzii* (Kiefernbraunporling) und *Fomitopsis* (Baumschwämme).

Dagegen besitzen „Weißfäulepilze" eine starke Peroxidase und Laccase (beides Enzyme), die Lignin abbauen, sodass das Holz ausbleicht und anfangs längsfaserige weiße Cellulose zurückbleibt. Es gibt zwar Hinweise, dass Weißfäulepilze Lignin vollständig (bis zum CO_2) abbauen können, viele Mykolog:innen vermuten aber, dass die Pilze es in den meisten Fällen nur aus dem Holzstoff (der Holzpulpe) entfernen, um besser an die Cellulose heranzukommen. Weißfäulepilze sind weltweit verbreitet; zu ihnen zählen z. B. Porlinge wie *Inonotus* (Schillerporlinge), *Ganoderma* (Lackporlinge) und *Trametes* (Trameten), ferner *Pleurotus* (Seitlinge), *Armillaria* (Hallimasche) und der beliebte Kulturpilz Shiitake *(Lentinula edodes)*.

„GEZÄHMTE" ENZYME

Die zerstörerische Kraft von Weißfäulepilzen lässt sich auch sinnvoll nutzen: Bei der Papierherstellung kann man das braune Lignin im Holzstoff (Holzpulpe) mithilfe des Weißfäulepilzes *Phanerochaete chrysosporium* entfärben und so die aggressive, umweltschädliche Chlorbleiche vermeiden.

↑ Bei der Kernfäule zersetzen die Holzfäulepilze das Innere (den „Kern") eines lebenden Baums und höhlen ihn aus, bis er schließlich bricht und umfällt. Zurück bleibt ein pilzbewachsener Baumstumpf.

← Hier sieht man, was mehrere Jahre Kernfäule in einem Holzstamm anrichten können.

→ Der winzige *Auriscalpium vulgare* (Ohrlöffel-Stacheling) wächst auf kleinen Koniferenzapfen und zersetzt diese (hier auf einem Douglasienzapfen fotografiert). Dieser Zapfen stellt seinen gesamten Lebensraum dar. Da Koniferenzapfen nur von wenigen Organismen abgebaut werden können und es Jahre mit sehr vielen Zapfen gibt, hat der Pilz sich eine perfekte Nische mit wenig Konkurrenz erschlossen.

Viele Holzfäulepilze warten nicht bis zum Absterben des Baums, sondern greifen schon vorher an – oft sieht man an vitalen Bäumen große Pilzkonsolen (die Fruchtkörper bestimmter Porlinge). Das liegt daran, dass große Teile des Baums aus Kernholz (dem inaktiven toten Holz im Zentrum) bestehen und nur die äußeren Rindenschichten (direkt unter der Borke) aus lebendem Gewebe. Daher reicht eine Wunde in der Rindenschicht oft schon aus, um eine Kernfäule zu begünstigen.

Kernfäule kann sich viele Jahre ohne auffällige Symptome weiterentwickeln – das Kernholz ist bei Bäumen ohnehin biologisch tot. Und die Festigkeit eines kräftigen Rohres ist, physikalisch gesehen, bis zu einem gewissen Punkt nicht so viel schlechter als bei einer massiven Stange. Man könnte also leicht annehmen, eine große Pilzkonsole müsse ein Parasit ihres Wirtsbaums sein, doch nur wenige Porlinge sind echte Parasiten von lebendem Gewebe. Meistens trifft ein ansonsten gesunder Baum Maßnahmen, um diese Kernfäulepilze einzudämmen und das Übergreifen auf vitales Gewebe zu verhindern.

Wir sind zwar mit den Porlingen, also großen holzzersetzenden Basidiomyceten, am besten vertraut, bei genauem Hinsehen zeigt sich jedoch, dass viele Weißfäulepilze tatsächlich Ascomyceten sind. Zahlreiche kleine Krusten, Kugeln und Knollen auf Totholz, wie *Daldinia* (Kugelpilze) und *Xylaria* (Holzkeulen), wirken nicht sehr imposant, spielen bei der Holzzersetzung aber eine wichtige Rolle.

BLÄTTER UND GRASFLÄCHEN

Totholz ist ganz offensichtlich eine gute Nahrungsquelle für Pilze, doch das gilt auch für alle anderen Teile eines Baums. Blätter fallen zu Boden und werden rasch zersetzt, und viele beliebte Speisepilze, wie den hübschen Violetten Rötelritterling *(Collybia nuda),* findet man im Herbst zuverlässig dort, wo sich Blätter ansammeln. Gleichzeitig gibt es hoch spezialisierte Arten wie *Lophodermium pinastri* (Kiefernnadel-Spaltlippe, zersetzt Kiefernnadeln) oder *Auriscalpium vulgare* (den bizarren Ohrlöffel-Stacheling, der auf Kiefernzapfen wächst).

Tatsächlich ist die Konkurrenz um organische Materie so stark, dass einige Pilze eine Art „Netz“ unter dem Kronendach ausbilden, um den Abfall (Detritus) aufzufangen, der von oben „herabregnet“. *Marasmius crinis-equi* und die verwandten tropischen Arten besitzen dünne, aber sehr zähe oberirdische Rhizomorphen. Im Regenwald sind diese sogar im Kronenbereich selbst zu finden. Im immer dichteren Netzwerk der Rhizomorphen sammelt sich Falllaub und anderes, das den saprotrophen Pilzen als Nahrungsquelle dient.

Manche Vögel sammeln diese Rhizomorphenstränge gezielt als Nistmaterial. Das zahlt sich auch für den Pilz aus, denn wenn die Brut ausgeflogen ist, kann der Pilz weiterwachsen und das Nistmaterial verdauen. Die Rhizomorphen der „Abfallfängerpilze" nützen aber auch den Vögeln, da sie die Neststruktur verstärken und gleichzeitig die Nestfeuchtigkeit vermindern. Zudem bilden die Pilze dieser Gruppe antibiotische Verbindungen, die den Vögeln und ihren Nestlingen möglicherweise adaptive Vorteile bieten.

Im Gegensatz zum Totholz oder Falllaub in Wäldern können Rasen- oder Wiesenflächen zumindest zeitweilig viel leichter austrocknen. Gleichzeitig ist ein derartiger Lebensraum für die daran angepassten Pilze eine großartige Quelle für Cellulose und andere Nährstoffe. Manche Arten, z. B. Wiesenchampignons *(Agaricus campestris)* oder Nelken-Schwindlinge *(Marasmius oreades)*, führen zum Entstehen auffälliger grüner Kreise auf den Grasflächen oder Ringen aus Pilzfruchtkörpern, den sogenannten Feen- oder Hexenringen. Wir werden sie auf Seite 128 genauer vorstellen und dabei sehen, dass diese Pilze für das Ökosystem viel mehr tun als nur Grasabfälle zu verdauen.

KOPROPHILE PILZE

Die Ausscheidungen der großen Weidetiere bestehen zum überwiegenden Teil aus unverdauter Cellulose und sind daher ein gefundenes Fressen für koprophile (dungliebende) Pilze. Da der mechanische Aufschluss weitgehend von den Weidetieren erledigt wurde, können spezialisierte Dungpilze die Ausscheidungen anschließend in einer meist typischen Reihenfolge besiedeln. Zuerst erscheint der Gemeine Mistborstling (*Cheilymenia coprinaria / C. fimicola*), gefolgt von Basidionmyceten wie *Deconica coprophila, Stropharia merdaria* und *Panaeolus semiovatus* (Ring-Düngerling). Verschiedene *Conocybe*- und *Coprinellus*-Arten sind ebenfalls häufig.

Seit es Tierdung auf der Erde gibt, gibt es auch Dungpilze. Wir wissen das, weil man ihre Sporen in tiefen Bodenschichten, Ablagerungen von Seen und im Permafrost findet. Die Sporen der koprophilen Pilze sind besonders robust und widerstandsfähig, können dank ihrer derben Wand die Darmpassage überstehen und fossilisieren daher auch gut.

Die dunklen, auffällig geformten Sporen von *Sporormiella* sind auch nach Jahrtausenden in Bodensedimenten noch unverwechselbar. Die Sporen dieses Ascomyceten sind ein Indikator für den Wandel der Vegetation im Lauf der Zeit, denn die Anzahl von *Sporormiella*-Sporen ist mit der jeweiligen Menge von Pflanzenfressern korreliert. Mithilfe dieser Pilzsporen konnte man nachweisen, wann die Säuger-Megafauna den nordamerikanischen Kontinent dominierte und wann ihr Rückgang begann. Dieser beruhte auf Klimaveränderungen und dem Jagddruck gegen Ende des Pleistozäns. So blieb die Menge an Dungpilzen bei-

→ Die winzigen Fruchtkörper des Gemeinen Mistborstlings (*Cheilymenia coprinaria,* einem Ascomycten) auf Elchkötteln in Finnland

spielsweise vom Ende der letzten Eiszeit bis zum 17. Jahrhundert in Nordamerika relativ gering – dann kamen die europäischen Siedler mit ihrem Vieh, und folglich nahmen der Kot von Wiederkäuern und damit die Dungpilze zu.

Sporormiella war folglich dabei, als die Ankunft der Menschen rund um die Welt zur Ausrottung der großen Pflanzenfresser führte – sei es der flugunfähige Moa in Neuseeland vor ein paar Hundert Jahren, die Megafauna von Madagaskar vor rund 1000 Jahren oder die Megafauna von Australien vor 40 000 Jahren. In allen Fällen ging mit dem Verschwinden der großen Herbivoren auch ein Verschwinden von *Sporormiella* in den jeweiligen Bodenschichten einher. Gleichzeitig sehen wir immer dort, wo (und wann) die Menschen domestizierte Weidetiere eingeführt haben, eine Zunahme von *Sporormiella*-Sporen in den Bodenablagerungen, die damit übereinstimmt.

Pilze gedeihen aber nicht nur auf dem Kot von Großtieren, sie können auch die scheinbar irrelevanten Ausscheidungen von Insekten nutzen: Viele saugende Insekten, vor allem Blattläuse, scheiden zuckerhaltigen Honigtau aus, der umgehend von sogenannten Rußtaupilzen besiedelt wird. Diese sind saccharophil (zuckerliebend) und überziehen unter Bäumen, auf denen Blattläuse gedeihen, alles mit einer schwarzen „Rußschicht“ – zur großen Frustration meiner Mutter blieb auch die weiße Holzschaukel unserer Kinderzeit nicht verschont.

← *Marasmius crinis-equi*, ein winziger saprotropher Basidiomycet, wirkt zart, doch seine zähen Rhizomorphen (*crinis-equi* bedeutet so viel wie Pferdehaar) können Regenwaldpflanzen (Einsetzbild) umwickeln und „Netze“ im Kronenbereich bilden, die herabfallenden Detritus auffangen.

SARKOPHILE PILZE

Viele Pilze zersetzen zwar Pflanzen, doch einige sind „sarkophil", also speziell an die Zersetzung von Tierkadavern oder anderer organischer Materie angepasst, die einen hohen Stickstoffgehalt hat (insbesondere Ammoniumverbindungen). Kaum ist die Leiche kalt, da zeigen sich schon zwei Fälblingsarten (*Hebeloma syrjense* und *H. aminophilum*). Zu den Pilzen, die mit stickstoffhaltigen Substraten assoziiert sind, zählen u. a. *Mitrula, Laccaria, Rhopalomyces, Amblyosporium, Ascobolus, Tephrocybe, Peziza, Coprinus, Crucispora* und *Byssonectria,* doch die Beziehungen sind nicht immer klar. Viele dieser Pilze sind, wie auch *Hebeloma,* an Mykorrhizen beteiligt.

Einen Großteil unseres Wissens über diese Pilzgruppe verdanken wir dem japanischen Mykologen Naohiko Sagara. Man kann die Fruchtkörperbildung bei sarkophilen Pilzen oft unterstützen, indem man Harnstoff oder andere stickstoffhaltige Substanzen, die sich zu Ammoniak zersetzen, im Waldboden vergräbt: Wir wissen also, dass – abgesehen von Kadavern – auch andere Ammoniumquellen als geeignete Lebensgrundlage für sarkophile Pilze dienen können. Sagara entdeckte, dass die Fruchtkörper von *Hebeloma radicosum* (Wurzelfälbling) zuverlässig auf einen darunter liegenden Maulwurfsbau hinweisen, denn das Myzel dieses Pilzes wächst in der Latrine des Maulwurfsbaus. *Hebeloma sarcophyllum, H. syrjense* und *H. radicosum* kommen auf der Nordhalbkugel vor, sind aber alle recht selten; *H. aminophilum* ist nur aus Australien bekannt. Alle wachsen dort, wo sich verwesende Tierreste befinden, und werden manchmal in Zusammenhang mit forensischen Untersuchungen erwähnt.

Sarkophile Pilze demonstrieren perfekt, dass es – egal welche Nahrungsquelle oder wie schwierig ihr Abbau – in der Natur immer eine Organismengruppe gibt, die herausgefunden hat, wie man es anstellt. Manche tierischen Überreste bleiben noch lange nach dem Tod erhalten, wie Fell, Federn, Hufe und Hörner, die aus Keratin bestehen. Dieses Material ist so hart, dass es nur von einer einzigen Pilzgruppe abgebaut werden kann, der Ordnung Onygenales. Der ungewöhnlichste Vertreter ist die Gattung *Onygena* (Hornpilze), die auf Seite 126 vorgestellt wird.

← Der winzige Sumpf-Haubenpilz *(Mitrula paludosa)* wird nur selten beobachtet – wer sucht schon in flachen, stehenden Gewässern nach Pilzen? Diese Art ist in Europa heimisch und wächst auf Falllaub, Koniferennadeln oder Blütenkätzchen, die in Pfützen, Sümpfen oder Mooren verrotten. Auch die nordamerikanische *Mitrula elegans* wird nur selten gefunden.

→ Winzige Fruchtkörper von *Onygena equina* (Kuhhornpilz) auf einem Säugergehörn

Tierparasiten

Wenn wir in der Schule, in Büchern und Filmen etwas über Pilze lernen, dann, dass sie biologisches Material zersetzen. Es stimmt zwar, dass viele Pilze hervorragende Destruenten sind, doch die meisten sind biotroph und leben in obligater Beziehung mit anderen lebenden Organismen. Berücksichtigt man aber alle Lebewesen auf der Erde – Prokaryoten sowie Eukaryoten –, dann wird klar, dass die meisten Pilze parasitisch leben.

Zum Glück gibt es nicht viele Pilze, die auf dem Menschen und anderen Säugern parasitieren, und das ist ein guter Startpunkt für unsere Erörterung. Was uns betrifft, ist es am wahrscheinlichsten, dass wir von Hautpilzen heimgesucht werden, die auf die Haut beschränkt bleiben und sich vor allem von toten Hautzellen und Hauttalg ernähren. Ein paar Pilze können auch tiefere Hautschichten befallen und lokale Infektionen auslösen. Dann gibt es einige opportunistische Pilze, die im Körper selbst zur Erkrankung führen können, wenn das Gleichgewicht der Mikroflora gestört ist oder eine Immunschwäche vorliegt. Schließlich existieren ein paar Erreger, die sehr schwere Erkrankungen beim Menschen auslösen.

Viele medizinisch relevante Hautpilze zählen zu den Dermatophyten. Ihre Vertreter gehören zu den wenigen Organismen, die Keratin abbauen können. Viele kommen nur beim Menschen vor; das Krankheitsbild wird als Tinea bezeichnet und je nach befallener Körperregion unterschieden: Tinea pedis (Fußpilz), Tinea unguium (Nagelpilz), Tinea inguinalis (Leistenflechte) und andere.

Ein gängiger Name für Tinea corporis ist „Ringelflechte" (Körperringelflechte), denn die Symptome der Pilzinfektion breiten sich ringförmig auf der Haut aus, fast wie ein kleiner Hexenring! Während das Myzel nach außen durch die (meist) abgestorbenen Hautzellen wächst, kommt es zu einer leichten Reizung mit Jucken und ringförmiger Rötung: Dies führt zum vermehrten Abschilfern der Haut – mehr Nahrung für den Hautpilz und rieselnde Hautschuppen, die zur weiteren Verbreitung des Pilzes beitragen.

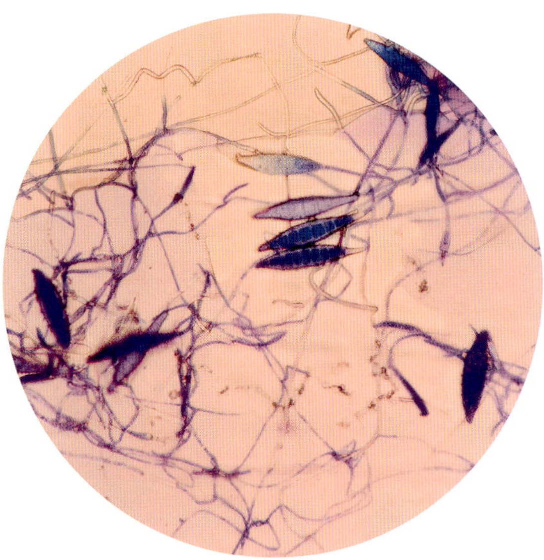

← Lichtmikroskopische Aufnahme, auf der die Makrokonidien von *Microsporum canis* zu erkennen sind, dem Erreger einer Hautmykose bei Hunden.

→ Diese digital kolorierte elektronenmikroskopische Aufnahme zeigt Zellen von *Malassezia* sp.; der Hefepilz zählt zu den Ursachen von Kopfhautschuppen.

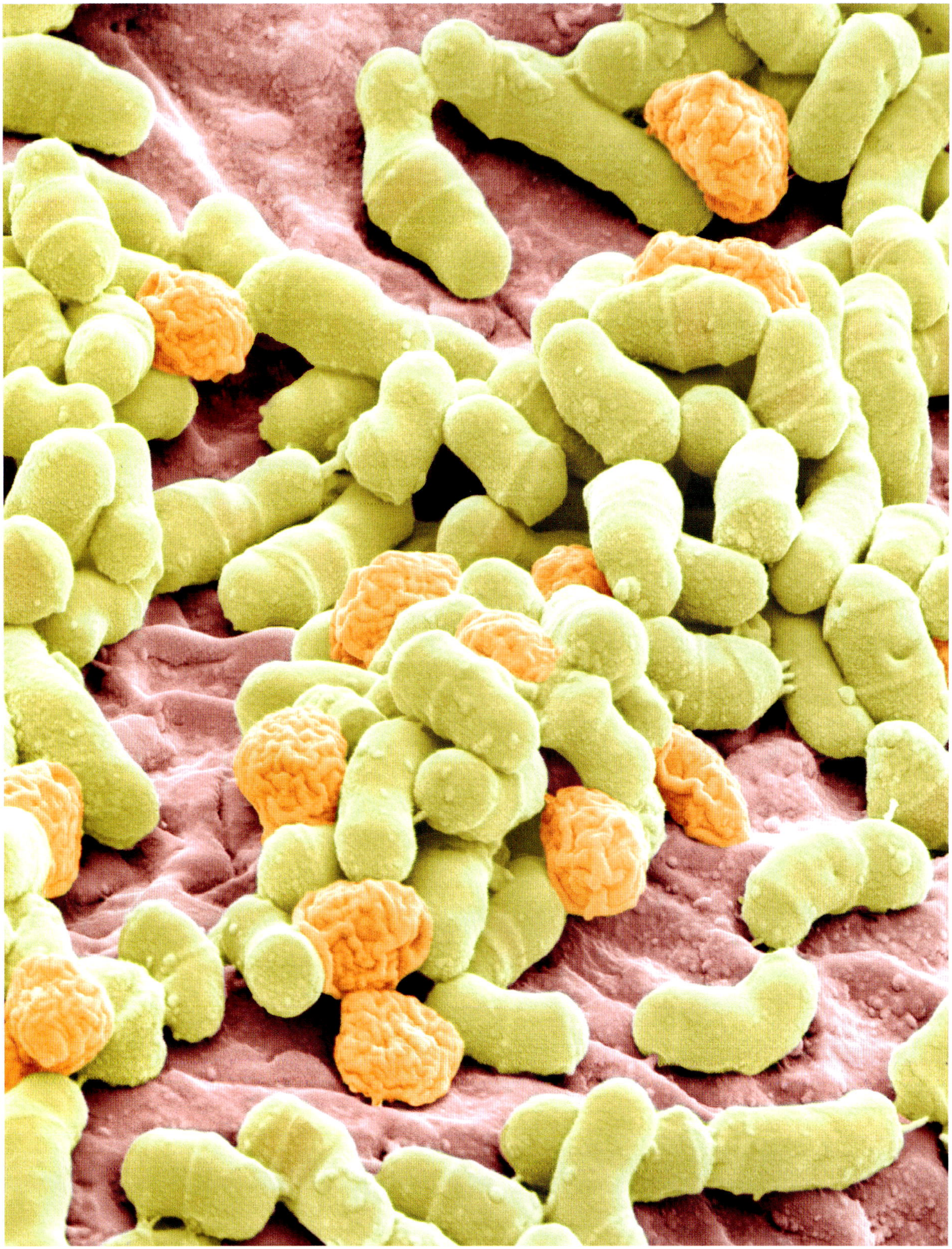

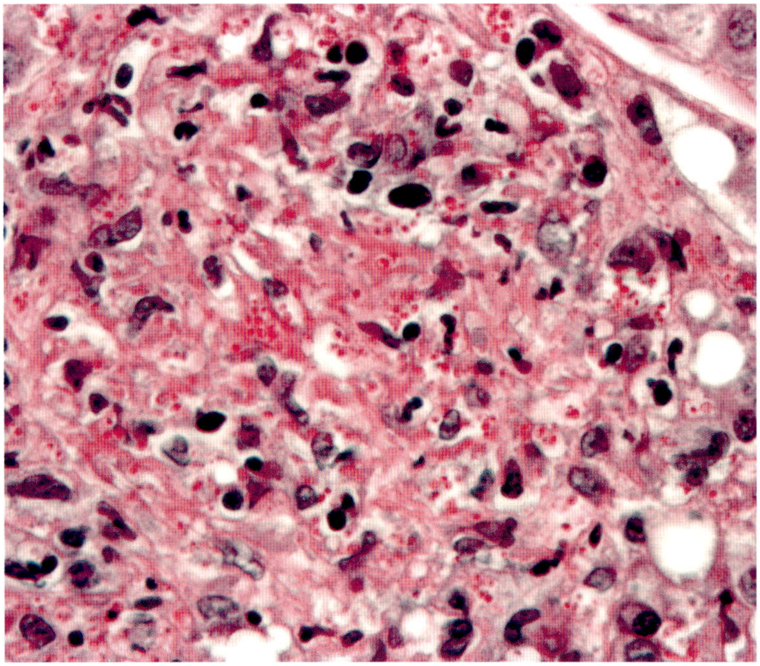

← Biopsie einer menschlichen Leber mit Histoplasmose. Die angefärbten Zellen weisen kleine intensiv rote Zellaggregate auf; das Pathogen sowie Granulome sind dunkel angefärbt.

→ Hyphen und Sporophore von *Sporothrix schenckii,* hier im Mikroskop und digital koloriert

↘ *Candida albicans,* aus einem Vaginalabstrich isoliert. In der mikroskopischen Aufnahme des angefärbten Präparats sind die Hyphen und Chlamydosporen der Hefe klar zu erkennen (schwarzblau gefärbt); die rosafarbenen Kleckse sind gesunde menschliche Epithelzellen.

Die häufigsten Gattungen der Dermatophyten sind *Microsporum, Trichophyton* sowie *Epidermophyton.* Den übelsten Ruf haben jedoch die wirklich pathogenen Pilze der Gattung *Ajellomyces.* Diese sind besser unter den Namen ihrer Anamorphen (asexuellen Formen) bekannt: *Histoplasma capsulatum, Blastomyces dermatitidis, Coccidioides immitis* und *Paracoccidioides brasiliensis.* Diese Pilze kommen alle frei lebend im Boden und organischer Materie vor, gelangen über die Atemwege in den Körper und können zu schweren Gesundheitsproblemen führen. Man findet *Histoplasma* in Substraten mit hohem Stickstoffgehalt, wie Vogel- oder Fledermauskot. *Coccidioides,* der Erreger des „Talfiebers", kommt vorwiegend in den trockenen Böden der Südwest-USA vor; *Paracoccidioides* ist nur aus Mittel- und Südamerika bekannt, und *Blastomyces* tritt im Boden und vermoderndem Pflanzenmaterial auf.

Erwähnenswert ist auch der Erreger der „Rosengärtnerkrankheit", *Sporothrix schenckii.* Der Pilz ist auf Pflanzenmaterial recht verbreitet, auch auf Torfmoos, das im Gewächshaus oder in der Floristik verwendet wird. *S. schenckii* gelangt fast nur über Hautverletzungen in den Körper und schaltet im Körper auf das Wachstum im Hefemodus um. Anfangs kommt es zu einer einfachen Lokalinfektion, doch in seltenen Fällen kann der Pilz sich über die Lymphknoten weiterverbreiten und zur schweren Erkrankung führen.

Andere Hefen sind Teil unserer normalen Hautflora. Der vermutlich häufigste Hautpilz ist ebenfalls eine Hefe: *Malassezia.* Sie ist die Hauptursache von Kopfhautschuppen und besonders daran angepasst, sich vom Hauttalg (Sebum) zu ernähren.

Auch *Candida albicans* ist eine der häufigen Hefen; sie kommt im Verdauungstrakt und in anderen Körperregionen vor und kann unter feuchten Bedingungen fast überall auf dem Körper gedeihen. *C albicans* zeigt unterschiedliche Wachstumsformen: Normalerweise wächst sie durch Sprossung, doch auf der Haut oder in der Mundhöhle kann sie in eine invasive Myzelform übergehen. Die Hefe bildet dann Toxine, die das Eindringen ins Epithelgewebe erleichtern, Entzündungen fördern und zu Ausschlag führen – dem allseits bekannten „Soor", der besonders als Mundsoor oder Windelsoor sehr schmerzhalft sein kann.

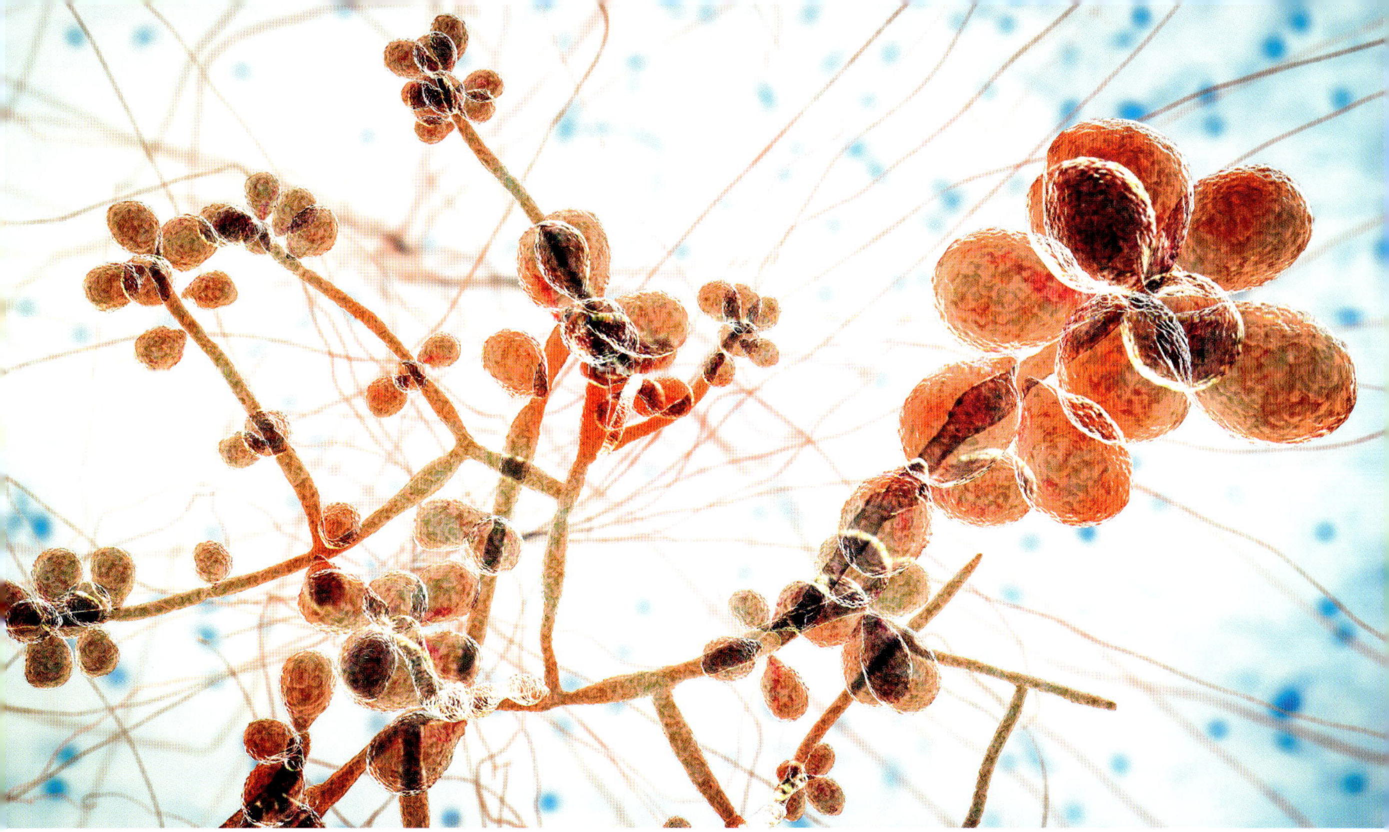

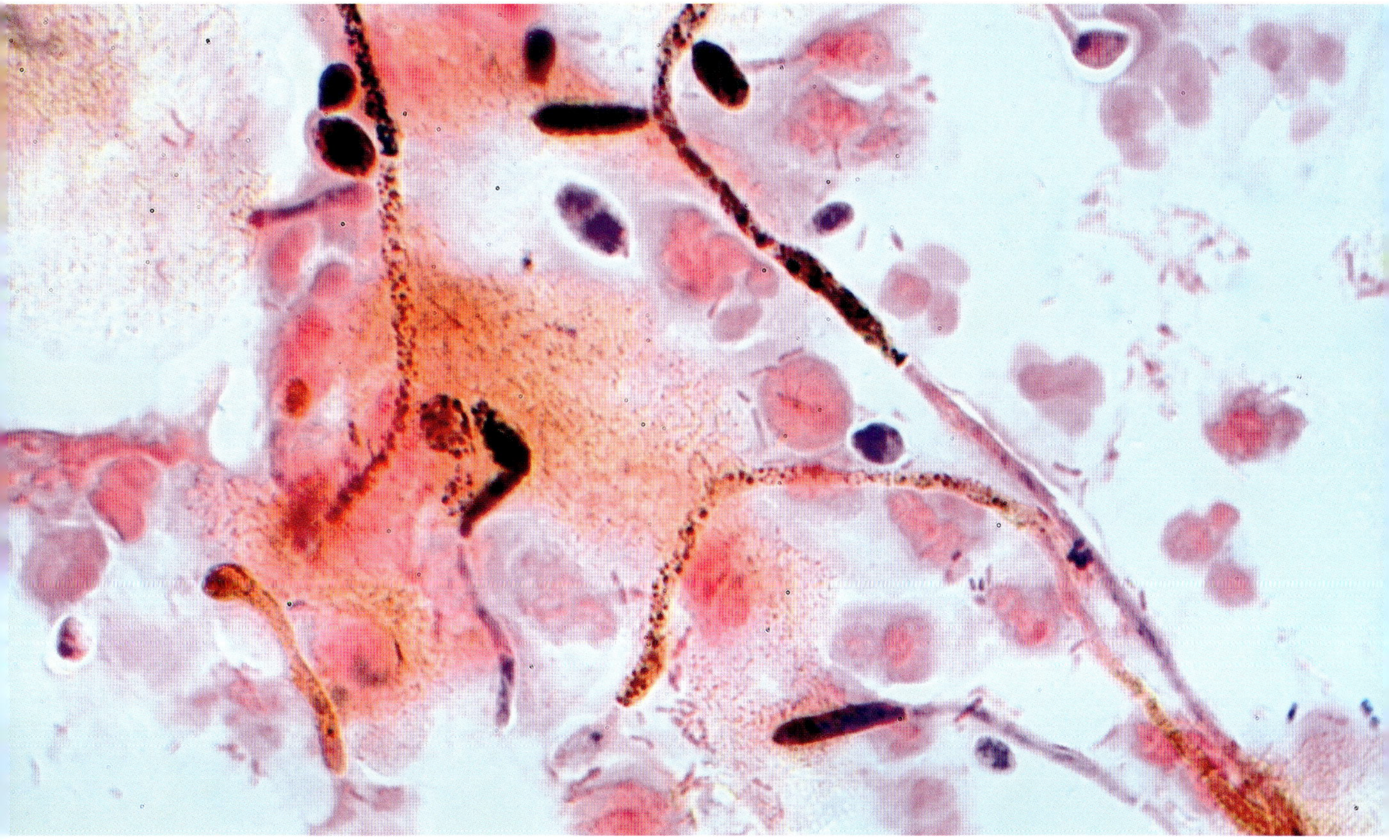

Pflanzenparasiten

Unter den Pflanzenpathogenen sind die Pilze bei Weitem die erfolgreichsten, schließlich haben sie einen Anteil von rund 60–70 Prozent. Pathogene leben anfangs oft biotroph und ernähren sich von den Geweben und Ressourcen eines lebenden Wirts und können nach dem Tod des Wirts zur saprotrophen Lebensweise wechseln.

↓ *Gymnosporangium juniperi-virginianae,* ein Rostpilz, der in den USA in Gärten häufig zu finden ist.

Eine intakte, gesunde Pflanze ist gegen Angriffe durch Bakterien und Pilze weitgehend gefeit. Die Abwehr von Pathogenen ist bei Pflanzen insgesamt so gut ausgebildet, dass selbst die erfolgreichsten pilzlichen Phytopathogene nur bestimmte Pflanzengruppen angreifen können. Folglich sind viele phytopathogene Pilze hoch

Botanisches *pars pro toto*

Eine Pflanze repräsentiert ein ganzes Ökosystem. Alle Teile der Pflanze ernähren makroskopische Tiere (z. B. Arthropoden) sowie mikroskopische (z. B. Nematoden), ferner eine Vielzahl an Pilzen, Bakterien, Viren etc. Alle sind biotroph – einige leben als mutualistische Partner des Pflanzenwirts (z. B. AM-Pilze und Knöllchenbakterien/Rhizobien).

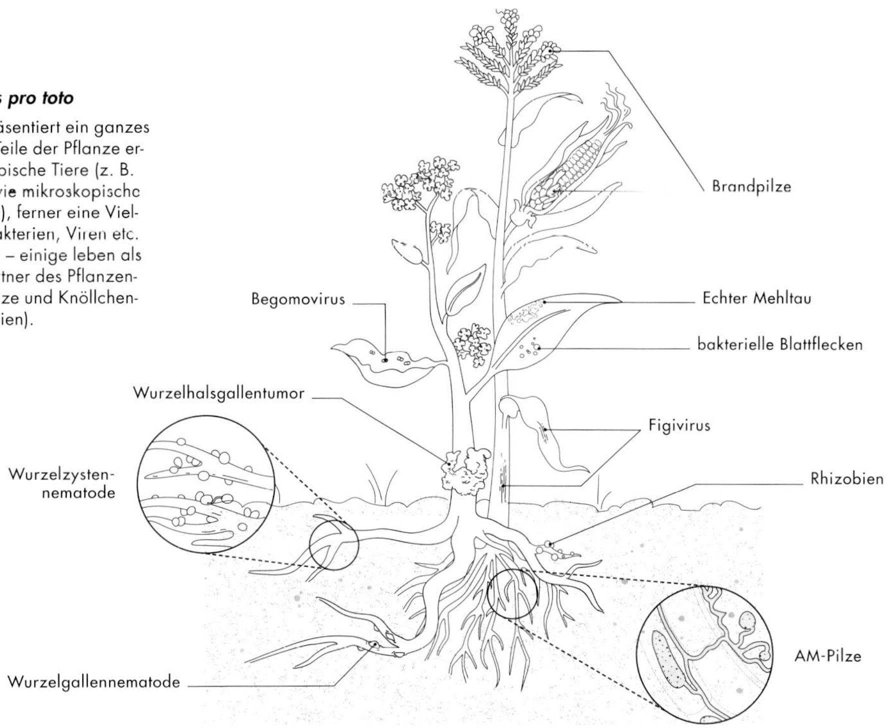

spezialisiert und befallen nur eine einzige Pflanzenart. Um in die Pflanzengewebe einzudringen, muss ein Pilz sich zunächst an die Oberfläche des Wirts anheften. Dazu stellt die Hyphe den nötigen Kontakt her und bildet ein flaches „Appressorium", eine Schwellung an der Hyphenspitze, die die Oberfläche vergrößert. Im nächsten Schritt werden „aggressive" Enzyme eingesetzt, die die äußeren Schutzschichten der Pflanze zerstören. Manchmal wird auch ein harter „Dorn" gebildet, der in der äußeren Pflanzenschicht unter hohem Druck ein winzige Eintrittsstelle für die Hyphe schafft.

Sind die Pilzhyphen erst einmal in die Pflanze eingedrungen, dann können sie zwischen den Pflanzenzellen weiterwachsen oder Zellen und Gewebe direkt abtöten. Oft reagiert die Pflanze mit einer „Immunantwort", indem sie Moleküle abgibt, die zum Zelltod führen – eine Art lokaler Selbstmord, um die Infektion einzudämmen. Diese hypersensitive Reaktion ist ein wichtiger Abwehrmechanismus, der im gesamten Pflanzenreich weit verbreitet ist.

Da biotrophe pathogene Pilze einen lebenden Wirt benötigen, töten sie die Wirtszellen meistens nicht ab, sondern bahnen sich einen Weg durch die Zellwand, ohne die Zellmembran zu zerstören, und stülpen sie sich nur in die Zellmembran ein. Die Bestandteile des Cytoplasmas können weiterhin durch die Zellmembran in andere Pflanzenzellen gelangen, werden jedoch durch den parasitären Pilz abgefangen. Um dieses „Anzapfen" zu optimieren, besitzen viele biotrophe Pilzgruppen besondere Strukturen (Haustorien) mit komplexen Auswüchsen oder Verzweigungen an der Spitze, um die Absorptionsoberfläche zu vergrößern.

Biotrophe pathogene Pilze bilden oft pflanzliche Wachstumsregulatoren („Pflanzenhormone"), die die Wirkung der wirtseigenen Wachstumsregulatoren nachahmen. Diese Substanzen können den Stoffwechsel der Pflanze zugunsten des pathogenen Pilzes verändern. Manche Wachstumsregulatoren führen beim Wirt zu auffälligen Symptomen; einige Beispiele sind Stauchwuchs, übermäßiges Wachstum, Gallenbildung, übermäßige Wurzelverzweigung, „Hexenbesen" oder „Zweigsucht" (übermäßige Sprossverzweigung), ferner Missbildungen am Spross oder anderen Organen, das

Abwerfen der Blätter und sogar die Unterdrückung der Knospenentwicklung.

Bei der „Schopfbildung" löst der pathogene Pilz die Entwicklung vieler dicht zusammenstehender Blätter aus, die sogar einem Blütenstand ähneln können – in manchen Fällen sind es regelrechte Pseudoblüten, die mithilfe von Bestäubern die Sporenübertragung von einer zur anderen Wirtspflanze erleichtern.

↑ Wenn im Wurzelbereich die Fruchtkörper von Hallimasch (*Armillaria* spp.) erscheinen, bedeutet das nichts Gutes für den Baum.

VIELFALT DER PHYTOPATHOGENEN PILZE

Phytopathogene Pilzarten kommen in den meisten wichtigen Pilzgruppen vor, auch bei den Chytridpilzen, die zu den primitivsten Pilzen gehören. Wenn der Boden nass ist, können die begeißelten Zoosporen der Chytridpilze ihre pflanzlichen Wirte aktiv schwimmend erreichen. Aquatische Chytridpilze sind als Parasiten auf Pollenkörner spezialisiert, heften sich an diese an und durchbohren sie, um an die Nährstoffreserven zu gelangen.

Die große Mehrheit der Pilze zählt zu den Ascomyceten, und zweifellos gehören auch die meisten Pflanzenpathogene zu dieser Gruppe. Ascomyceten werden oft übersehen, da sie sehr klein sind; viele

GIGANTISCHER PILZ

Einige Pilzarten bilden verdickte schnurähnliche Rhizomorphen, um die Ausbreitung zwischen Substratquellen zu erleichtern. Was das Wandern von Baumstumpf zu Baumstumpf angeht, sind vor allem die *Armillaria*-Arten besonders effizient, denn sie bilden lange Rhizomorphen. Diese sind melanisiert und daher schwarz gefärbt, so sind sie auf dem Waldboden vor schädlichem Sonnenlicht geschützt. Wenn sich bei einem verrottenden Baum die Rinde ablöst, kommen darunter oft die „Schnürsenkel" der Hallimasch-Rhizomorphen zum Vorschein. *Armillaria*-Arten leben aber nicht nur saprotroph, sondern sind auch als aggressive Pathogene bekannt – wenn Bäume z. B. durch Schwammspinner *(Lymantria dispar)* kahl gefressen oder durch andere Stressoren geschwächt sind, nimmt die Anfälligkeit für Hallimasch-Wurzelfäule zu. Auch *Megacollybia* zählt zu den saprotrophen, Rhizomorphen-bildenden Bewohnern von Baumstümpfen und anderem Totholz.

bilden winzige Fruchtkörper auf der Pflanzenoberfläche.

Stockfäule – Pilzbefall im unteren Stammbereich – ist in Wäldern recht verbreitet, im städtischen Raum vermutlich aber deutlich stärker. Denn dort werden die Bäume oft von Menschen, Fahrzeugen oder anderen Maschinen beschädigt, sodass alle möglichen Pathogene über die Wunde in den Baum gelangen. Im Forst führt die Stockfäule zum unmittelbaren Verlust an Holzvolumen und erntereifem Holz, kann sich aber positiv auswirken, wenn z. B. Lichtungen und gute Spechthabitate entstehen. Da Stockfäule die Verankerung des Baums im Boden schwächt, ist dieser stärker von Windbruch und Windwurf bedroht. Besonders im städtischen Raum sind derartige Bäume eine Gefahr und müssen aus Sicherheitsgründen rechtzeitig gefällt werden. Viele Pilzarten können eine Stockfäule auslösen, fast alle sind Basidiomyceten. Im Allgemeinen töten und zersetzen diese Pathogene die Wurzeln, zersetzen das Kernholz im Stamm und töten häufig das Splintholz und Kambium im Wurzelhals ab. Der pathogene Pilz kann sich von den befallenen Wurzeln in das gesunde Wurzelsystem von Nachbarbäumen ausbreiten. Zu den häufigen Stockfäulepilzen gehören auch einige ziemlich große Porlinge, wie *Inonotus* (Schillerporlinge), *Ganoderma* (Lackporlinge), *Grifola* (Klapperschwämme), *Laetiporus* (Schwefelporlinge), *Meripilus* (Riesenporlinge), *Onnia tomentosa* (Gestielter Filzporling),

Heterobasidion annosum (Gemeiner Wurzelschwamm) und *Phaeolus schweinitzii* (Kiefernbraunporling).

In Haus und Garten haben wir es oft mit *Venturia inaequalis* zu tun, dem Verursacher des Apfelschorfs. Dass dieser pathogene Pilz schon seit langer Zeit ein Problem für Gärtner:innen ist, wissen wir von Apfeldarstellungen auf Gemälden des 15. und 16. Jahrhunderts – und eine der frühesten Darstellungen der Apfelschorfsymptome ist vermutlich auf Michelangelo da Caravaggios Gemälde *Das Abendmahl in Emmaus* (ca. 1600) zu sehen. Zunächst waren alle damals üblichen Apfelsorten schorfanfällig, und erst gegen Ende des 19. Jahrhunderts kamen chemische Mittel zum Verhindern des Apfelschorfs auf: Fungizide auf Kupfer- und Schwefelbasis schützten die Äpfel, wenn man sie

↑ Caravaggios *Das Abendmahl in Emmaus;* auf dem Einsetzbild ist der Apfelschorf im Detail zu erkennen.

→ Die Symptome des Apfelschorfs zeigen sich auch auf den Früchten und Blättern als dunkle Flecken.

vor Infektionsbeginn einsetzte; allerdings führten die Mittel an den Bäumen auch zu erheblichen Blattschäden. Im Apfelanbau (Nord- und Südamerika, Europa und Asien) verursacht Apfelschorf auch heute noch höhere wirtschaftliche Verluste als irgendeine andere Pflanzenkrankheit – und das, obwohl es inzwischen hocheffektive Spritzmittel und resistente Apfelsorten gibt! *V. inaequalis* infiziert auch andere Obstbäume, die zur Familie Rosengewächse gehören. Stark befallene Blätter oder Früchte fallen oft vorzeitig ab; wegen der Läsionen sind die Früchte sehr unansehnlich.

ROST- UND BRANDPILZE

Rost- und Brandpilze sind Basidiomyceten, also auch mit Speisepilzen verwandt. Alle Rost- und Brandpilze parasitieren auf Pflanzen; zusammen bilden sie eine sehr große und hochinteressante Pilzgruppe – die Pilze selbst sind allerdings ziemlich klein. Besonders spannend sind die Rostpilze, da viele von ihnen heterözisch sind (sie benötigen zwei klar unterschiedene Wirtsarten für ihre jeweiligen Entwicklungsstadien). Die Brandpilze sind dagegen monözisch: Sie vollenden ihren Entwicklungszyklus (Lebenszyklus) auf einem einzigen Wirt.

Es gibt rund 7000 Rostpilzarten, die sich auf schätzungsweise 168 Gattungen verteilen; bei so vielen Arten ist es manchmal schwierig, den Überblick über die Gruppe zu behalten. Die meisten Rostpilze bilden bis zu fünf Sporenstadien (Spermatien, Aecidiosporen, Uredosporen, Teleutosporen und Basidiosporen je nach Stadium im Entwicklungszyklus), bei manchen Arten sind es nur drei Sporenstadien. Alle sind obligate Pflanzenparasiten, wachsen also nur auf einem lebenden Wirt. Viele Rostpilze auf Gehölzen wechseln zwischen zwei überhaupt nicht verwandten Wirtspflanzen.

Die Rostpilze der Getreidearten benötigen nicht näher verwandte Nebenwirte, um ihren Entwicklungszyklus zu vollenden. Beim Getreideschwarzrost sind es Berberitze (vor allem *Berberis vulgaris*) und Mahonie, beim Kronenrost (Haferkronenrost: *Puccinia coronata avenae*) sind es *Rhamnus*-Arten, vor allem Kreuzdorn (*R. cathartica*). Diese Nebenwirte sind in den gemäßigten Klimaregionen von Nordamerika und Europa ein wichtiges Erregerreservoir für Getreide-Rostpilze.

Rostpilze werden intensiv und mit großem Aufwand erforscht; denn sie sind global für viele Nutzpflanzenkrankheiten verantwortlich, die besonders große wirtschaftliche Schäden anrichten. Gemeinsam mit zwei weiteren *Puccinia*-Arten führt *P. graminis tritici* allein in Nordamerika zu einer Ertragseinbuße von über einer Million Tonnen Weizen – pro Jahr! In starken Befallsjahren können die Verluste bei zehn bis Hunderten Millionen von Tonnen liegen. Da die Weltbevolkerung weiter zunimmt und mehr Nahrung benötigt, ist es möglich, dass Getreiderost zur Ursache von Hungersnöten, eventuell sogar von Kriegen wird.

Lebenszyklus von Getreideschwarzrost

Puccinina graminis benötigt zwei ganz verschiedene Wirtspflanzen, um seinen vollständigen Lebenszyklus zu durchlaufen. Im Lauf einer einzigen Saison werden mehrere unterschiedliche Sporentypen gebildet.

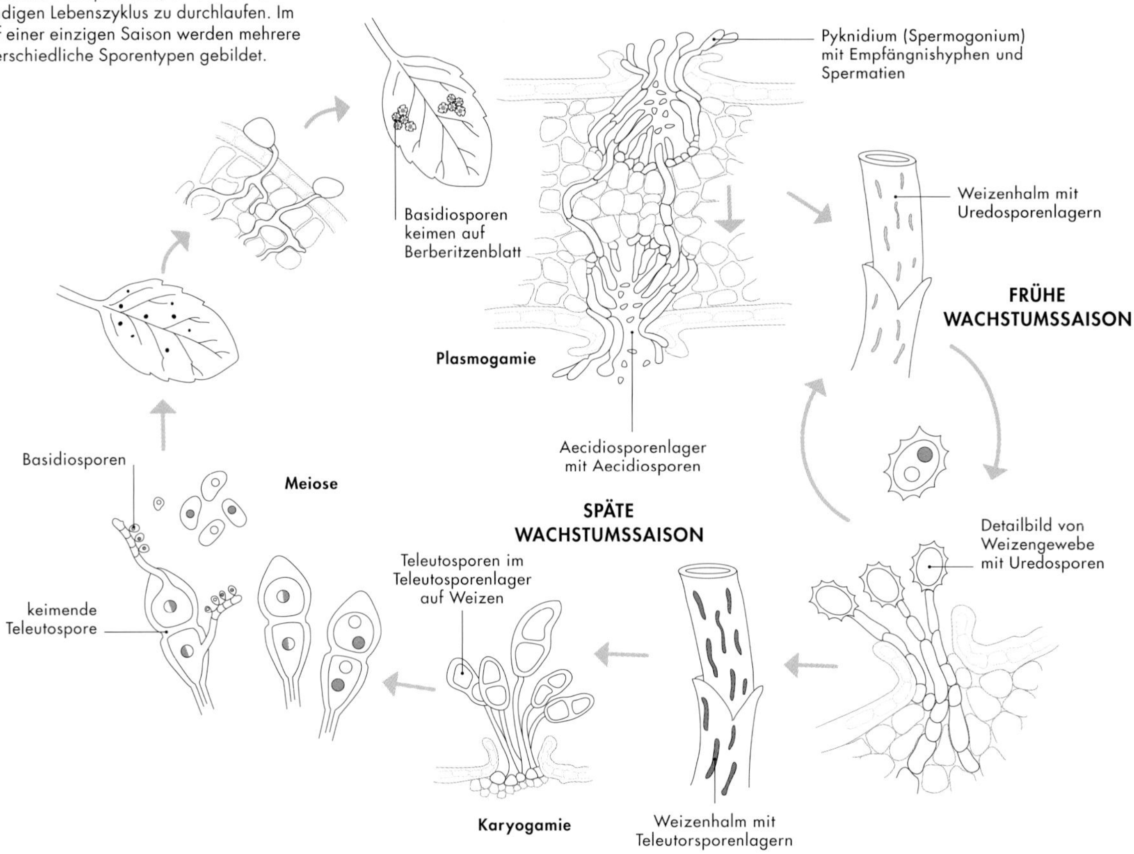

Die Menschheit schlägt sich seit Jahrhunderten mit Getreiderost herum. Die Römer versuchten, die Gottheit der Getreidekrankheiten (Robigus) mit einem eigenen Fest, den Robigalia, zu besänftigen. Dabei wurde ein rostfarbener Hund geopfert, um mit diesen Feierlichkeiten das „rote Feuer" fernzuhalten, das Jahr für Jahr die Weizenfelder heimsuchte. Heutzutage versuchen wir, Rostpilze durch die Züchtung resistenter Nutzpflanzensorten zu kontrollieren. Ein langsamer und mühsamer Prozess, der dazu nur zeitweilig hilft, da die Resistenzen immer wieder hinfällig werden, denn es entstehen ständig neue, noch stärker pathogene Linien der Rostpilze.

In den USA zählt der Weymouthkiefern-Blasenrost (Strobenrost) zu den sehr bekannten Gehölzkrankheiten. Er wird durch *Cronartium ribicola,* einen Rostpilz aus Eurasien, verursacht, gelangte im frühen 20. Jahrhundert mit infizierten Weymouthkiefern von Frankreich nach Nordamerika und verbreitete sich dort. Der Pilz hat einen komplizierten Entwicklungszyklus mit zwei Wirten – der Weymouthkiefer (oder verwandten Kiefernarten) als Nebenwirt sowie Johannisbeere oder Stachelbeere (*Ribes* spp.) als Hauptwirt. Der Strobenrost ist für die USA wirtschaftlich sehr bedeutsam, da er einige der wertvollsten Forstbaumbestände schädigt. Daher führte die US-Regie-

rung von den 1920er- bis in die 1950er-Jahre ein Programm durch, um wilde *Ribes*-Arten im Ostteil des Landes auszurotten und den Pilzzyklus zu durchbrechen. So gelang es, die *Ribes*-Bestände deutlich zu dezimieren, und schließlich wurde das landesweite Verkaufs- und Anbauverbot für *Ribes*-Arten in den 1960er-Jahren aufgehoben.

Wesentlich häufiger als den Strobenrost sieht man in Nordamerika den *Cedar Apple Rust*, dessen Erreger *Gymnosporangium juniperi-virginianae* zur Bildung von merkwürdigen Strukturen auf den Wirtspflanzen (Apfel und Virginischer Wacholder) führt. In Europa ist der verwandte Birnengitterrost *(G. sabinae)* verbreitet, der Birne und Wacholder befällt. Auf den Wacholderarten bilden sich orangerote gallertige Auswüchse. Auf den Apfel- bzw. Birnenblättern zeigen sich zuerst auf der Oberseite orangerote Flecken, später unterseits „stachelige“ Sporenlager, die beim Apfel auch auf den Früchten erscheinen können. Quitten und Weißdorn können von ähnlichen Rostpilzen befallen werden.

↑ Getreideschwarzrost *(Puccinia graminis)* auf Weizen, hier die rostroten Uredosporenlager

CYTTARIA GUNNII

„Golfkugelpilze" vom anderen Ende der Welt

WISS. NAME	*Cyttaria gunnii*
ABTEILUNG	Ascomycota
ORDNUNG	Cyttariales
FAMILIE	Cyttariaceae
HABITAT	Wald

***Cyttaria* ist eine merkwürdige Gattung der Ascomyceten; diese obligat biotrophen Pilze leben nur auf Scheinbuchen (Südbuchen, *Nothofagus* spp.), also nur auf der Südhalbkugel – dort, wo es Südbuchen gibt: in Südamerika (Chile und Argentinien) sowie in Südostaustralien, Tasmanien und Neuseeland. Die genaue Beziehung zwischen Pilz und Wirtsbäumen ist nach wie vor unklar – falls sie parasitisch ist, dann nicht sehr ausgeprägt; sie könnte sogar irgendwie vorteilhaft sein. Doch das ist nicht der einzige eigenartige Punkt.**

Charles Darwin machte als Erster auf diesen seltsamen Pilz aufmerksam: Die *Beagle* hatte auf ihrer Weltumsegelung 1839 auch in Tierra del Fuego (Feuerland, an der Südspitze Südamerikas) angehalten. Dort konnte Darwin an Südbuchen mit großen Holzgallen orangegelbe Fruchtkörper sammeln. Er sandte diese an den renommierten Mykologen Reverend Miles Berkeley, und dieser beschrieb im Jahr 1842 die neue Gattung *Cyttaria*. Laut Darwins Aufzeichnungen sammelten die Bewohner:innen von Feuerland die Pilze als Nahrungsmittel und stellten sogar Wein daraus her. Die golfballähnlichen *Cyttaria*-Fruchtkörper wirken zwar fast wie ein Wesen von einem anderen Stern, sind tatsächlich aber mit Morcheln verwandt: Beide sind Apothecien (eine Art becherförmiges Ascokarp), deren fertile Bereiche durch sterile Leisten getrennt sind.

Seit der Entdeckung ist fast alles, was *Cyttaria* betrifft, rätselhaft geblieben – vom Stoffwechsel des Pilzes bis zum Lebenszyklus, was er im Inneren des Wirtsbaums anrichtet oder wie er sich über die weiten Ozeane der Südhalbkugel verbreiten konnte. Die letzte Frage gehört ins Feld der Phylogeografie, und hier gibt es neue Erkenntnisse: Kristin Peterson und Don Pfister von der Harvard University konnten 2010 nachweisen, dass die *Cyttaria*-Arten sich in Coevolution mit ihren Wirten, den jeweiligen *Nothofagus*-Arten, entwickelt hatten und mit ihnen gemeinsam im Lauf der Zeit auf unterschiedlichen Landmassen geografisch isoliert wurden. Die jeweiligen Arten von *Cyttaria* und *Nothofagus* sind also nirgendwohin gewandert, sondern sie sind miteinander verbunden, seit sich Gondwana vor rund 180 Millionen Jahren auflöste.

→ *Cyttaria* lebt fast das ganze Jahr verborgen im Inneren ihres Wirts. An den Holzgallen, die am Stamm und den Ästen des Baums sitzen, erscheinen während der Fortpflanzungszeit große orangegelbe Fruchtkörper.

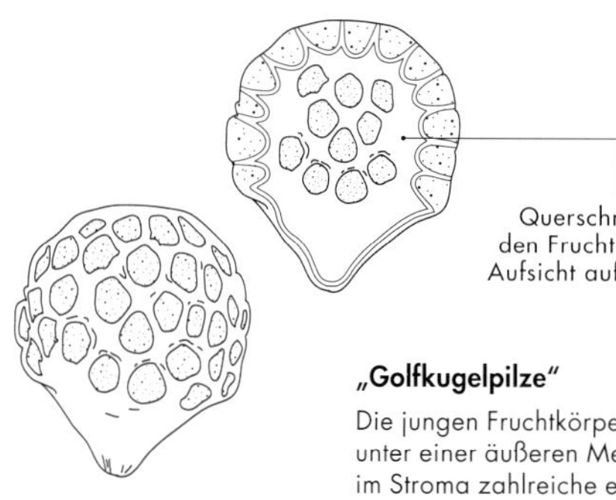

„Golfkugelpilze"

Die jungen Fruchtkörper sind glatt und fest; unter einer äußeren Membran erkennt man im Stroma zahlreiche etwas hellere kreisförmige Bereiche. Nach dem Aufplatzen der Membran werden diese als becherförmige Einstülpungen sichtbar; es sind die fertilen Bereiche des Fruchtkörpers.

USTILAGO MAYDIS

Maisbeulenbrand

Begehrtes Pathogen

WISS. NAME	*Ustilago maydis*
ABTEILUNG	Basidiomycota
ORDNUNG	Ustilaginales
FAMILIE	Ustilaginaceae
HABITAT	Agrarland

Maisbeulenbrand – bereits der Name ist wenig vertrauenerweckend, und das Aussehen der auffälligen Pilzgallen macht es nicht besser. *Ustilago maydis* zählt zu den Basidiomyceten und hat einen interessanten Lebenszyklus. Er befällt nur Maispflanzen – in historischer Zeit Futtermais und Zuckermais – und ist in wärmeren Gegenden von Nordamerika und Europa verbreitet. Die modernen Maissorten sind resistent, alte Maissorten allerdings nicht, ebenso wie Puffmais und Hartmais.

Der Pilz kann sämtliche Pflanzenteile befallen, man findet seine Gallen aber meistens auf den Maiskolben, da an der „Seide" (den fädigen Griffeln der weiblichen Blüten) nicht nur Pollenkörner, sondern auch Pilzsporen kleben bleiben. der Entwicklungszyklus von Brandpilzen umfasst zwei Sporenstadien. Das erste sind die schwarzen rußigen Teleutosporen („Brandsporen"), die in großen Gallen aus glattem Pflanzengewebe entstehen. Die Teleutosporen überwintern im Boden und keimen dort aus – der Zeitpunkt ist mit dem Lebenszyklus der Maispflanze synchronisiert. Es entwickeln sich Hyphen mit keulenförmigen Basidien, die winzige haploide Basidiosporen tragen. Diese gelangen auf die Maispflanzen und keimen aus. Es kommt aber nicht sofort zur Infektion, sondern die Basidiosporen wachsen zuerst als Hefen durch Sprossung.

Erst wenn zwei kompatible Hefezellen aufeinandertreffen, kommt es zur „Konjugation" und der Pilz erreicht wieder seinen dikaryoten Zustand. Mit seiner vollständigen genetischen Ausstattung ist der Brandpilz nun infektiös – aber ganz so einfach ist es nicht: Er muss über die „Seide" der Maisblüte bis in den Fruchtknoten gelangen, bevor dieser befruchtet ist. Überall sonst kann der Pilz wegen der zähen Mais-Cuticula nicht eindringen, es sei denn, diese ist durch Hagel, Insekten usw. verletzt. Alle Verletzungen des Pflanzengewebes können eine Infektion über Basidiosporen oder Teleutosporen erleichtern. Daher kommt es nach Hagelschäden oft zu Ausbrüchen von Maisbeulenbrand.

Ustilago maydis schädigt die Maispflanzen zwar, ist aber essbar. In Mexiko gelten die Pilzgallen seit Langem als Delikatesse, es gibt eine Fülle von Zubereitungsarten. Sogar Speiseeis (schmeckt viel besser, als es aussieht) mit den Geschmacksrichtungen Pilz, Mais, Schokolade und Vanille wird angeboten. Die Pilzgallen werden oft unter Fantasienamen wie „Mexikanische Trüffel" verkauft, dagegen bedeutet der aztekische Name *huitlacoche* (oder *cuitlacoche*) so viel wie „Rabenkot"!

→ Die auffälligen Gallen des Maisbeulenbrands wirken bizarr.

ONYGENA EQUINA

Kuhhornpilz

Kadaver-Kompostierer

WISS. NAME	*Onygena equina*
ABTEILUNG	Ascomycota
ORDNUNG	Onygenales
FAMILIE	Onygenaceae
HABITAT	Wald und Agrarland

Bald nach dem Tod eines Organismus beginnt sein Körper sich zu zersetzen, und verschiedenste Kleinstlebewesen greifen ihn von innen und außen an. Je nach Umgebung und Körperzustand wird ein Großteil der Proteine, Fette und anderen Bestandteile einfach in die Bausteine anderer Organismen überführt – aber nicht alles. Einige Körperteile bleiben (auch bei uns Menschen) noch lange nach dem Tod erhalten: Zähne, kräftige knöcherne Strukturen (wie Schädel) und alles, was aus Keratin besteht, wie Hufe, Zehen- und Fingernägel, Haare und Fell, Federn und Hörner.

Füllhorn

Die *Onygena*-Sporophore – sie ähneln winzigen gestielten Köpfchenpilzen – können ein Säugergehörn, das irgendwo in Wald und Feld liegt, vollständig bedecken.

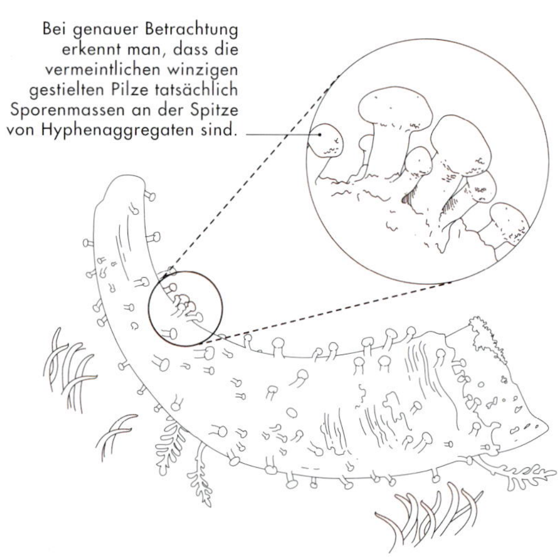

Keratin ist ein sehr widerstandsfähiges Strukturprotein, das praktisch wasserunlöslich und so gut wie nicht abbaubar ist. Für Tiere ist es schwer zu verdauen, daher erbrechen Katzen Ballen aus dem eigenen Haar und viele Vögel würgen Speiballen („Gewölle") aus, die aus unverdautem Fell, Knochen, Klauen und Federn bestehen.

Die Gattung *Onygena* umfasst nur zwei Arten, die beide weltweit verbreitet sind. *Onygena corvina* ist mit Federn und Fell assoziiert, während *Onygena equina* die Hufe und Hörner herbivorer Säugetiere zersetzt. Die beiden Arten sind so stark auf den Abbau von Keratin spezialisiert, dass sie dieses als einzige Kohlenstoff- und Stickstoffquelle nutzen können.

Es ist verblüffend, wie diese Pilze eine derart ungewöhnliche Nahrungsquelle wie Hufe oder Hörner auf dem Waldboden aufspüren können, doch auch dieses Problem haben sie gelöst: Wie alle proteinabbauenden Pilze verströmt auch *Onygena* einen scheußlichen Verwesungsgeruch, selbst in Laborkultur – das liegt daran, dass primäre Amine freigesetzt werden, genau wie bei verdorbenem Fleisch oder der Leichenverwesung. Dieser Geruch zieht Schmeißfliegen an, die dem Pilz als Taxi zur nächsten Nahrungsquelle dienen. Die gestielten „Fruchtkörper" von *Onygena* sind tatsächlich Aggregate von Gymnothecien (bei diesen umgeben lockere Hyphen die Asci wie ein Käfig), die sich in den steifen Borsten und Körperanhängen der Schmeißfliegen verfangen und woanders abgeladen werden.

→ Sehr stark vergrößerte Nahaufnahme von *Onygena*. Die winzigen kugeligen Sporenmassen sind nur ein paarmal so groß wie der Punkt am Ende dieses Satzes.

MARASMIUS OREADES

Nelken-Schwindling

Raffinierter Schwindling

WISS. NAME	*Marasmius oreades*
ABTEILUNG	Basidiomycota
ORDNUNG	Agaricales
FAMILIE	Marasmiaceae
HABITAT	urbane Grünflächen

Rätselhafte grüne Ringe im Gras: Um diese sogenannten Feen- oder Hexenringe ranken sich seit Jahrhunderten Legenden und Sagen, und seit dem Mittelalter erscheinen sie auch in Prosa und Lyrik. Bei Hexenringen, die so groß sind, dass man sie sogar aus dem Flugzeug erkennt, kann man annehmen, dass sie jahrhundertealt sind.

Noch rätselhafter sind die Pilze, die in diesen Feenringen erscheinen. Manche können über Nacht ihre volle Größe erreichen, als ob dahinter übernatürliche Kräfte steckten. Feen, Elfen, Kobolde, Hexen, Drachen, Kröten und andere Amphibien – sie alle wurden dieser „Magie" beschuldigt. Bei den Blackfoot in Alberta (Kanada) glaubte man, tanzende Bisons seien für die Hexenringe verantwortlich.

Hexenring enträtselt

Bei genauerer Untersuchung zeigt sich, dass ein Feenring aus drei konzentrischen Ringen/Zonen besteht: der äußeren üppig grünen Zone (A) mit aktivem Myzel und Fruchtkörperbildung (B), einer mittleren Zone mit teils absterbendem Gras (C) und der innersten Zone mit stimuliertem Pflanzenwachstum (D), oft besiedeln neue Arten die vorher kahle Fläche.

Viele Pilze bilden ihre Fruchtkörper in Form eines Hexenrings aus; der Nelken-Schwindling oder Feld-Schwindling *(Marasmius oreades)* ist vermutlich die bekannteste Art. Schwindlinge *(Marasmius)* tauchen scheinbar über Nacht auf – das liegt daran, dass sie bei Trockenheit zusammenschrumpfen und sich bei Feuchtigkeit rasch wieder ausdehnen können („Mareszenz"). Die meisten Pilze „vergammeln" dagegen, wenn sie altern („Putreszenz").

Das Wachstum von Pilzhyphen verläuft radial nach außen, während die Hyphen organische Materie im Boden und auch toten Rasenfilz verdauen. Nach und nach erschöpfen sich die Nährstoffe, und das weiter innen liegende Myzel stirbt ab. Währenddessen wird das Gras im Bereich des aktiven Myzelrings höher und grüner, denn die Pflanzen können Stickstoffverbindungen nutzen, die durch die Enzymaktivität der Pilze freigesetzt werden.

Früher galt *M. oreades* einfach als saprotropher Organismus, der sich von totem und absterbendem Material ernährt, doch nach neueren Ergebnissen parasitiert er auch auf Gräserwurzeln. Der Pilz setzt Cellulasen und andere Enzyme frei, aber auch Toxine wie Blausäure.

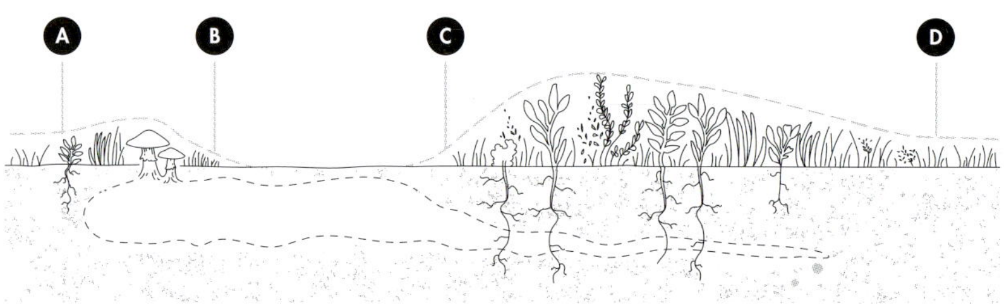

→ Nelken-Schwindling, *Marasmius oreades,* teilweise sind die Lamellen sichtbar.

Verbreitung von *Hypomyces*-Arten

HYPOMYCES LACTIFLUORUM

Ein einflussreicher Parasit

WISS. NAME	*Hypomyces lactifluorum*
ABTEILUNG	Ascomycota
ORDNUNG	Hypocreales
FAMILIE	Hypocreaceae
HABITAT	Wald

Bei dem hummerroten Pilz auf der rechten Seite handelt es sich in Wirklichkeit nicht um nur einen einzigen Pilz, sondern um zwei: Der erste ist eine *Russlua*-Art, der zweite ist *Hypomyces lactifluorum,* der auf dem unterirdischen *Russula*-Myzel parasitiert. Wenn es Zeit für die Bildung der Fruchtkörper ist, übernimmt der Parasit die Kontrolle, und es entsteht ein monströses Gebilde, das keine *Russula*-Sporen bildet, sondern von *Hypomyces* stattdessen als Sprungbrett für die eigene Sporenproduktion genutzt wird.

Saat der Zerstörung

Hypomyces-Arten bilden keine klassischen Fruchtkörper, sondern parasitieren auf anderen Pilzen, indem sie deren Fruchtkörper zum eigenen Sporophor machen. Ihre Sporen sind spindelförmig und unter dem Mikroskop leicht zu erkennen.

Die Umwandlung in einen *Lobster Mushroom* („Hummerpilz") ist radikal und betrifft Farbe, Geruch und Geschmack. Das Gewebe des Fruchtkörpers besteht bei der vollständigen Reife fast nur mehr aus dem „Pilzfleisch" des Parasiten; *Russula* selbst schmeckt dagegen je nach Art und Sammelort langweilig bis scharf.

Der *Lobster Mushroom* kommt in ganz Nordamerika vor; *H. lactifluorum* ist jedoch nur eine Art der großen Gattung *Hypomyces* (Schmarotzerpustelpilz). Alle Arten sind obligate Pilzparasiten und befallen etliche verschiedene Pilzgruppen, wie *Amanita* (Wulstlinge), Korallenpilze, *Auricularia* (Ohrlappenpilze). Besonders weitverbreitet ist *Hypomyces chrysospermus* (Goldschimmel), der in Australien, Eurasien und Nordamerika heimisch ist; *Hypomyces luteovirens* verwandelt *Russula* and *Lactarius* in wunderschöne „grüne Hummer". Einige *Hypomyces*-Arten parasitieren Porlinge.

Da die Schmarotzerpustelpilze selbst keine klassischen großen Fruchtkörper bilden können, übernehmen sie die Maschinerie ihres Wirts. Wenn man sich die prächtige hummerrote Haut des *Lobster Mushrooms* genauer ansieht, erkennt man kleine Höcker – das sind die Spitzen der birnenförmigen Behälter (Perithecien), die im Fruchtkörpergewebe eingebettet sind. Die Perithecien schleudern Ascosporen in die Luft, die den Wirtspilz manchmal mit einem weißen Sporenschleier überziehen.

→ Fast wie am Meer: Die *Lobster Mushrooms* („Hummerpilze") sind nicht nur rot wie ein Hummer, sondern schmecken auch nach Meeresfrüchten.

CHLOROCIBORIA AERUGINASCENS

Kleinsporiger Grünspanbecherling

Von Künstler:innen geschätzt

WISS. NAME	*Chlorociboria aeruginascens*
ABTEILUNG	Ascomycota
ORDNUNG	Heliotiales
FAMILIE	Chlorociboriaceae
HABITAT	Wald

Lange vor der Zeit der modernen Werkstoffe und Holzbeizen gab es Kunstschreiner, die die sogenannte Intarsientechnik beherrschten. Dabei fügte man kleine Stücke aus verschiedenartigen Hölzern so zusammen und legte sie z. B. in eine Möbeloberfläche ein, dass ein Bild mit Mosaik- oder Trompe-l'Oeil-Effekt entstand. Besonders die italienischen Renaissance-Kunsttischler des 14. und 15. Jahrhunderts waren Meister in der Auswahl der einzelnen Baumarten, um Hölzer mit einer großen Farbpalette verarbeiten zu können. Man schätzte vor allem ein blaugrün getöntes Holz, um Naturszenen mit Hügeln und Bäumen darzustellen.

Mit der Marketerietechnik lassen sich ähnliche Effekte wie mit Intarsien erzielen, doch die Fertigung ist anders: Zuerst stellt man mithilfe kleiner Holzstücke eine Furnierplatte her, die dann im Ganzen auf das Objekt aufgeleimt wird. In England schätzt man vor allem die Marketerie der „Tunbridge Ware", die etwa von 1830 bis 1900 in und um Royal Tunbridge Wells (Grafschaft Kent) produziert wurde. Das sonderbare blaugrüne Holz wurde auch bei der Marketerie verwendet, doch Kunsthistorikerinnen und Botaniker rätselten lange, woher diese „grüne Eiche" denn stammte.

Mit modernen Mikroskopierverfahren und chemischen Analysemethoden konnte man das Rätsel jedoch lösen: Die Farbe hat nichts mit der Baumart zu tun, sondern mit einem Pilz, der das Holz zersetzt. Pilzwachstum führt oft zu Holzverfärbungen; der Grund kann mit pigmentierten Hyphen, Sporen oder Veränderungen zu tun haben, die auf die Holzzersetzung zurückzuführen sind, oder auch mit chemischen Verbindungen, die während des Pilzwachstums gebildet werden. Verfärbtes Holz zeigt gewöhnlich an, dass das Pilzwachstum die Holzstruktur bereits geschwächt hat, und führt in der Bau-, Möbel- und Papierindustrie zu einer Wertminderung; das blaugrüne Pilzholz bildet jedoch eine Ausnahme von der Regel, denn der Holzwert *steigt sogar an*.

Verantwortlich für die blaugüne Holzfärbung ist der Kleinsporige Grünspanbecherling *(Chlorociboria aeruginascens)*; er ist auf der nördlichen Halbkugel und in Ozeanien ganzjährig und weitverbreitet. Die becherförmigen hübschen Fruchtkörper sieht man allerdings nicht häufig; wenn Sie also blaugrün verfärbte Holzstücke finden, dann suchen Sie sie genau ab. Die winzigen gestielten Fruchtkörper können auch auf der Unterseite oder bei stark verrottetem Holz auch in den Rissen wachsen.

→ Nahaufnahme der hübschen kleinen Fruchtkörper des Kleinsporigen Grünspanbecherlings *(Chlorociboria aeruginascens)*

PANDEMIEN UND IHRE ERREGER

Pilze, die die Welt verändern

Ist die Rede von mikrobiell verursachten großen Epidemien und Pandemien, denken wir vor allem an Erreger beim Menschen, an Bakterien und Viren. Viele der schlimmsten Pandemien aber betreffen und bedrohen unsere Nahrungsgrundlagen. Zwar hat die Wissenschaft für uns im Wettlauf mit den Pathogenen manchen Vorteil errungen, doch ist es nur eine Frage der Zeit, bis der nächste Erreger zuschlägt.

Weltweit sind Pilze auf dem Vormarsch, und allen Anstrengungen der Wissenschaft zum Trotz lassen sich zerstörerische Pilze kaum eindämmen. Zu Beginn des 20. Jahrhunderts gelangte der Pilz *Cryphonectria parasitica* (Kastanienrindenkrebs) mit asiatischen Kastanien nach Nordamerika, wo er mehr als 80 Prozent der vier Milliarden Amerikanischen Kastanien tötete.

VERÄNDERTE LANDSCHAFTEN

Unsere Nahrungsversorgung scheint zunehmend durch Pilze bedroht zu sein. Schon jetzt werden mehr Nutzpflanzen durch Pilzkrankheiten vernichtet als durch Viren, Bakterien und Nematoden zusammen. Mitte des 19. Jahrhunderts verursachte *Phytophthora infestans* (Kartoffelfäule) die Große Hungersnot in Irland, während *Pyricularia oryzae* (Reisbrandpilz), *Puccinia graminis* (Getreideschwarzrost), *Phakopsora pachyrhizi* (Sojarost) und *Ustilago maydis* (Maisbeulenbrand) eine Gefahr für die weltweit wichtigsten Nutzpflanzen darstellen. Zusammen zerstören diese Pilze jährlich eine Nahrungsmenge, die für 600 Millionen Menschen ausreichen würde.

Zu allem Übel fördern wir Menschen mit unseren Aktivitäten noch die Ausbreitung von Pilzkrankheiten, indem wir etwa in natürliche Lebensräume eingreifen und neue evolutionäre Gelegenheiten schaffen. Seit dem Jahr 2000 nimmt die Zahl der hoch ansteckenden Krankheiten sowohl bei Wildtierpopulationen als auch auf bewirtschafteten Flächen zu. Bei Pflanzen wie bei Tieren sorgt eine nie dagewesene Zahl an Krankheiten durch Pilze und pilzähnliche Organismen auch aktuell für viele Todesfälle (und das Aussterben von Arten), wie sie bei Wildtieren noch nie dokumentiert wurde. Viele Fachleute sind sich darin einig, dass Pilzinfektionen immer stärker zum Rückgang der biologischen Vielfalt beitragen, was wiederum die Gesundheit von Ökosystemen und damit auch uns Menschen bedroht.

Diese Problematik beschränkt sich nicht auf terrestrische Lebensräume. Auch in marinen Habitaten zeigen sich die Auswirkungen pathogener Pilze, wahrscheinlich gefördert durch die Klimaerwärmung. Weltweit sind Steinkorallen und Seefächer (Hornkorallen) in Gefahr; nach und nach enthüllt die Wissenschaft die Ursachen für die häufige „Korallenbleiche" und das spätere Absterben. Lange vermutete man dahinter eine stärkere UV-Einstrahlung und/oder die Erwärmung der Ozeane, doch wie sich zeigt, spielen auch Infektionskrankheiten eine Rolle.

Bei den Seefächern ist ein opportunistischer Pilz *(Aspergillus sydowii)* einer der Übeltäter. Dieser häufige terrestrische Saprobiont scheint auch am Sterben von Hornkorallen in der Karibik beteiligt zu sein. Wir wissen, dass er unter günstigen Bedingungen Krankheiten bei Pflanzen und Wirbeltieren erregen kann, doch ist nicht bekannt, dass er in Salzwasser Sporen bildet; die Ursache der Aspergillose bei den Seefächern ist daher rätselhaft.

↖ Gesunder Seefächer

↑ *Aspergillus* spp. zeigt unter dem Mikroskop die typischen Konidiophoren. Sie erinnern in ihrer Form an das Aspergill, ein Gefäß zum Versprengen von Weihwasser. Ähnlich anschaulich ist der deutsche Name „Gießkannenschimmel".

← Seefächer mit Gewebsnekrose durch Infektion mit *Aspergillus sydowii*

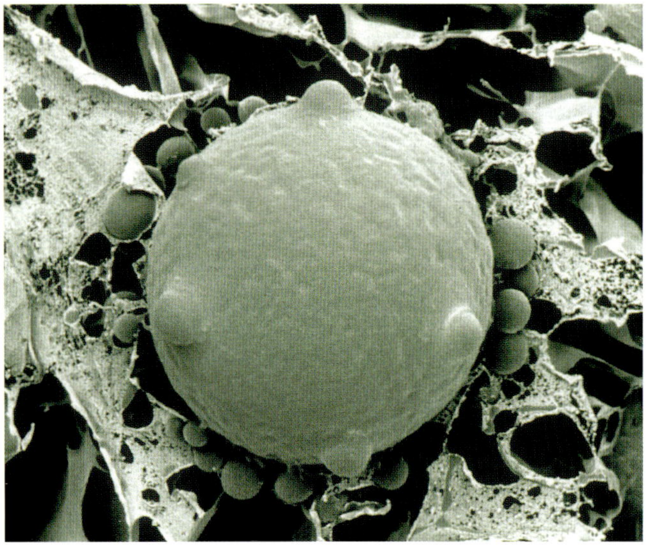

AMPHIBIENKILLER

Das Reich der Pilze ist noch weitgehend unergründet – nicht einmal 100 000 Pilze sind bekannt und benannt, doch DNA-Analysen deuten darauf hin, dass es insgesamt zwischen anderthalb und fünf Millionen Arten gibt. Die Zahl der bekannten *Phytophthora*-Arten etwa, pilzähnlicher Erreger von Pflanzenkrankheiten (auch der Kraut- und Knollenfäule bei Kartoffeln), hat sich seit dem Jahr 2000 verdoppelt.

Pilze machen immer wieder Schlagzeilen, und oft sind es negative. Aktuell gibt es beispielsweise ein explosives Infektgeschehen bei Fledermäusen in Nordamerika und global ein massives Amphibiensterben. Seit vielen Jahren dokumentieren Herpetolog:innen weltweit ein Schrumpfen der Amphibienpopulationen, doch es blieb zunächst bei Einzelberichten. Erst Ende der 1990er-Jahre bestätigte eine quantitative Untersuchung den Negativtrend. Dies fiel ungefähr mit der Entdeckung einer bis dato unbekannten Krankheit – Chytridiomykose – zusammen. Somit stand ein pathogener Pilz, ein Töpfchenpilz (Chytridiomycota, Chytridpilze), im Zusammenhang mit dem Amphibiensterben im Fokus.

↑ Winzige Zoosporangie von *Batrachochytrium dendrobatidis* (Chytridpilz) unter dem Rasterelektronenmikroskop

↗ Eine Mallorca-Geburtshelferkröte *(Alytes muletensis)* wird auf Chitridiomykose untersucht.

Erreger der Chytridiomykose ist *Batrachochytrium dendrobatidis* (Chytridpilz). Zunächst gelangt eine bewegliche Spore (Zoospore) auf ein Wirtstier und bleibt an dessen Haut kleben. Hyphen (Rhizoide) wachsen dann in die Haut ein, und innerhalb von Tagen entwickelt sich ein Zoosporangium, das neue Zoosporen bildet. Diese bewegen sich nach der Freisetzung auf demselben Wirt fort und befallen ihn erneut, oder sie gelangen auf einen anderen Lurch und infizieren diesen. Für die meisten Amphibienarten ist die Zahl von 10 000 Zoosporen auf der Haut ein kritischer Schwellenwert; ist er überschritten, werden ihre Atmung, ihr Wasser- und Elektrolythaushalt und ihre Thermoregulierung schwerst beeinträchtigt.

Bislang ist über die Fakten zu dieser Pandemie nicht viel bekannt. Möglicherweise sind die Töpfchenpilze schon lange auf der Haut von Amphibien ansässig und haben dort bis vor Kurzem keinen Schaden verursacht. In diesem Fall kann es sein, dass die globale

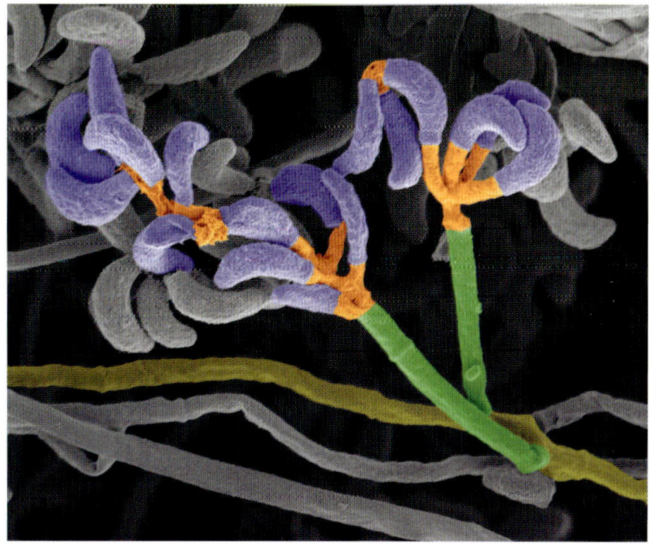

Klimaerwärmung und vermehrte UV-Strahlung die Amphibien heute stärker belastet, sodass der Pilz invasiver wachsen und damit pathogener werden kann. Es könnte sich aber auch um einen ganz neuen Erreger handeln. Dafür sprechen einige Befunde; so wurde *B. dendrobatidis* auf präparierten Tieren aus Museumssammlungen, die aus der Zeit vor 1938 stammen, nicht gefunden. Das korrespondiert mit dem Beginn des Handels mit afrikanischen Krallenfröschen für Labore und Hobbyhalter:innen.

Bekannt ist jedoch, dass die Amphibien weltweit in Gefahr sind: Viele Arten sind bereits ausgestorben, und ihnen werden sicher weitere folgen. *B. dendrobatidis* ist für die wohl größte Panzootie (also Pandemie unter Tieren) der Geschichte verantwortlich, auch weil er so wenig wirtsspezifisch ist. Der Pilz hat 50 Prozent aller Froschlurcharten (Ordnung Anura), 55 Prozent der Schwanzlurcharten (Caudata) und 29 Prozent der Schleichenlurch- oder Blindwühlenarten (Gymnophiona) befallen. Dennoch gibt es einigen Grund zur Hoffnung. Zwar werden sicher noch weitere Amphibienarten ausgelöscht, aber die Forschung findet mancherorts immune Amphibien, und einige entwickeln allmählich Gegenreaktionen.

WHITE-NOSE-SYNDROM BEI FLEDERMÄUSEN

Noch ein weiterer Pilz scheint aus heiterem Himmel eine große Tiergruppe heimgesucht zu haben. Im Spätwinter 2007 entdeckten Forschende in fünf Höhlen im US-Bundesstaat New York Tausende toter Kleiner Brauner Fledermäuse *(Myotis lucifugus)* mit einem weißen Belag auf der Nase. Im Folgewinter trat die Krankheit in 33 Höhlen auf, und Anfang 2012 hatte sie sich nördlich bis Kanada, südlich bis Alabama und im Westen bis Missouri ausgeweitet. Aktuell ist sie in 38 US-Bundesstaaten und sieben kanadischen Provinzen zu finden.

Die Krankheit, das White-Nose-Syndrom (WNS), wird durch *Pseudogymnoascus destructans* (vormals *Geomyces destructans*) ausgelöst. Dieser pathogene Pilz befällt mindestens dreizehn Fledermausarten, darunter etliche, die bereits vom Aussterben bedroht sind. Millionen

↖ *Myotis lucifugus* (Kleine Braune Fledermaus) mit sichtbaren Symptomen des White-Nose-Syndroms

↑ Kolorierte rasterelektronenmikroskopische Aufnahme von *Pseudogymnoascus destructans*

Fledermäuse starben; in manchen Winterquartieren (Hibernacula) ging die gesamte Population zugrunde. Einer Studie zufolge liegt die Wahrscheinlichkeit dafür, dass die Kleine Braune Fledermaus (eine der dort häufigsten Arten) innerhalb eines Jahrzehnts im Osten Nordamerikas ausstirbt, bei über 99 Prozent. Da Fledermäuse teilweise als Bestäuber fungieren und zudem Schadinsekten erbeuten, wird ihr wirtschaftlicher Wert für die US-Landwirtschaft auf mindestens 3,7 Milliarden Dollar jährlich geschätzt.

P. destructans ist ein saprotropher Pilz, der keratinhaltiges Material ebenso zersetzen kann wie chitin- und zellulosehaltiges. Kühle Temperaturen begünstigen dies offenbar, was erklärt, warum organische Materie in Höhlen ein ideales Habitat darstellt. Warum er aber begann, auf lebenden Fledermäusen zu wachsen, ist immer noch rätselhaft. Wächst er auf der Haut der Fledermäuse, stört sie das offenbar in ihrem Winterschlaf, sodass sie früher ausfliegen als normal. Diese übermäßige Aktivität kostet sie wertvolle Energiereserven, auf die sie im Winter nicht verzichten können, und wenn sie schon im Vorfrühling die Höhle verlassen, verschwenden sie weitere Energie bei der aussichtslosen Nahrungssuche. Die Haupttodesursache bei Fledermäusen mit WNS ist somit Verhungern.

Die Krankheit scheint aus Europa zu kommen, wo der Pilz vielerorts in Höhlen zu finden ist, offensichtlich ohne den dort lebenden Fledermäusen Probleme zu bereiten. Diese haben also vermutlich schon seit Jahrmillionen mit dem Pilz zu tun und konnten in dieser Zeitspanne resistent dagegen werden. Den Fledermäusen in Nordamerika bleibt dafür vielleicht nicht genügend Zeit.

KASTANIENRINDENKREBS

Wiederum in Nordamerika hat wohl kein Pilz die Agrarlandschaften und Wälder mehr verändert als *Cryphonectria parasitica*. Bis etwa 1900 war in Wäldern im Nordosten Nordamerikas *Castanea dentata* (Amerikanische Kastanie) die dominierende Baumart. Sie war so verbreitet, dass sie etwa die Hälfte aller Bäume in den östlichen Hartholzwäldern stellte und eine sehr wichtige Rolle im Ökosystem spielte. Das Holz ist leicht, aber stabil, gerade und mit geringer Ästigkeit; das Kernholz ist zudem sehr beständig, was den Baum sehr beliebt machte.

All das änderte sich 1904 – in jenem Jahr gelangte der Kastanienrindenkrebs nach Nordamerika. *Cryphonectria* (auch: *Endothia*) *parasitica* wurde mit einer Lieferung Japanischer Kastanien in die Gegend von New York City eingeschleppt und breitete sich rasch aus. Der Erreger rückte jährlich um rund 60 Kilometer vor und hatte 1913 so viele Bäume vernichtet, dass das Landwirtschaftsministerium eine Untersuchung vornahm. Anders als die Japanische und die Chinesische Kastanie ist die Amerikanische Kastanie hoch empfänglich für den Erreger, und so wurden bis 1940 mehr als 3,5 Milliarden Bäume durch den Pilz getötet.

Binnen weniger als 50 Jahren nach seiner Einschleppung nach Nordamerika eliminierte *C. parasitica* die Amerikanische Kastanie als prägenden Waldbaum und veränderte die Waldstruktur für immer.

Dennoch könnte die Geschichte ein glückliches Ende nehmen. Nach 30 Jahren der Bemühungen, die Bestände wieder aufzubauen, gibt es erste Erfolge. Die Forscher:innen gehen das Problem auf dreierlei Wegen an: mit hypovirulenten Stämmen, traditioneller Rückkreuzung/Hybridisierung und mit Gentechnik. Hypovirulenz, also eine verringerte Pathogenität, entsteht bei *C. parasitica* durch ein Virus, das den Pilz natürlicherweise befällt. Bei einem Befall mit infizierten Pilzen entwickelt sich der Rindenkrebs langsamer, sodass der Baum den Infektherd eingrenzen kann. Das Virus lässt sich im Labor kultivieren und kann dann auf die Bäume gesprüht werden, sodass der Pilz geschwächt wird und weniger Schaden anrichtet.

Zudem kreuzen Forscher:innen die anfällige Amerikanische Kastanie mit resistenten Varianten der Japanischen und der Chinesischen Kastanie, und sie schleusen mit molekularbiologischen Methoden Resistenzgene in anfällige Linien ein. Inzwischen gibt es resistente Varianten der Amerikanischen Kastanie, die nach mehr als einem Jahrhundert die fehlenden Kastanienbäume in den Wäldern ersetzen sollen.

Der pathogene Pilz wurde zwar auch nach Europa eingeschleppt, die Krankheit verlief hier jedoch weit weniger dramatisch. Retter war ein auch aus Asien eingeschlepptes Pilzvirus, das den Kastanienrindenkrebs schwächt. Leider konnte dieses Pilzvirus die Kastanien in Amerika nicht so effizient schützen, da der Kastanienrindenkrebs dort eine höhere genetische Diversität aufweist.

← Blühende Amerikanische Kastanie (*Castanea dentata*)

↗ Anzeichen von Kastanienrindenkrebs an der Rinde einer Kastanie in Adams County, Ohio, USA

↑ Starke Schädigung durch Splintkäfer (*Scolytus* spp.). Die Insekten sind Überträger des Erregers des Ulmensterbens.

ULMENSTERBEN

Die Amerikanische Kastanie ist nicht die einzige Baumart, die es in den letzten 100 Jahren schwer getroffen hat. Jeden Frühling schwärmen Pilzfreund:innen in die Wälder aus, um wilde Morcheln zu suchen. Manche konzentrieren sich dabei auf Habitate, in denen Ulmen vorkommen, denn einige Arten der Morcheln (*Morchella* spp.) bilden offenbar eine Mykorrhiza mit diesen Bäumen; über den Entwicklungszyklus ist allerdings noch nicht viel bekannt. Stirbt der Baumpartner, wechselt der Pilz in den sexuellen Fortpflanzungsmodus, bildet Fruchtkörper (sehr viele, wenn man Glück hat) und setzt einen neuen Lebenszyklus in Gang, vermutlich mit Ulmensämlingen in der Nähe. Unter günstigen Bedingungen werden im ersten Jahr nach Absterben des Baumes die meisten Fruchtkörper gebildet, im zweiten und dritten Jahr geht ihre Zahl schon sehr zurück, und kurz danach bleiben sie ganz aus.

Ich bin im mittleren Westen der USA aufgewachsen und wusste schon als Kind vom Zusammenhang zwischen Ulmen und Morcheln – meine Familie war genauso versessen auf Morcheln wie alle, die wir kannten. Ulmen liebte ich nicht nur wegen dieser Beziehung zu Morcheln, sondern noch mehr wegen ihrer Schönheit. Das gilt besonders für die Amerikanische Ulme *(Ulmus americana)*. Diese war lange Zeit erste Wahl bei Stadtplanern und -förstern – ihre ideale Wuchsform, das dichte, Schatten spendende Laub, die hohe Krone und die Tatsache, dass sie weder große

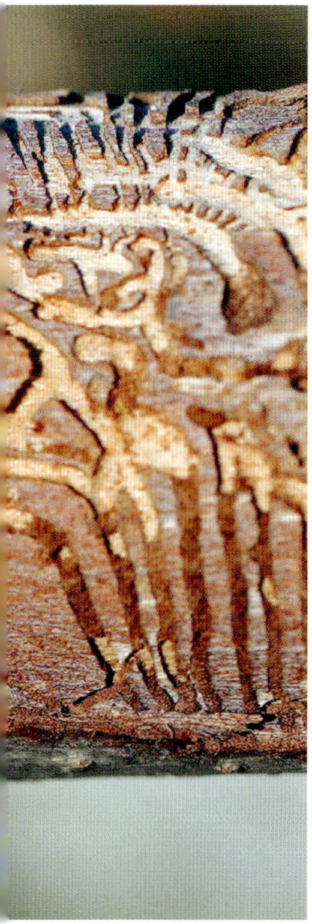

PIONIERINNEN DER MYKOLOGIE

Heute steht weitgehend fest, dass die Krankheit aus Asien stammt, doch vor hundert Jahren wusste niemand etwas über ihren Ursprung oder Erreger. Alle möglichen Ursachen wurden vermutet, vom Bakterium bis zum Wetter, ja sogar Giftgase aus dem Ersten Weltkrieg. Das Rätsel um das Ulmensterben wurde 1921 im Labor der niederländischen Pflanzenpathologin Johanna Westerdijk gelöst. Der Pilz, ein Ascomycet (Schlauchpilz), wurde von Westerdijks Doktorandin Marie Beatrice „Bea" Schwarz identifiziert, die einen Pilz aus infiziertem Holz züchtete, damit einen gesunden Baum impfte und beobachtete, dass dieser rasch die typischen Symptome entwickelte und starb. Der aus diesem wiederum isolierte Pilz war ein asexuelles Stadium, das Schwarz 1922 *Graphium ulmi* nannte. Das sexuelle Stadium wurde später von Christine Buisman, ebenfalls in Westerdijks Labor tätig, entdeckt und *Ceratostomella ulmi* genannt. Später erhielt der Pilz zunächst den Namen *Ceratocystis ulmi,* heute nennt man ihn *Ophiostoma ulmi.*

Früchte noch allzu viele Zweige abwerfen, machten sie nicht nur im Osten der USA zu idealen Stadtbäumen. Überall waren sie zu finden, ganze Straßenzüge, Parks und Universitätsgelände wurden mit ihnen bepflanzt.

Anfang des 20. Jahrhunderts aber verbreitete sich eine seltsame, tödliche Krankheit unter Ulmen in Europa, nachdem ein in ostasiatischen Ulmen lebender Pilz eingeschleppt worden war, und bald darauf erreichte sie auch Nordamerika. Konnten sich die ostasiatischen Ulmen über einen langen Zeitraum an den Pilz anpassen, wurden europäische und nordamerikanische Arten in großer Zahl vernichtet. Die meisten Arten der Gattung *Ulmus* (Ulmen) und auch der nahe verwandten Gattung *Zelkova* (Zelkoven) sind gefährdet.

Das Ulmensterben ist heute sowohl in Europa als auch Nordamerika noch immer sehr verbreitet. Der Pilz pflanzt sich nur selten sexuell fort, daher führt man die meisten Infektionen auf die asexuelle Form zurück, die einen faszinierenden Lebenszyklus inklusive obligatem Insektenpartner hat. Mehrere Splintkäferarten sind Vektoren von *Ophiostoma,* und diese Käfer werden nur von Bäumen angelockt, die bereits Samen bilden und eine dicke Phloemschicht (Bast, die Nährstoffe transportierenden Leitungsbahnen) haben. Vom Pilz oder anderen Stressoren geschwächte Bäume zeigen welke Blätter („Fähnchen") an einzelnen oder mehreren Zweigen und werden vermehrt von weiteren Käfern attackiert, was ihr Schicksal praktisch besiegelt.

Wie bei der Amerikanischen Kastanie bemühen sich auch bei den Ulmen Züchter:innen, wilde Exemplare, die eine gewisse Resistenz zeigen, einzukreuzen, um möglichst resistente Nachkommen zu erzeugen. Und es gibt einige Erfolge – resistentere Zuchtsorten machen Hoffnung darauf, dass Wälder und Städte einst wieder von alten Ulmen geprägt sein werden.

NEUE BEDROHUNGEN

Es gibt also manche Fortschritte im Kampf gegen Kastanienrindenkrebs und Ulmensterben, doch zugleich machen sich neue alarmierende Krankheiten breit, für die die Forschung nach Lösungen sucht. Der plötzliche Eichentod (Sudden Oak Death, SOD) ist eine tödliche Infektion am Stamm verschiedener Eichenarten und hat seit seinem ersten Auftreten in Kalifornien 1995 den Tod Hunderttausender Bäume verursacht. Zunächst starben Eichen der Art *Lithocarpus (Notholithocarpus) densiflorus* (Tanbark Oaks), dann auch solche der Art *Quercus agrifolia* (Kalifornische Steineiche). Der Erreger stellt auch in Europa, darunter vor allem in Großbritannien, ein Problem dar und befällt verschiedene nicht miteinander verwandte Arten, darunter Azaleen, *Rhododendron, Viburnum* (Schneeball) sowie Lärchen und Ahorne.

Erreger des SOD ist *Phytophthora ramorum,* ein Eipilz, der sich trotz Quarantänemaßnahmen im Jahr 2001 an der Westküste der USA weiter nordwärts ausbreitete und bis nach British Columbia (Kanada) vordrang. Bundesstaaten aller Regionen der USA haben Baumschulware aus Kalifornien verboten, doch alle zwei bis drei Jahre entrinnt infiziertes Material der Quarantäne – der größte „Ausbruch" ging auf einen großen, landesweit agierenden Baumschulzulieferer zurück und führte dazu, dass kontaminierte Baumschulware an Hunderte von Baumschulen in 39 Bundesstaaten geliefert wurde. Viele befürchten heute, dass der Erreger auch in die Wälder im Südosten und sonstwo vordringen und dort unvorhersehbare Schäden verursachen könnte.

Etwa gleichzeitig mit Entdeckung des SOD an der Westküste Nordamerikas gelang am anderen Ende des Planeten eine erstaunliche Entdeckung. Im Jahr 1944 seilte sich David Noble, ein Officer des New South

↖ Eine der ältesten bekannten Ulmen, ein 400 jähriges Exemplar im Prestion Park im britischen Brighton, niedergestreckt vom Ulmensterben

→ Schnell besiedeln saprotrophe Pilze Bäume, die dem SOD zum Opfer gefallen sind. Diese schwarzen Fruchtkörper stammen von *Annulohypoxylon thouarsianum* auf einer Eiche der Art *Lithocarpus densiflorus.*

← *Wollemia nobilis* (Wollemie) in Kew Gardens, London

↓ Eine mit SOD infizierte Europäische Lärche *(Larix decidua)* bei Hawkshead, Lake District (Großbritannien). Gefällte Stämme zeigen das typische „Bluten".

Wales National Parks and Wildlife Service, in einen engen Canyon im Wollemi National Park im Südosten Australiens ab. Dort stieß er auf eine Gruppe großer Bäume, die er nicht erkannte.

Noble sammelte ein paar Zweige und zeigte sie Biolog:innen und Botaniker:innen, die ähnlich ratlos waren. Bei der Untersuchung erkannten sie schnell, dass es sich bei diesen Exemplaren nicht nur um eine unbekannte Art handelte, sondern um einen Baum außerhalb jeder existierenden Gattung der urzeitlichen Koniferenfamilie Araucariaceae (Araukarien). Kaum zu glauben, dass etwas so Großes unbemerkt geblieben war, waren doch einige Bäume zwischen 27 und 40 Meter hoch. Für die neu entdeckte Baumart wurde eigens die neue Gattung *Wollemia* (Wollemien) geschaffen.

Wollemien sind die vielleicht seltensten Bäume der Welt; bislang ist nur ein einziger Bestand von

Unentdeckt

Karte von New South Wales. Die Wollemie blieb unentdeckt, obwohl sie nur wenige Fahrstunden entfernt von urbanen Ballungszentren wächst.

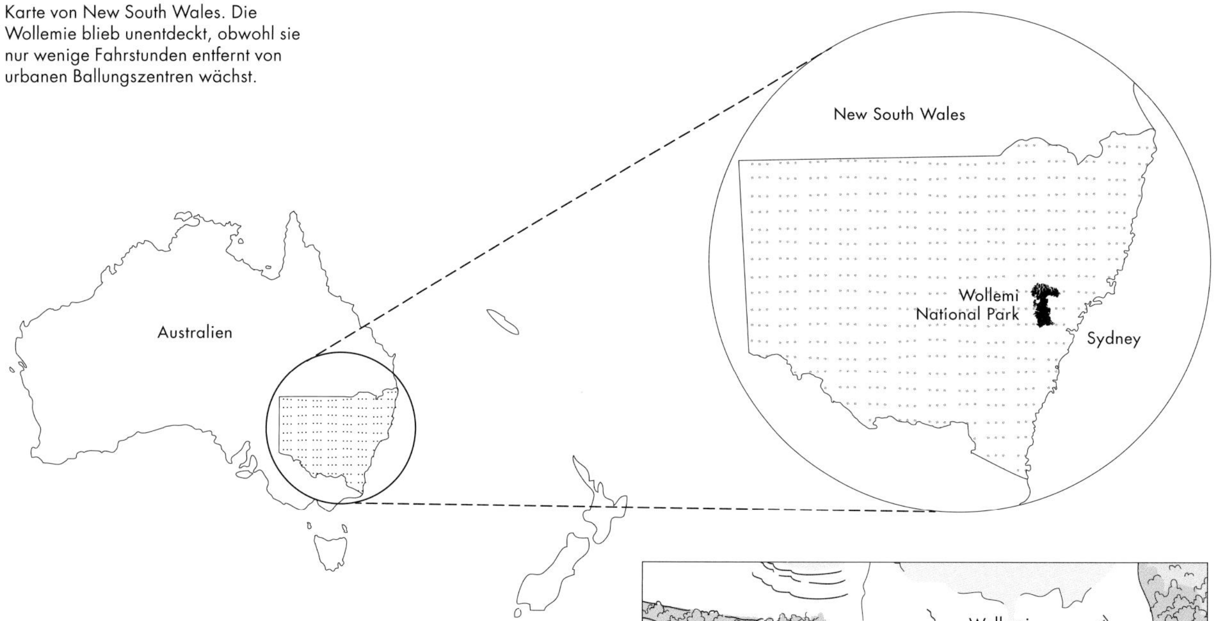

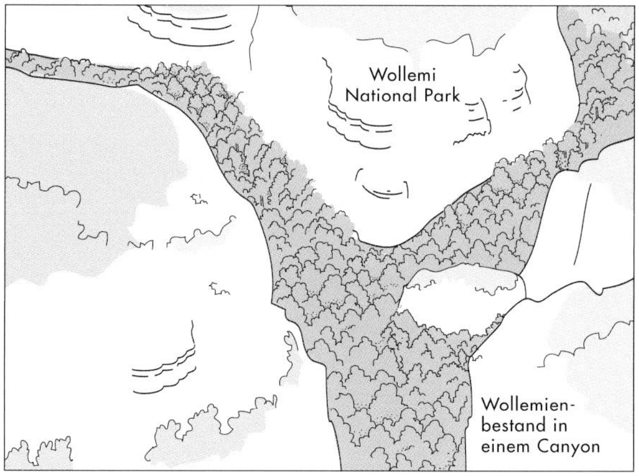

KNAPP ENTRONNEN

Am 16. Januar 2020 bewahrten Feuerwehrleute die letzten wild wachsenden Wollemien vor dem Gospers Mountain Fire. Dieser Mega-Waldbrand wütete in Australien auf einer Fläche, die sieben Mal so groß war wie Singapur.

Die Wollemie wird manchmal auch als „Lazarus-Taxon" bezeichnet. Wie Lazarus, den Jesus laut Bibel von den Toten zurückholte, galten diese Bäume als (aus-)gestorben, doch dann entdeckte man einige überlebende Exemplare.

Einer der nächsten Verwandten der Wollemie ist *Araucaria araucana* (Chilenische Araukarie).

Der Duke of Edinburgh pflanzte anlässlich des 200-jährigen Bestehens 2009 eine von zwei Wollemien neben der Orangerie von Kew Gardens.

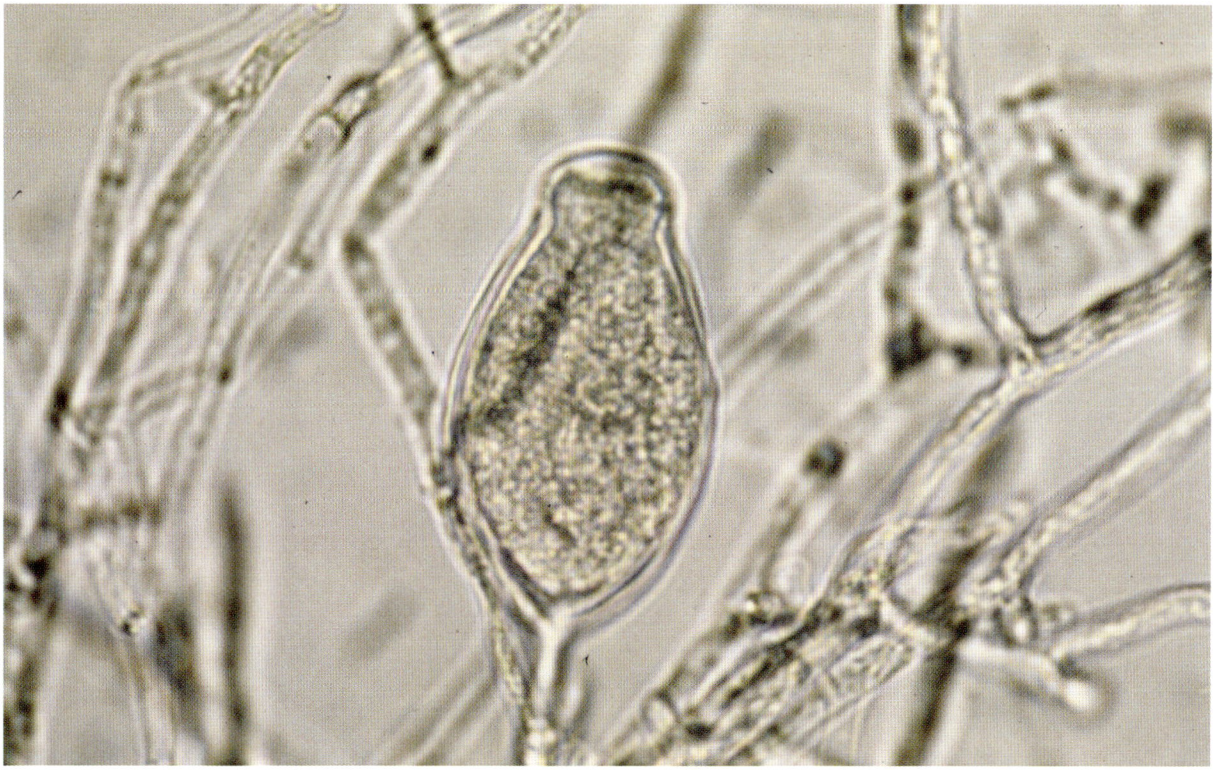

200 Exemplaren in einem schmalen Canyon rund 195 Kilometer westlich von Sydney bekannt. Offenbar haben die besonderen Eigenschaften seines Habitats das Überleben des Baumes in so einem kleinen Bestand erst ermöglicht. Die in schmalen Sandsteinschluchten verborgenen Bäume mögen beständige Feuchtigkeit und feuchten Boden, was auch den Mykorrhizapilzen an ihren Wurzeln gefällt. Wie fast alle australischen Pflanzen ist auch *Wollemia nobilis* stark auf einen Pilzsymbionten angewiesen, um den harten Untergrund zu durchdringen und Nährstoffe aus den oft mageren Böden des Kontinents aufzunehmen. Anders als andere Pilze aber können die Mykorrhizapartner der Wollemie im weniger tiefen, trockeneren Erdboden der umgebenden Plateaus eher nicht gedeihen. So sind wohl beide Organismen für ihr Überleben komplett aufeinander angewiesen.

Kaum aber war die Baumart entdeckt, drohte sie schon auszusterben. Die Pfleger:innen des Bestandes bemerkten, dass einige Bäume abzusterben begannen, und Forscher:innen ermittelten schnell den Übeltäter: *Phytophthora cinnamoni,* ein Eipilz und enger Verwandter des SOD-Erregers. Zum Glück konnte dieser Ausbruch erfolgreich bekämpft werden. Heute muss jede Person, die den Wollemienbestand besuchen darf, ein strenges Protokoll zur Infektionsvorbeugung durchlaufen und beispielsweise Schuhe und Ausrüstung desinfizieren. Zudem wurden Wollemien erfolgreich kultiviert und sind heute in einigen botanischen Gärten rund um die Welt zu finden; manchmal werden sie auch an Privatleute verkauft und gesellen sich in deren Gärten als lebende Fossilien zu Urweltmammutbaum und *Ginkgo biloba*.

↑ *Phytophthora cinnamoni* unter dem Mikroskop

Pilze schreiben Geschichte

Pilze haben nicht nur Landschaften verändert, sondern auch den Lauf der Geschichte. Der vielleicht berühmteste (oder zumindest am häufigsten beschriebene) Anschlag mit Pilzen war die Ermordung des römischen Kaisers Claudius, doch auch andere Herrscher fielen ihnen zum Opfer.

Papst Clemens VII. (1478–1534) ist in die Annalen der Geschichte eingegangen, weil während seiner elfjährigen Regentschaft die Welt auf den Kopf gestellt wurde – es war die Zeit der Reformation und der Plünderung Roms (Sacco di Roma). Sein Pontifikat endete 1534 mit seinem Tod, der angeblich auf den Verzehr von Grünen Knollenblätterpilzen *(Amanita phalloides)* zurückgeht. Die meisten Historiker:innen bezweifeln dies heute jedoch, denn er zeigte schon Monate vor seinem Tod Symptome, und Knollenblätterpilze töten schneller. Wahrscheinlich also starb Clemens VII. nicht an einem Pilz; beim römisch-deutschen Kaiser Karl VI. (1685–1740) dagegen war es vermutlich ein Pilzgericht mit Grünen Knollenblätterpilzen, das seinem Leben bei einem Jagdausflug in den österreichischen Bergen ein Ende setzte. Der Kaiser pflegte einen üppigen Lebensstil und ließ sich weder von der Familie noch von seinen Finanzberatern oder ergebenen Untertanen aufhalten. Letztlich tat dies ein Pilz.

Der Grüne Knollenblätterpilz hat vielleicht das Leben eines Papstes und eines Kaisers beendet; der berüchtigtste Schlauchpilz wiederum ist zweifellos der Mutterkornpilz *(Claviceps purpurea).* Er ist in Europa und Nordamerika weit verbreitet und kann mit seinen toxischen, LSD-ähnlichen Alkaloiden starke Halluzinationen hervorrufen. Die Wirkung ist so heftig, dass manche Historiker:innen in der Mutterkornvergiftung (Ergotismus) einen möglichen Ursprung der Hexen-

↓ Wegen Pilzen vor Gericht? *The Witch no. 1* von Joseph E. Baker (ca. 1837–1914)

→ Ein Mutterkorn, Dauerform von *Claviceps purpurea*, an Getreide

prozesse von Salem (Neuengland) Ende des 18. Jahrhunderts sehen, bei denen mehr als 200 Menschen, vor allem Frauen, der Hexerei beschuldigt und 19 hingerichtet wurden. Auch bei der „großen Furcht" (Grande Peur) am Vorabend der Französischen Revolution kann Ergotismus beteiligt gewesen sein.

KAFFEELIEBHABER

Warum trinken die Briten Tee? Das Teetrinken ist so tief in ihrer Kultur verwurzelt, dass man meinen könnte, es wäre immer so gewesen. Doch weit gefehlt. Früher schätzten die Briten Kaffee und bezogen ihn, wie damals fast alle Länder der Welt, aus großen Plantagen in Indien und Sri Lanka (damals Ceylon) – zumindest bis *Hemileia vastatrix* (Kaffeerost) kam. Nach seinem ersten Auftreten in Ceylon dauerte es nicht lange, bis klar war, dass Kaffee in dieser Region nicht mehr profitabel angebaut werden konnte. So beschlossen die Briten, dass Tee ein passender Ersatz sei.

Bis dahin hatte es in der Neuen Welt weder Kaffee noch Kaffeerost gegeben, doch nun wurden Mittel- und Südamerika zum Zentrum des Kaffeeanbaus. Allen Bemühungen zum Trotz aber folgte auch der Kaffeerost. Im Jahr 1976 tauchte er in Nicaragua auf, und 1981 hatte *la roya,* wie er auf Spanisch heißt, im Norden Mexiko und im Süden alle großen Kaffeeproduzenten Südamerikas erreicht.

Heute stammen die meisten Kaffeebohnen aus Süd- und Mittelamerika. Der Kaffeeanbau ist wirtschaftlich so wichtig für die Region, dass dieser winzige Brandpilz manche Nation ruinieren und Millionen Menschen um ihren Lebensunterhalt bringen könnte. Obwohl so viel auf dem Spiel steht, ist noch nicht viel über das Leben des Erregers bekannt. Wir wissen jedoch, dass er so weit verbreitet ist, dass eine Ausrottung wohl unmöglich ist. Bleibt zu hoffen, dass eine Kombination aus modernen Forschungstechniken und althergebrachten Anbaupraktiken ihn unter Kontrolle bringen können.

↖ Reifende Kaffeebohnen an einem *Coffea-arabica*-Baum

← Kaffeeplantage bei Manizales im „Kaffee-Dreieck" Kolumbiens

↑ ↑ Kaffeesträucher in Guatemala werden gegen Kaffeerost behandelt (oben).

↑ Kaffeeblatt mit Symptomen einer Infektion mit *Hemileia vastatrix* (Einsetzbild)

Einfluss des Menschen

In manchen Phasen unserer Geschichte verloren Millionen Menschen durch Pilze und pilzähnliche Pathogene ihr Leben, weil diese ganze Ernten vernichteten und Hungersnöte verursachten. Am berüchtigtsten ist wohl die Große Hungersnot, die Irland Mitte des 19. Jahrhunderts traf.

Verursacher der Kraut- und Knollenfäule bei Kartoffeln ist ein pilzähnlicher Erreger, ein Eipilz (Peronosporomycet). Die Eipilze, auch Algenpilze genannt, wurden aufgrund ihres Erscheinungsbildes lange zu den Pilzen gerechnet und gelten heute als eigenständiges Taxon pilzähnlicher Eukaryoten, die eher Braun- und Kieselalgen nahestehen. Der verheerendste Krankheitserreger bei der Kartoffel ist *Phytophthora infestans* aus der „Pflanzenzerstörer-Gattung" *Phytophthora*, einer der wichtigsten Gruppen von Pflanzenpathogenen überhaupt.

Die Kraut- und Knollenfäule ist heute immer noch aktuell, ja sogar wieder auf dem Vormarsch, und befällt inzwischen auch Tomaten. Es braucht nur eine Spore oder einen Pilzfaden in den Krautresten oder nur eine Durchwuchskartoffel aus dem Vorjahr – schon kann die Krankheit in rasendem Tempo eine ganze Ernte vernichten. Bei kühler, feuchter Witterung braucht der Erreger für ein gesamtes Feld nur etwa eine Woche. Und selbst wenn die Knollen auf dem Acker halbwegs verschont blieben, können sie bei der Ernte infiziert werden und dann im Lager verfaulen.

VERHEERENDER ERREGER

Die Große Hungersnot traf Irland schwer. Eine Million Menschen verhungerte innerhalb weniger Jahre, weitere zwei Millionen verließen das Land. Die Bevölkerung Irlands hat sich von diesen Verlusten nie wieder erholt, und noch heute liegt die Einwohnerzahl mit aktuell rund 6,7 Millionen deutlich unter derjenigen vor der Hungersnot mit ungefähr 8,5 Millionen.

Infektionszyklus der Kraut- und Knollenfäule

Die Infektion breitet sich über bewegliche Zoosporen rasch aus. Alle Teile der Kartoffelpflanze können infiziert werden. Liegen zwei Paarungstypen vor, kann es zur sexuellen Vermehrung kommen; dann verschmelzen (weibliche) Oogonien und (männliche) Antheridien zu Oosporen.

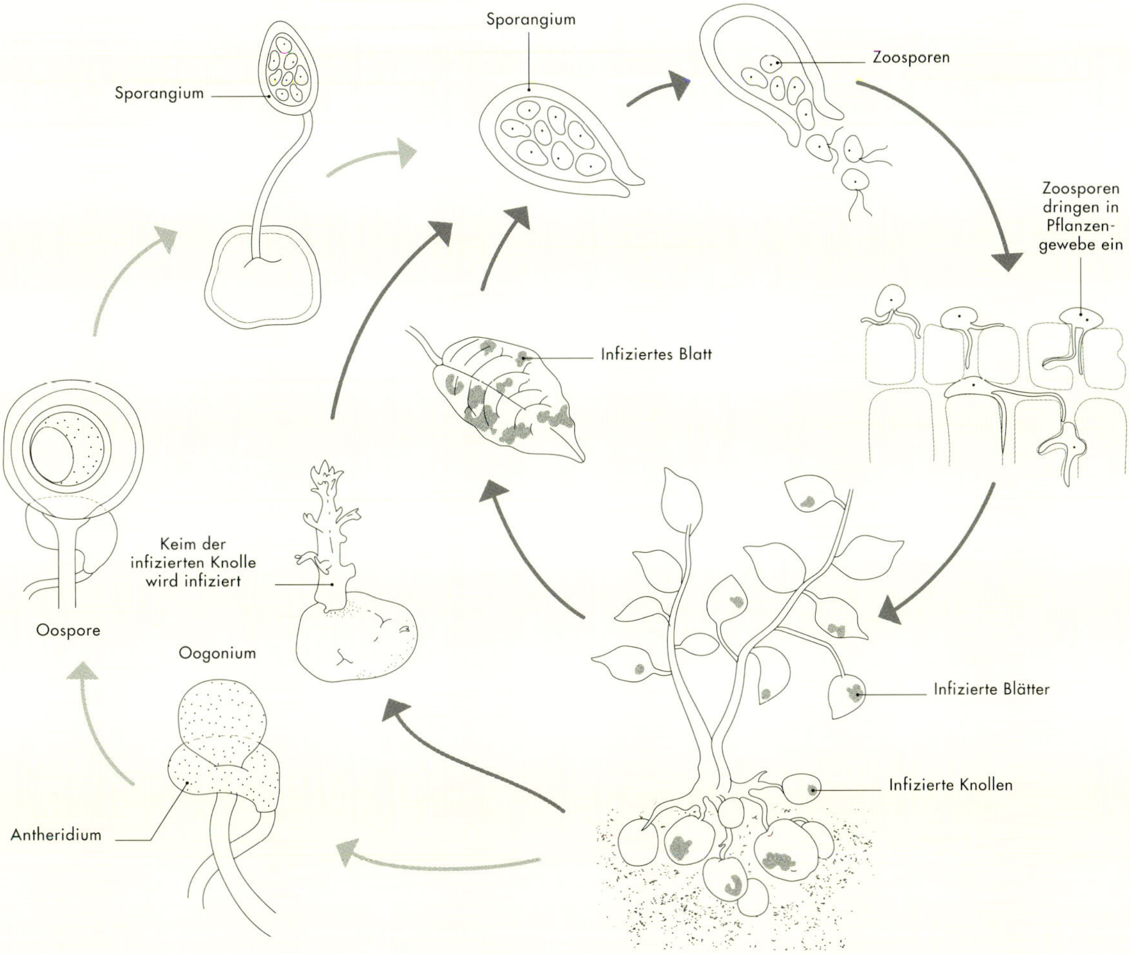

LEGENDE

Sexuelle Phase

Asexuelle Phase

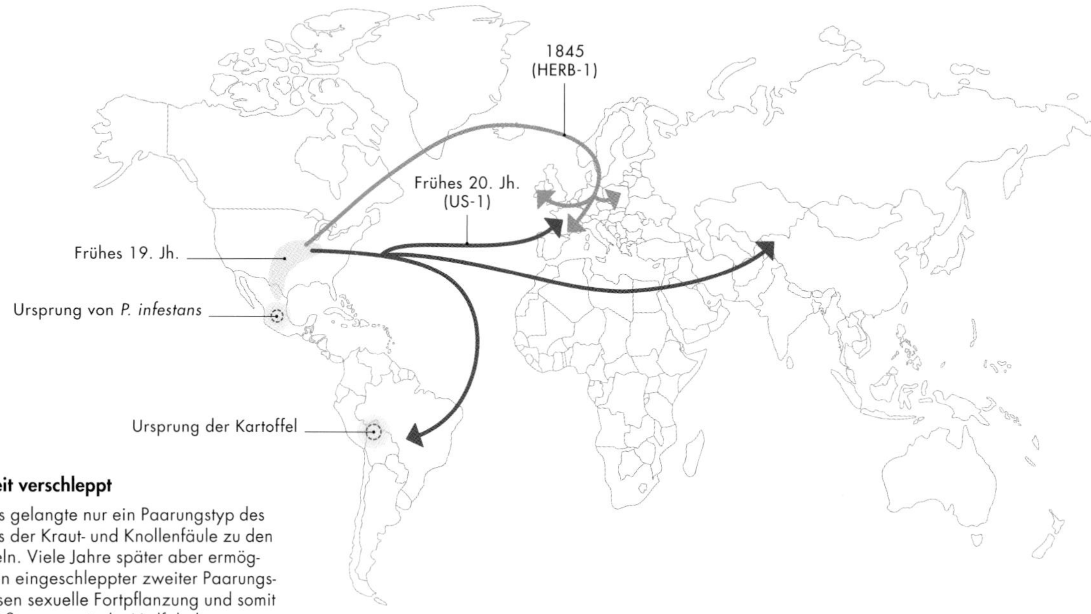

Weltweit verschleppt

Anfangs gelangte nur ein Paarungstyp des Erregers der Kraut- und Knollenfäule zu den Kartoffeln. Viele Jahre später aber ermöglichte ein eingeschleppter zweiter Paarungstyp dessen sexuelle Fortpflanzung und somit eine größere genetische Vielfalt dieses zerstörerischen Organismus.

Die Hyphen wachsen aus infizierten Pflanzen und bilden Sporen, die vom Wind verbreitet werden, oder (je nach Temperatur) Zoosporen, die sich im feuchten Boden fortbewegen und Knollen befallen. In beiden Fällen keimen die Sporen und infizieren die Pflanze, die Hyphen durchwachsen das komplette Gewebe des Wirts und treten mit Sporangiophoren aus den Spaltöffnungen aus. Infizierte Pflanzen sind nach etwa vier Tagen eine Quelle weiterer infektiöser Sporen; innerhalb einer Pflanzengeneration entwickeln sich also zahlreiche asexuelle Generationen.

Zum Glück war keine sexuelle Fortpflanzung dieses Organismus bekannt, daher ließ er sich durch die Entwicklung von Fungiziden und durch mehrere durch klassische Züchtung erzeugte resistente Kartoffelsorten zunächst zurückdrängen. Das änderte sich jedoch Ende der 1980er-Jahre, als der Erreger plötzlich resistent gegen verschiedene Fungizide wurde und auch die Resistenzen der Kartoffelsorten durchbrach. Ein zweiter Paarungstyp hatte seinen Weg auf die Kartoffeläcker der Welt gefunden.

Wie sich zeigte, umfasst der Lebenszyklus von *P. infestans* durchaus auch eine sexuelle Fortpflanzung, nur war diese bis in die 1980er-Jahre sehr selten beobachtet worden und kaum bekannt. Um mehr über diese neue Bedrohung zu erfahren, musste die Wissenschaft die Evolutionsgeschichte des Erregers unter die Lupe nehmen. Aufgrund seiner enormen genetischen Vielfalt in Zentralmexiko und der dortigen Vielzahl nahe verwandter Arten gilt diese Region heute als Ursprungsort des Pathogens; die Kartoffel dagegen hat ihren Ursprung in den Anden.

Die indigene Bevölkerung der Anden baut die Kartoffel seit Jahrhunderten an, wahrscheinlich ohne große Probleme durch Krankheiten. Dort wurde die Kartoffel von den Europäern „entdeckt"; sie nahmen sie mit in die Alte Welt, wo sie schnell zu einer wichtigen Nahrungsquelle wurde – damals noch ohne Kraut- und Knollenfäule, denn *P. infestans* kam noch nicht in Europa vor. Das sollte sich ändern, als die Europäer anfingen, Nordamerika zu besiedeln.

Phytophthora infestans war in der Neuen Welt ein Krankheitserreger bei Nachtschattengewächsen (Paprika, Tomaten, Auberginen) und konnte auch die Kartoffeln aus Europa befallen. Mit zunehmendem Handel zwischen den Europäern in der Alten und der Neuen

← *Phytophthora infestans* galt lange als Pilz, weil er Hyphen ausbildet.

↓ Frühe Darstellung der Kraut- und Knollenfäule (1888)

Welt gelang dem Erreger schließlich der Sprung über den Atlantik (Paarungstyp A1).

Dieser war jahrzehntelang zerstörerisch aktiv, reproduzierte sich aber rein asexuell. In den 1980er-Jahren aber gelangte ein zweiter Paarungstyp (A2) zunächst nach Europa und kurz darauf nach Nordamerika. Dies ermöglichte eine sexuelle Fortpflanzung und mit ihr genetische Rekombination, die bedeutet, dass aufs Neue komplette Ernten zerstört werden können.

Damit gibt die Kartoffel Rätsel auf: Weltweit sind Kartoffeln in der Anbaumenge als Nahrungspflanze an vierter Stelle und für die Welternährung eine wichtige Alternative zu den Hauptgetreiden. In Nordamerika zählen sie zu den billigsten Nahrungsmitteln; zugleich ist ihr Anbau einer der teuersten, denn es braucht viele chemische Mittel, um zahlreiche Erreger – darunter auch *P. infestans* – in Schach zu halten. Jahr für Jahr entscheidet das Wetter darüber, wie ausgeprägt die Kraut- und Knollenfäule zuschlagen wird, doch aktuell schätzt man die jährlichen Verluste bei der Kartoffelernte auf rund sieben Milliarden US-Dollar.

AMANITA CAESAREA

Kaiserling

Ein Pilz schreibt Geschichte

WISS. NAME	*Amanita caesarea*
ABTEILUNG	Basidiomycota
ORDNUNG	Agaricales
FAMILIE	Amanitaceae
HABITAT	Wald

Dem vielleicht infamsten Mord, bei dem Giftpilze zum Einsatz gekommen sein sollen (und der den Lauf der Geschichte änderte), fiel der römische Kaiser Claudius im Jahre 54 zum Opfer. Vielleicht verhalf seine Vorliebe für ovuli (noch geschlossene Exemplare) dem hoch geschätzten essbaren Wulstling (Gattung *Amanita*) zur Bezeichnung Kaiserling (englisch Caesar's Mushroom). Sie kostete ihn auch das Leben.

Kaiser Claudius bestieg den Thron nach der Ermordung seines Neffen Caligula. Damals hatte Caligula dem älteren Claudius eine gewisse Beteiligung an der Regierung eingeräumt, aber wohl vor allem, um ihn als Sündenbock darzustellen, wenn etwas falschlief, oder um ihn öffentlich bloßzustellen und selbst gut dazustehen. Ohne Caligula wurde Claudius ein Kaiser, der von den meisten Historiker:innen positiv gesehen wird. Allerdings war er ein Frauenheld – während seiner Amtszeit hatte er vier Ehefrauen, oder sechs, wenn man diejenige mitzählt, die kurz vor der Hochzeit auf rätselhafte Weise starb, und eine andere, bei der Familienangehörige die Heirat in letzter Sekunde verhinderten.

Claudius' vierte Frau war Agrippina, eine Nachfahrin von Augustus und Claudius' Nichte. Der Kaiser adoptierte ihren Sohn Nero. Die meisten Historiker:innen beschreiben ihre Ehe als arrangiert und politisch motiviert; dennoch währte sie viele Jahre, bis zum plötzlichen Tod des Kaisers. Allen Berichten zufolge wurde Claudius mit seinem Lieblings-Pilzgericht vergiftet, doch ob darin giftige Pilze der Gattung *Amanita* den essbaren untergemischt wurden, lässt sich nicht klären. Klar ist aber, dass Agrippina wiederholt von Claudius gefordert hatte, ihren Sohn Nero als Thronfolger einzusetzen, doch Claudius hatte seinen eigenen Sohn Britannicus bevorzugt. Klar ist außerdem, dass Nero der nächste römische Kaiser wurde – und was daraus folgte.

Über Claudius' Tod wurde viel geschrieben, und die Gelehrten sind sich uneins darüber, welches Gift zum Einsatz kam, wie es verabreicht wurde und wer es ihm untermischte. Man könnte vielleicht sagen, dass Claudius *de una uxore nimia,* an „einer Ehefrau zu viel", starb. Erwähnenswert ist auch, dass viele italienische Gerichte nach dem Kaiser benannt wurden, aber keines nach Agrippina.

→ Wulstlinge (*Amanita* spp.) kommen auf der gesamten Nordhalbkugel vor. Im Bild der hübsche europäische Vertreter *A. caesarea* (Kaiserling).

SPOROPHAGOMYCES CHRYSOSTOMUS

Ungewöhnliche Lebensweise als „Sporenesser"

WISS. NAME	*Sporophagomyces chrysostomus*
ABTEILUNG	Ascomycota
ORDNUNG	Hypocreales
FAMILIE	Hypocreaceae
HABITAT	Wald

Konsolenförmige Baumpilze machen optisch oft wenig her, haben aber vielfach eine interessante Physiologie. Viele sind zudem ausdauernde Fruchtkörper, die ganzjährig am Holz zu beobachten sind, also auch im Winter. Schauen Sie daher genau hin, wenn Sie wieder einmal solch einen Baumpilz-Fruchtkörper sehen – was nach einem verschimmelten alten Porling aussieht, ist vielleicht weder alt noch schimmelig.

Bei flüchtiger Betrachtung sieht *Sporophagomyces chrysostomus* wie ein schmutzig weißer bis bräunlicher Schimmel aus, der auf der Unterseite von *Ganoderma applanatum* (Flacher Lackporling) und anderen Porlingen an Holz wächst. Doch er ist wahrscheinlich weder saprotroph noch parasitisch – wie der Gattungsname schon andeutet, ist er ein „Sporen essender Pilz". Das ist natürlich eine für einen Pilz sehr ungewöhnliche Lebensweise. Aufgrund dieser seltsamen Eigenschaft (und noch einiger weiterer) vermutete die estnische Mykologin Kadri Põldmaa, dass die drei Arten von „Sporenessern" taxonomisch nicht wie bisher zu all den anderen *Hypomyces*-Arten (einer großen Gattung mykoparasitischer Pilze) gestellt werden sollten. Eine DNA-Sequenzierung stützte ihre Vermutung, dass für die drei Arten eine neue Gattung zu schaffen sei, und so hob sie mit ihren Kolleg:innen 1999 *Sporophagomyces* aus der Taufe.

S. chrysostomos kommt weltweit vor und ist oft mit Konsolenpilzen der Gattung *Ganoderma* assoziiert. Seine Hyphen wachsen direkt an der Unterseite der Porlinge, wo sie die zahllosen herabfallenden Sporen auffangen können; der merkwürdige Pilz durchbohrt dann die Zellwände der Sporen und ernährt sich von deren Inhalt. Viel mehr ist über seine Biologie nicht bekannt – bei gesammelten *Ganoderma*-Exemplaren betrachtete man *Sporophagomyces* womöglich als Verschmutzung und entfernte ihn vor dem Präparieren. Und in den seltenen Fällen, in denen *Sporophagomyces* gesammelt wurde, bewahrte man ihn oft nicht zusammen mit seinem Wirt auf, sodass die Sammlung weniger aussagekräftig war.

Leichte Speise
Pilze der Gattung *Sporophagomyces* ernähren sich kurioserweise von den Sporen anderer Pilze. Pilzsporen sind extrem klein; die hier abgebildeten messen weniger als 20 Mikrometer (µm, ein Mikrometer entspricht einem Millionstel Meter).

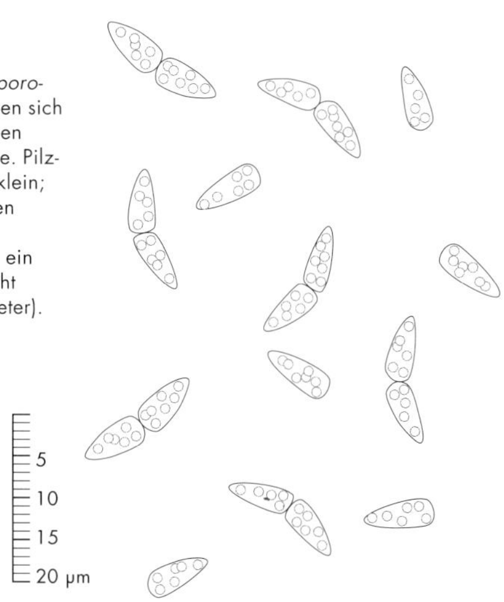

→ *Sporophagomyces chrysostomus* wächst an der Unterseite eines Porlings.

PLASMOPARA VITICOLA

Falscher Mehltau der Weinrebe

Ein wissenschaftlicher Zufallsfund

WISS. NAME	*Plasmopara viticola*
ABTEILUNG	Oomycota
ORDNUNG	Peronosporales
FAMILIE	Peronosporaceae
HABITAT	Weinbauflächen

Einige der größten wissenschaftlichen Entdeckungen sind dem Zufall zuzuschreiben, doch häufiger sind sie das Ergebnis von genauer Beobachtung. Einer solchen Beobachtung ist es zu verdanken, dass der französische Weinanbau Ende des 19. Jahrhunderts gerettet wurde. Zu jener Zeit wurde dieser von einer Krankheit namens Falscher Mehltau der Weinrebe heimgesucht.

Erreger der Krankheit ist der Eipilz *Plasmopara viticola,* der einen für diese pilzähnlichen Organismen typischen Lebenszyklus aufweist. (Sexuelle) Oosporen überwintern im Falllaub des Vorjahres, keimen im Frühjahr und bilden Sporangien (in denen asexuelle Sporen gebildet werden) sowie bewegliche Zoosporen. Beide gelangen mit dem Wind oder durch Spritzwasser bei Regen an lebendes Pflanzengewebe. Zoosporen können mit ihren Geißeln aktiv über die nasse Blattoberfläche an eine Infektionsstelle schwimmen; anschließend breitet sich die Infektion rasch im Pflanzengewebe aus. Binnen weniger Tage erscheinen neue Sporangiophoren und bilden weitere Sporen, die die Krankheit weiter verbreiten können. Am Ende der Wachstumssaison bleiben kahle Pflanzen und zahllose ruhende Oosporen zurück.

Im Jahr 1876 übernahm der brillante französische Botaniker Pierre-Marie Alexis Millardet eine Professur an der Universität Bordeaux. Er untersuchte einen aktuellen Ausbruch einer Krankheit, die durch die Reblaus *(Daktulosphaira vitifoliae)* ausgelöst wurde, welche die Wurzeln der Rebstöcke befiel. Zeitgleich wütete der Falsche Mehltau der Weinrebe. Als Millardet eines Tages durch örtliche Weinberge nach Hause ging, bemerkte er, dass die Reben direkt neben dem Weg mit einer blaugrünen Substanz bedeckt waren. Neugierig untersuchte er die Pflanzen und stellte fest, dass die Blätter dort, wo ihnen die Substanz anhaftete, komplett frei vom Falschen Mehltau waren. Der Weinbauer erklärte ihm, dass er eine Mischung aus Kupfersulfat und Kalk gespritzt hatte, um Weindiebe abzuschrecken. Millardet fand dann heraus, dass diese „Bordeauxbrühe" gut gegen alle möglichen Pilze wirkte, und auch anderthalb Jahrhunderte später ist sie noch eines der meistverwendeten Fungizide.

Schwere Verluste

P. viticola schädigt Weinreben massiv. Die krankheitsverursachenden Sporen werden in enormen Mengen von den winzigen, baumähnlichen Sporangien gebildet. (Siehe Maßstab; ein µm entspricht einem Millionstel Meter.)

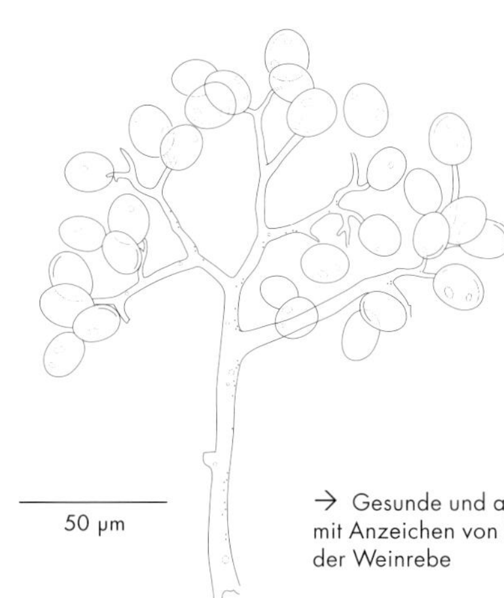

→ Gesunde und angegriffene Trauben mit Anzeichen von Falschem Mehltau der Weinrebe

WISS. NAME	*Cryptococcus gattii*
ABTEILUNG	Basidiomycota
ORDNUNG	Tremellales
FAMILIE	Tremellaceae
HABITAT	Wald

CRYPTOCOCCUS GATTII

Humanpathogener Erreger auf dem Vormarsch

Exotische Krankheitserreger können scheinbar aus dem Nichts zuschlagen. Seit den 1990er-Jahren breitet sich im pazifischen Nordwesten Nordamerikas ein mysteriöser pathogener Pilz aus, der bereits Hunderte von Menschen infiziert oder sogar getötet hat. Die Opfer infizierten sich oft bei einem scheinbar harmlosen Waldspaziergang. Die Forschung ermittelte *Cryptococcus gattii* als den Schuldigen, einen Pilz, von dem man weiß, dass er in seltenen Fällen schwere Hirn- und Lungeninfektionen verursacht, die tödlich enden können.

Zwar ist *C. gattii* weltweit verbreitet, doch beschränkt er sich meist auf tropische Regionen, daher gab sein Vorkommen im pazifischen Nordwesten Nordamerikas Rätsel auf. Inzwischen glauben Forscher:innen jedoch die Antwort gefunden zu haben, und diese umfasst eine der wohl ungewöhnlichsten Verkettungen von Ereignissen in der Geschichte der Mykologie. Anhand genetischer Analysen sämtlicher von Patient:innen sowie im Feld genommenen Proben wissen wir heute, dass die virulenten Formen des Erregers in drei Episoden innerhalb eines Zeitraumes von 88 Jahren auftauchten. Alle drei Linien scheinen aus dem östlichen Südamerika zu stammen; das Eintreffen der ersten fiel mit der Eröffnung des Panama-Kanals zusammen. Vermutlich befand sich der Pilz, der in Meerwasser bis zu ein Jahr überdauern kann, im Ballastwasser von Seeschiffen, und vermutlich geschah genau dies noch zwei weitere Male.

Da alle drei Linien des Pilzes in Meeresnähe zu finden sind, muss in den letzten Jahrzehnten überdies etwas geschehen sein, das ihn weiter ins Inland verbrachte. Forscher:innen haben unlängst ein Ereignis ausgemacht, das unwahrscheinlicher kaum sein könnte: das Karfreitagsbeben von 1964, auch Großes Alaskabeben genannt. Dieses stärkste je aufgezeichnete Erdbeben der Nordhalbkugel löste einen Tsunami an der gesamten Westküste Nordamerikas aus, der höchstwahrscheinlich *Cryptococcus gattii* ins Inland trug.

Expert:innen vermuten, dass der Pilz ungefähr 30 Jahre brauchte, um sich an ein Leben außerhalb seiner Heimat, der Tropen, zu gewöhnen, und dass er sich in dieser Zeit zu einem virulenteren Pathogen entwickelte. Die von ihm verursachte Kyptokokkose entsteht meist nach dem Einatmen von *C. gattii*. Der Pilz wird vom menschlichen Immunsystem umzingelt, kann von ihm aber nicht zerstört werden. Stattdessen nutzt er bestimmte Abwehrzellen (Makrophagen) quasi als Trojanische Pferde, um sich über den Blutstrom auszubreiten. Diesen Trick entwickelte der Pilz vermutlich einst, um im Erdboden nicht von Amöben verspeist zu werden.

→ Mikroskopische Darstellung des einzelligen Pilzes *Cryptococcus gattii* in einem Bioptat; Pilzzellen sind rötlich eingefärbt.

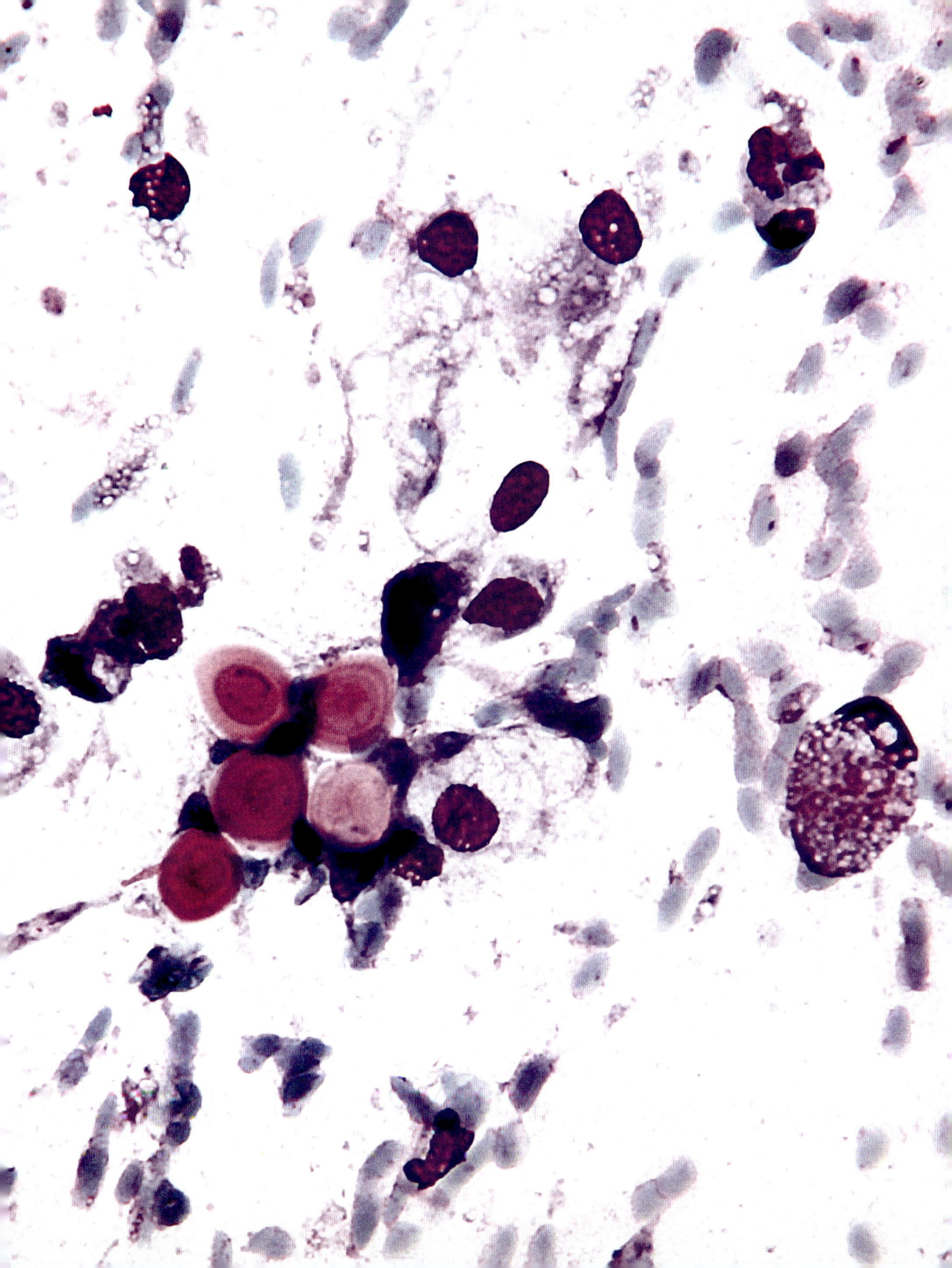

CALOCYBE GAMBOSA

Maipilz

Ein geschätzter Speisepilz

WISS. NAME	*Calocybe gambosa*
ABTEILUNG	Basidiomycota
ORDNUNG	Agaricales
FAMILIE	Lyophyllaceae
HABITAT	Grasland

***Calocybe gambosa* wird nicht nur Maipilz, sondern auch Georgsritterling genannt, weil er zuverlässig um den 23. April, den Tag des Heiligen Georg, seine Fruchtkörper bildet. Da die Klimaerwärmung Pilze jedoch immer früher fruchten lässt, werden sich zukünftige Generationen vielleicht fragen, wie die Art zu ihrem Namen kam.**

C. gambosa ist ein überaus beliebter Speisepilz in Europa, und auch wenn er nach heutigem Wissensstand in Nordamerika nicht vorkommt, haben doch viele Menschen dort schon von ihm gehört. Die beliebten essbaren Fruchtkörper erscheinen auf Grasflächen und in Parks und bilden dort oft große, auffällige Hexenringe – einige der größten Ringe bestehen wahrscheinlich schon seit Jahrhunderten.

Zu seinem Namensgeber sei gesagt, dass der Heilige Georg als Sieger über das Böse und Drachentöter verehrt wird. Historiker:innen vermuten, dass Georg zur Zeit des atheistischen Römischen Kaisers Diokletian ein bekannter Mann und bekennender Christ war. Eine Theorie zu seinem Leben besagt, dass er sich als Offizier der römischen Armee öffentlich zum Christentum bekannte und dafür im Jahre 303 schwer gefoltert und schließlich hingerichtet wurde. Viele Darstellungen zeigen ihn als Drachentöter – entweder tötete er das letzte Exemplar, weil seither keiner mehr gesehen wurde, oder (was wahrscheinlicher ist) der Drache steht metaphorisch für das Böse oder den Unglauben. Wie auch immer, wenn Sie am Georgstag unterwegs sind, halten Sie Ausschau nach Darstellungen des Drachentöters und nach Georgsritterlingen, die aus dem Boden treten.

→ ***Calocybe gambosa,*** der Maipilz oder Georgsritterling

NECTRIOPSIS VIOLACEA

Violetter Myxomycetenpustelpilz

Heimlicher Parasit

WISS. NAME	*Nectriopsis violacea*
ABTEILUNG	Ascomycota
ORDNUNG	Hypocreales
FAMILIE	Bionectriaceae
HABITAT	Wald, urbaner Siedlungsbereich

Schleimpilze, deren größte Gruppe die Myxomyceten (Myxogastria, Echte Schleimpilze) bilden, sind interessante amöbenartige Organismen, die die Wissenschaft seit Jahrhunderten vor Rätsel stellen. Zweifellos haben auch Sie schon welche gesehen, ohne vielleicht zu wissen, worum es sich handelt, denn sie bewegen sich in ihrer Umgebung fort und „fließen" über Oberflächen, wobei sie Bakterien und andere Mikroorganismen aufnehmen. Aufgrund ihrer Morphologie und der Wachstumsform vieler Arten hielt man sie lange für Pilze, doch dank neuerer molekularbiologischer Methoden wissen wir heute, dass sie zu den einzelligen Eukaryoten gehören – sie sind nicht wirklich Pilze und nicht wirklich Tiere.

Einer der bekanntesten Schleimpilze ist *Fuligo septica,* die Hexenbutter oder Gelbe Lohblüte, die im Englischen auch den anschaulichen Namen Dog Vomit Slime Mold („Hundekotze-Schleimpilz") trägt. Häuft man frischen Holzmulch auf dem Boden an und begießt ihn mit Wasser, beobachtet man nach ein bis zwei Tagen möglicherweise große amorphe Massen, die wie gelbes Rührei hervortreten. Die gelbe Farbe kann ins Pfirsichfarbene verblassen, doch oft zeigen sich auch graue oder gar violette Schattierungen. Der große schwedische Mykologe Elias Magnus Fries benannte die Arten und „Varietäten" nach ihrer Farbe, doch geht man heute davon aus, dass er sich täuschte und unterschiedliche Farben nicht für verschiedene Varietäten stehen.

Heute wissen wir, dass *Fuligo septica* var. *violacea* mehr ist als nur ein Schleimpilz – die (manchmal leuchtende, manchmal gräulich verblasste) violette Farbe liefert nämlich ein zweiter, parasitierender Pilz, *Nectriopsis violacea.* Dieser hat die kuriose Angewohnheit, sich von den Sporangien von Schleimpilzen zu ernähren. *N. violacea* und seine nahen Verwandten sind in Europa und Nordamerika weit verbreitet, ebenso in den Tropen. Besonders häufig wachsen sie auf *Fuligo septica* in Sumpfgebieten, wo diese Art ihrerseits auf den Gametophyten von Torfmoosen (*Sphagnum* spp.) wächst. Der Schlauchpilz wird nur selten wahrgenommen, doch sobald man weiß, was man vor sich hat, wird deutlich, dass er recht verbreitet ist. Wenn Sie also das nächsten Mal einen Schleimpilz sehen, schauen Sie doch einmal genauer hin – vielleicht steckt mehr dahinter, als auf den ersten Blick zu sehen ist.

→ Der hübsche violette Schlauchpilz *Nectriopsis violacea* parasitiert auf einem großen Schleimpilz.

SYMBIOSE: MUTUALISMUS

Alles ist von allem anderen abhängig

Unter Symbiosen verstehen wir die Beziehungen zwischen artverschiedenen Organismen. Doch wie wir in diesem Kapitel sehen werden, sind solche Beziehungen oft alles andere als unkompliziert und ganz und gar nicht immer harmonisch.

Der Begriff „Symbiose" wurde im 19. Jahrhundert zur Beschreibung von Flechten geprägt: „Doppelwesen" aus einem Pilzpartner und einem Photosynthese treibenden Partner (meist einem Cyanobakterium oder einer Alge, manchmal auch beiden), die eng zusammenleben. Im deutschsprachigen Raum versteht man unter Symbiose in der Regel eine mutualistische Beziehung, also zwei oder mehr Partner, die voneinander profitieren. Vor allem im angelsächsischen Raum fassen manche Autor:innen den Begriff Symbiose weiter und schließen auch Parasiten und Pathogene (die den Wirtsorganismus schädigen) mit ein, oft auch den Kommensalismus (ein Partner profitiert, der andere profitiert nicht, wird aber auch nicht geschädigt). Außerdem kann eine symbiotische Beziehung je nach Umweltbedingungen oder anderen Umständen in mehr als eine dieser Kategorien fallen – so können sich mutualistische Verbindungen unter Stress in parasitische verwandeln.

Symbiosen können obligat sein, was bedeutet, dass die Verbindung für das Überleben von einem oder beiden Partnern zwingend erforderlich ist. Das ist stets bei Viren der Fall, denn außerhalb ihres Wirtes können sie sich nicht vermehren. Während Viren jedoch oft als rein antagonistisch betrachtet werden, weiß man seit mehreren Jahrzehnten, dass es auch mutualistische Viren gibt. Diese schwächen die Auswirkungen von durch andere Viren oder Pathogene verursachten Krankheiten ab oder nützen ihren Wirten, weil sie Konkurrenten töten.

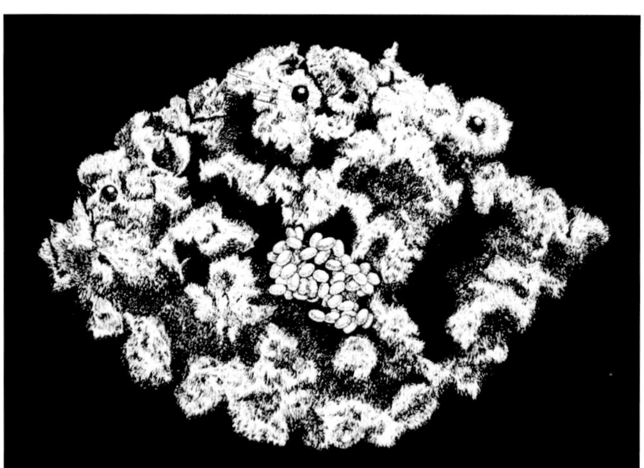

← Die Symbiose von Ameisen und Pilzen fasziniert uns schon lange. Dieses Foto aus der Zeitschrift *Popular Science* von 1906 zeigt einen Pilzgarten mit Ameiseneiern.

→ Blattschneiderameisen ernähren sich nicht von dem geernteten Pflanzenmaterial, sondern ziehen darauf üppige unterirdische Pilzkulturen, von denen sie leben.

Pilz-Tier-Mutualismus

Es gibt unzählige Beispiele von Pilzen und Insekten, die zufällig voneinander profitieren, etwa wenn ein Insekt unbeabsichtigt Sporen zu einem Wirtssubstrat trägt. Im Laufe der Zeit haben sich aber auch noch viel intensivere und bewusstere Beziehungen entwickelt.

Der berühmte Evolutionsökologe Dan Janzen beschreibt die Koevolution als „evolutionäre Veränderung in einem oder mehreren Merkmalen eines Organismus als Reaktion auf Merkmale eines Organismus einer anderen Art". So gibt es Symbiosen, die als parasitische oder Räuber-Beute-Beziehung beginnen und sich zu einer friedlicheren Koexistenz entwickeln. Tatsächlich ist es für den Parasiten oft günstiger, seinem Wirt weniger zu schaden, und wenn er noch einen Schritt weiter geht und dem Wirt von Nutzen ist, kann er seine eigene Fitness damit noch mehr verbessern. Auf diese Weise (und nach langen Phasen der Koevolution) kommt es dazu, dass einige Arten eine vollständige Abhängigkeit voneinander entwickeln, um überleben zu können.

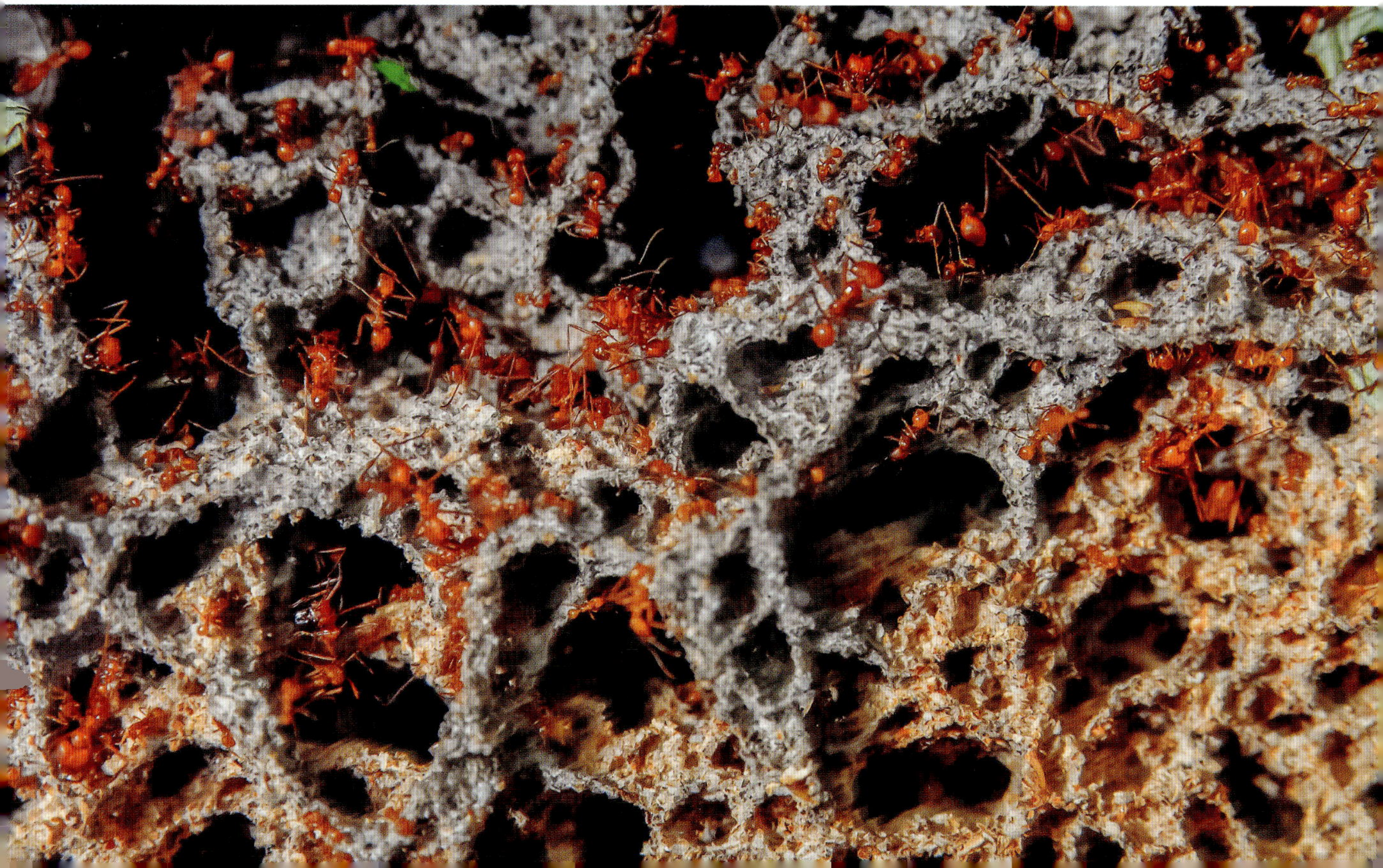

PROFESSIONELLER ANBAU

In meiner Familie hat die Landwirtschaft eine lange Tradition, und ich habe schon alle möglichen Arten von Pflanzen angebaut, auch Speisepilze. Wir Menschen sind jedoch nicht die einzigen Organismen, die andere Organismen züchten. Unter den zahlreichen Studien über Mutualismus gibt es auch eine Reihe über Ameisen und Termiten sowie Ambrosiakäfer, die Pilzgärten anlegen, und nach wie vor werden weitere entdeckt.

Menschliche Landwirtschaft ist definiert durch regelmäßiges Anpflanzen (Bearbeiten des Bodens und Aussaat), Kultivieren („Jäten" sowie Bekämpfen von Schädlingen und Krankheiten), Ernten und die Abhängigkeit von Nährstoffen. Erstaunlicherweise verhält es sich bei den Insekten ganz ähnlich. Zu ihren Anbaustrategien gehören Mechanismen zur Substratvorbereitung, für das Ausbringen von Pilzsporen, die Optimierung des Pilzwachstums durch regelmäßige Pflege, den Schutz der angebauten Früchte vor Parasiten oder vor Krankheiten sowie die Ernte und den Verzehr der Pilze. Es gibt noch mehr Parallelen. Beim kommerziellen Anbau erfolgt häufig eine Arbeitsteilung – verschiedene Personen kümmern sich um Kultivierung, Pflanzung oder Ernte. Bei Ameisen und Termiten, die Pilzfarmen anlegen, passiert etwas Ähnliches; dort sind unterschiedliche Kasten auf eine bestimmte Aufgabe spezialisiert. Beim Pilze kultivierenden Kleinen Holzbohrer *(Xyleborus saxeseni)*, einem Ambrosiakäfer, teilen sich dagegen Larven und adulte Koloniemitglieder die Arbeit untereinander auf.

Mehrere Ameisenarten der Neuen Welt sammeln Pflanzenmaterial und kultivieren darauf Arten der Ständerpilztribus Leucocoprineae (Familie Agaricaceae). Ameisen der Gattung *Atta* (Blattschneiderameisen), die ebenfalls unterirdische Pilzgärten anlegen, stammen ursprünglich aus Südamerika. Sie kultivieren Pilze und erzeugen dabei die für sie lebensnotwendigen Nährstoffe nicht mithilfe von Photosynthese, sondern über einen Zersetzungsprozess.

Umweltingenieure

Auf den ersten Blick scheint ein Ameisennest nichts anderes zu sein als ein großer Haufen. Eine genauere Untersuchung offenbart jedoch eine komplizierte Struktur mit Bereichen zur Aufzucht des Nachwuchses und zum Nahrungsanbau.

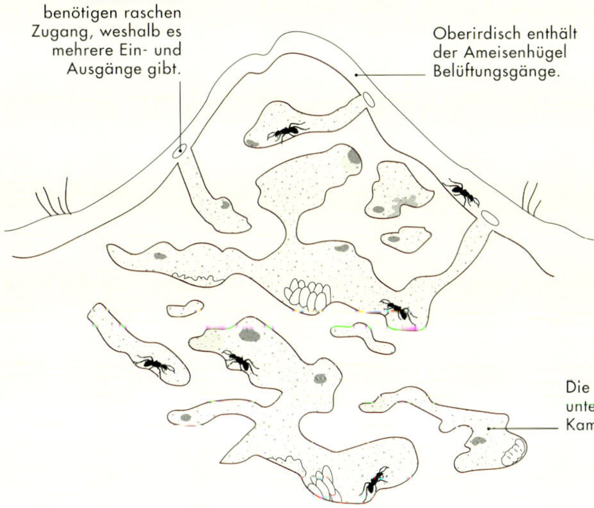

← Blattschneiderameisen (*Atta* spp.) bei der Pflege ihres Pilzgartens

Die Form folgt der Funktion

Termitenpilze *(Termitomyces)* werden in Termitennestern tief im Boden gezüchtet. Die Stiele wachsen in die Höhe, bis die Pilzhüte schließlich den Boden durchstoßen. Erst dann öffnen sie sich völlig, und die Sporen werden freigesetzt.

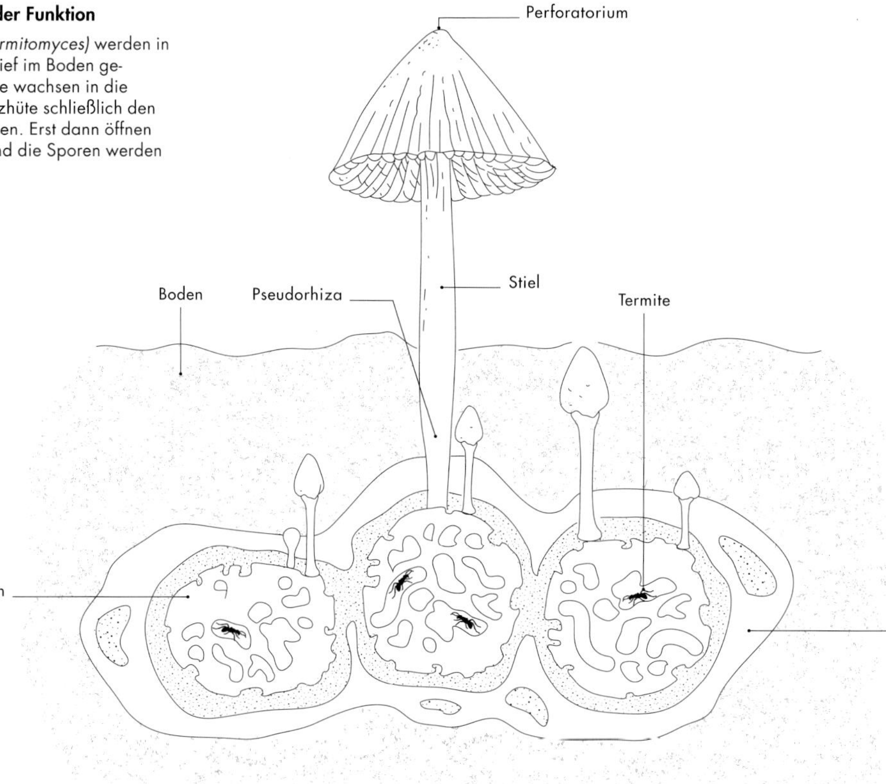

SOLOFLUG

Die meisten Termiten legen ihre Pilzgärten bei der Gründung einer Kolonie ganz neu an. Zu diesem Zweck sammeln sie Sporen von Fruchtkörpern, aber nur wenige Termitenarten nehmen ihre Pilze mit, wenn sie sich irgendwo neu ansiedeln. Madagaskar ist aufgrund seiner reichhaltigen Flora und Fauna für Naturforscher faszinierend. Die Insel war Millionen von Jahren isoliert und die große Frage lautet: Wie sind all die Organismen dorthin gekommen? Eine Möglichkeit ist, dass Tiere und Pflanzen auf Treibholz von Afrika aus über das Meer gelangt sind, eine andere, dass leichtere Tiere, Samen und Pilzsporen vom Wind zur Insel getragen wurden. Die Termiten, die *Termitomyces* kultivieren, stammten aus Afrika und breiteten sich von dort (über Land) in mehreren Wellen nach Asien aus. Wie aber kamen sie nach Madagaskar? Man hat herausgefunden, dass dort nur Arten vorkommen, die zur Gründung einer neuen Kolonie ihre eigenen Pilze mitbringen. Alle dort entdeckten Termitenarten gehen auf eine einzige Gründerpopulation zurück, die sich später in mehrere Arten aufspaltete. Das bedeutet, dass alle Termitenarten der Insel womöglich von einem einzigen Individuum abstammen. Bei den Pilzen verhält es sich anders – es gibt drei getrennte Gruppen, die alle auch auf dem afrikanischen Festland vertreten sind. Wie das passieren konnte, ist noch ein Rätsel.

→ Ein ausgegrabener Termitengarten – sämtliche Oberflächen sind mit Pilzhyphen bedeckt.

Eine DNA-Analyse der Genomsequenz von sieben Ameisenarten und ihren jeweiligen Pilzpartnern lässt vermuten, dass die Ameisen bereits vor 55–60 Millionen Jahren mit der Pilzzucht begonnen haben – „landwirtschaftliche" Mutualismen haben sich also über Jahrmillionen hinweg entwickelt. Dieser lange Prozess der Koevolution hat dazu geführt, dass zwischen den Ameisen und Pilzen eine irreversible wechselseitige Abhängigkeit entstanden ist: Die Ameisen haben die Fähigkeit eingebüßt, selbstständig die Aminosäure Arginin herzustellen, und die Pilze sind nicht mehr in der Lage, Holz oder Rinde zu verdauen, und ernähren sich stattdessen von dem Substrat aus Blättern, das ihnen die Ameisen servieren.

Termiten der Alten Welt kultivieren auf ähnliche Weise Pilze wie Ameisen der Neuen Welt – ein spannendes Beispiel für konvergente Evolution. Die Termiten züchten Ständerpilze der Gattung *Termitomyces,* wovon sie auf zweierlei Art profitieren: Die Pilze dienen ihnen unmittelbar als Nahrung, und sie bauen Holz ab (insbesondere Cellulose), wovon sich die Termiten ebenfalls ernähren. Weil Termiten Holz in seinem ursprünglichen Zustand nicht verdauen können, sind sie auf verschiedene Protozoen und andere Mikroorganismen im Darm angewiesen oder – im Falle der *Termitomyces*-Anbauer – auf die Hilfe von externen Pilzen.

Wie uns unsere eigene Geschichte lehrt, ist Landwirtschaft eine gute Strategie. Die menschliche Population explodierte nach der Erfindung des Ackerbaus vor rund 10 000 Jahren, und Termiten wie auch Blattschneiderameisen scheinen mit dem Pilzanbau ebenso erfolgreich gewesen zu sein – sie bauen riesige Nester, die Millionen von Arbeiterinnen ernähren können. Dank der DNA-Sequenzierung und dem Fossilbericht

wissen wir, dass sich Ameisen-Pilz- und Termiten-Pilz-Mutualismen unabhängig voneinander, vielleicht sogar mehrmals, entwickelt haben. Wir wissen außerdem, dass Termiten den Ameisen morphologisch zwar ähneln, aber viel früher entstanden sind, und Gleiches gilt für ihre mutualistische Beziehung zu Pilzen – die Termiten-Pilz-Symbiose ist 30–50 Millionen Jahre älter als die zwischen Ameisen und Pilzen.

WENIGER BEKANNTE PILZFARMER

Borkenkäfer, Termiten und Ameisen sind nicht die einzigen Insekten, die sich koevolutionär mit Pilzen entwickelt haben. Es gibt unzählige Arten holzbohrender Insekten, die keine Enzyme zur Verdauung von Cellulose produzieren. Stattdessen müssen sie in einer symbiotischen Beziehung mit Mikroorganismen leben, die die Cellulasen für sie herstellen. Ein Beispiel ist *Tremex columba,* eine sehr große, etwa 5 cm lange holzbohrende Wespe der Familie Siricidae. Wie alle Holzwespen (Siricidae) ist die Riesenholzwespe auf Ständerpilze angewiesen, die als ihr enzymproduzierender Partner Weißfäule erzeugen; die Wespe transportiert die Pilze sogar in das entsprechende Holz. Von dieser mutualistischen Beziehung profitieren beide Seiten – für die Wespenlarven wird eine große Energiequelle in Form von Cellulose nutzbar gemacht, während der Pilz nicht nur zu einem Wirtsbaum, sondern auch durch dessen erste Verteidigungslinie (die korkige Borke) und ins Holzinnere gebracht wird.

Die vermutlich sonderbarsten pilzzüchtenden Insekten sind mit *Phlebopus portentosus* vergesellschaftet, einem beliebten, wenn auch ungewöhnlichen essbaren Dickröhrlingsartigen (Boletales) aus Asien. Boleten (zu denen man auch den Steinpilz zählt) gelten als Mykorrhizapartner von Bäumen oder anderen lebendigen Pflanzen, aber die Lebensweise von *Phlebopus portentosus* ist viel komplizierter. Falls Sie im Freiland ein Exemplar finden und die Stielbasis genau betrachten,

werden Sie feststellen, dass von dort Hyphen in den Boden reichen, wie bei jedem anderen Großpilz. Doch statt zu einer lebendigen Wurzelspitze (wie bei Mykorrhizapilzen) oder zu verrottendem Material (wie bei Saprobiern) führen die Hyphen zu einer dritten Art von Organismus: einem gallbildenden Insekt.

Insektengallen kommen auf vielen Sorten von Pflanzen vor, meist als Fehlbildung von Pflanzengewebe (ähnlich einem Tumor). Typischerweise dient diese Galle als Mikrohabitat für die Larve eines gallbildenden Insekts, die sich im Inneren befindet und dort vor Räubern geschützt ist, während sie sich vom Pflanzenwirt ernährt. Bei *Phlebopus portentosus* verhält es sich mit den Gallen jedoch anders. Obwohl sie auf den Wurzeln der Wirtspflanze wachsen, bestehen sie nicht aus Pflanzengewebe, sondern aus Hyphen des Pilzes – es sind also „Pilz-Insekten-Gallen".

Bisher kennt man sechs Arten der Familie Pseudococcidae (Schmierläuse), die sich mit *Phlebopus portentosus* verpartnern; gemeinsam nutzen sie über 21 Pflanzenarten. Zwischen Pilz und Insekt besteht eine enge Verbindung: Ohne ihren Beschützerpilz kann die Schmierlaus nicht überleben, und dieser wiederum bezieht vom Insekt Nährstoffe in Form von Honigtau. Dass diese beiden biotrophen Organismen an den Wurzeln parasitieren, macht den Wirtspflanzen offenbar nichts aus – der Befall scheint symptomlos zu sein.

↑ Nahaufnahme einer Schmierlaus. Diese Insekten sind verbreitete Pflanzenschädlinge.

← Der sonderbare *Phlebopus portentosus,* ein beliebter Zuchtpilz Asiens

Pilz-Pflanze-Mutualismus

Die große Mehrheit der Pflanzenarten bildet eine wechselseitig profitable Lebensgemeinschaft mit Pilzen. Nicht Wurzeln, sondern Mykorrhizapilze sind für Landpflanzen die wichtigsten Organe zur Nährstoffaufnahme.

↙ Hyphen eines Mykorrhizapilzes wachsen nach außen in den Boden und vergrößern die Absorptionsoberfläche der Pflanzenwurzeln enorm.

Wahrscheinlich besiedeln Symbiosepilze die Wurzeln von mindestens 90 Prozent der globalen Pflanzenarten und praktisch aller Bäume. Bei einer als Mykorrhiza (wörtlich „Pilzwurzel") bezeichneten Symbiose wachsen Pilzhyphen um die Wirtspflanzenwurzeln herum, in sie hinein und dann wieder in den sie umgebenden Boden, sodass sich die Oberfläche des Wurzelsystems hundert- bis tausendfach vergrößert. Mykorrhizen sind so verbreitet und grundlegend für die Ernährung von Pflanzen, dass die meisten Pflanzenarten ohne ihre Pilzpartner gar nicht überleben könnten – es sei denn, sie erhalten Nährstoffe auf künstlichem Wege. (Bei reichlichen Wasser- und Düngergaben kann sich die Pflanze von ihren Pilzpartnern befreien; möglicherweise ist das der Grund, warum die Pilzvielfalt unter Bäumen in urbanen Siedlungsbereichen so viel geringer ist.)

Mykorrhizapilze profitieren von den Lipiden und Kohlenhydraten der Pflanzen und revanchieren sich für die Gastfreundschaft mit der Beschaffung von Wasser sowie essenziellen Nährstoffen wie Stickstoff, Phosphat und Kalium. Interessanterweise hat man auch Mykorrhizapilze mit Cellulasen gefunden, was vermuten lässt, dass sie sich saprotroph von verrottender organischer Substanz in der Umgebung sowie biotroph von ihrer Wirtspflanze ernähren.

Nach dem Fossilbericht gibt es Mykorrhizen seit etwa 460 Millionen Jahren. Wahrscheinlich spielten sie eine Schlüsselrolle bei der Eroberung terrestrischer Lebensräume durch Wasserpflanzen, die die schwierigen Bedingungen auf trockenem Land ohne eine Symbiose mit Pilzen wohl nicht gemeistert hätten. Dies war der bescheidene Beginn der Ausbreitung terrestrischer Pflanzen und auch der Mykorrhizapilze. Tatsächlich haben sich unabhängig voneinander siebenmal Mykorrhizen entwickelt, und obgleich jedes Mal Pflanzenwurzeln beteiligt sind, weist die Physiologie doch eine große Bandbreite auf.

Mykorrhiza-Netzwerk

Die in einem Wald ablaufenden chemischen und physiologischen Prozesse erfolgen großenteils unterirdisch und bleiben unseren Blicken verborgen. Pflanzen brauchen die Symbiose mit Mykorrhizapilzen, um besser Wasser und Nährstoffe aus dem Boden aufnehmen zu können. Die Pilze erhalten dafür Kohlenhydrate und andere elementare Stoffe von ihren Photosynthese treibenden Partnern. Alle Bodenbewohner, Pflanzen wie Mikroorganismen, sind über chemische Signale miteinander „verbunden".

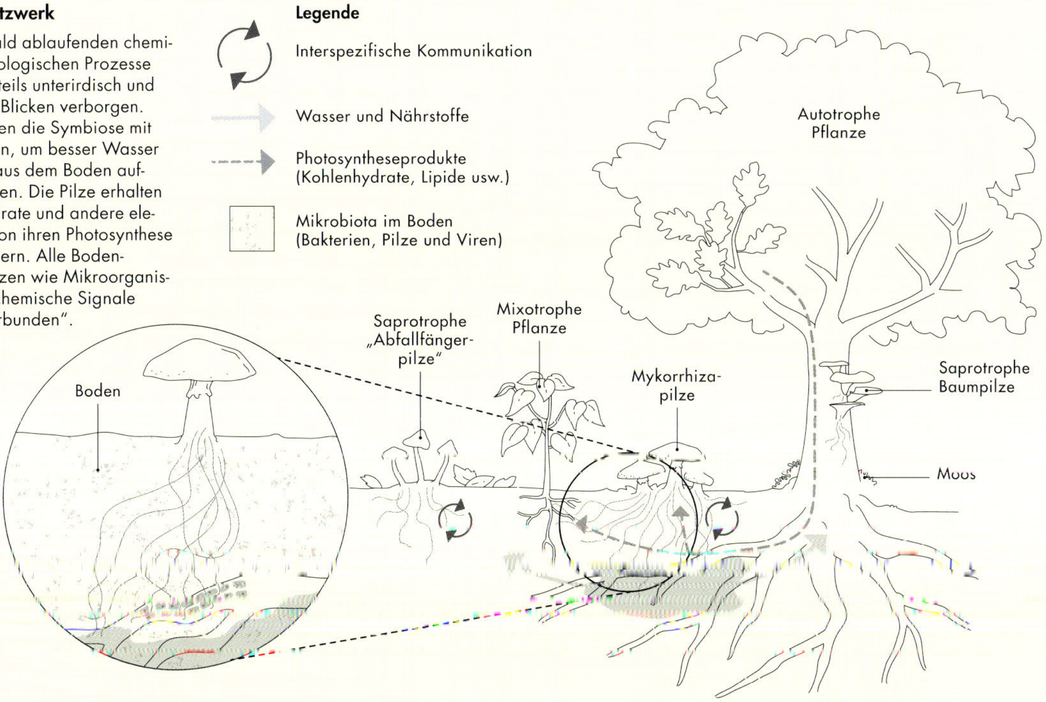

EKTO- UND ENDOMYKORRHIZA

Ektomykorrhizale Pilze wachsen mit ihren Hyphen zwar in das Wurzelgewebe der Pflanze ein, aber nicht in die Wurzelzellen. Vielmehr umwachsen sie die äußeren Rindenzellen der Wurzel und bilden ein sogenanntes Hartig'sches Netz. Eine Ektomykorrhiza (EcM) besteht meist aus einem Geflecht von Pilzhyphen, das dünne Baumwurzeln wie ein Mantel umgibt. EcM-Pilze gehen Symbiosen mit den meisten Koniferen und vielen Hartholzbäumen, wie Eichen, Buchen und Eukalyptusbäumen, ein. In den Wäldern der Erde kommen weit über 4000 Arten von EcM-Pilzen vor, darunter viele unserer beliebtesten Speisepilze, wie Steinpilze, Leistlinge, Wulstlinge und Trüffeln.

Endomykorrhizale Pilze hingegen wachsen nicht nur in das Wurzelgewebe der Pflanze, sondern dringen auch in die dortigen Rindenzellen ein. Anders als EcM umhüllen sie die Wurzel nicht mit einem Hyphenmantel und bilden auch keine großen, auffälligen Fruchtkörper. Einige erzeugen Sporenkugeln oder -klumpen im Boden, doch anscheinend pflanzen sie sich nicht sexuell fort und besitzen vielleicht nicht einmal die entsprechenden Gene. Da sie so rätselhaft sind und sich (zumindest die meisten Arten) nicht im Labor züchten lassen, weiß man noch wenig über sie. Zugleich jedoch wissen wir, dass sie die Erde dominieren und wahrscheinlich das gesamte terrestrische Leben von ihnen abhängt.

Die bei Weitem größte Gruppe der endomykorrhizalen Pilze sind die Arbuskulären Mykorrhizapilze (AM) der Abteilung Glomeromycota. Namensgebend sind die Arbuskel (stark verzweigte Strukturen, die sie in jeder Wurzelzelle bilden), die dem Austausch von Wasser und Nährstoffen dienen. Endomykorrhizale Symbiosen sind bei weitaus mehr verschiedenen Pflanzen zu beobachten als EcM, wobei manche Symbiosen

Mykorrhiza-Symbiose

Eine genaue Betrachtung von Baumwurzeln offenbart, dass ektomykorrhizale Pilze wie ein Mantel die feinen Wurzeln umhüllen und auch zwischen die Wurzelzellen wachsen.

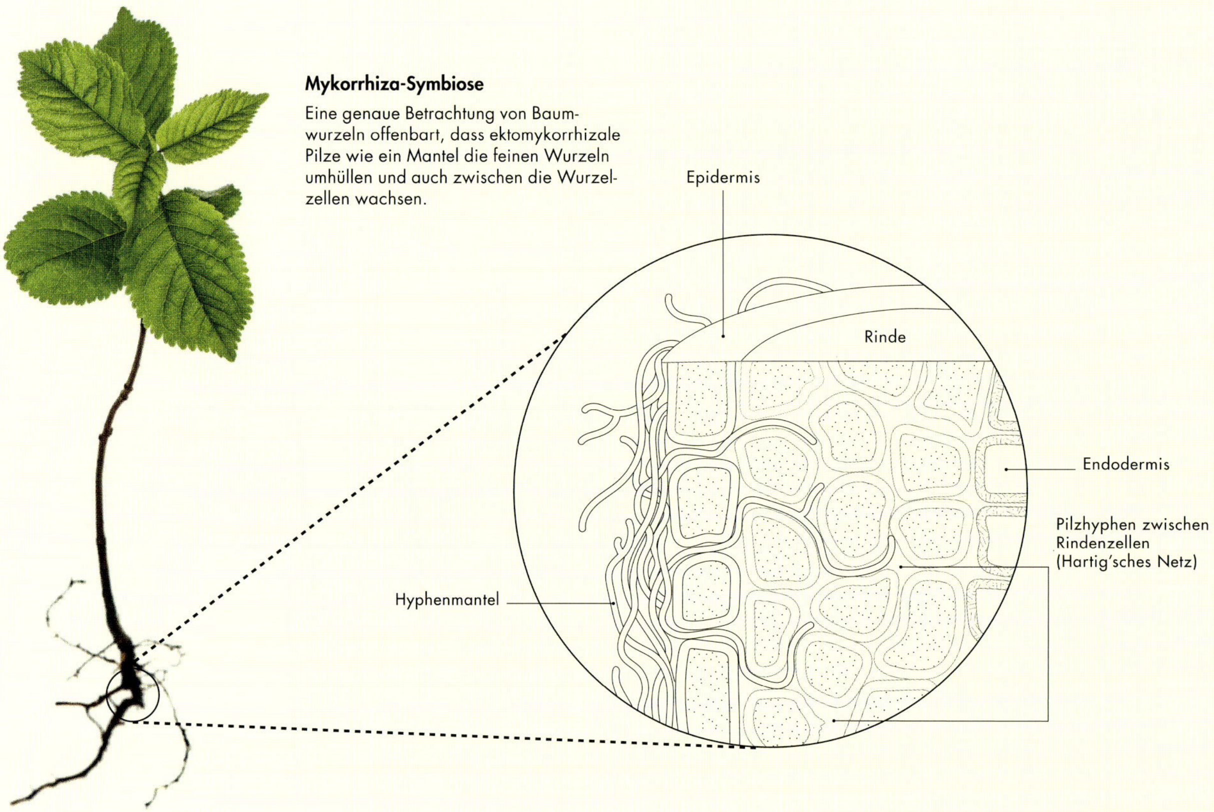

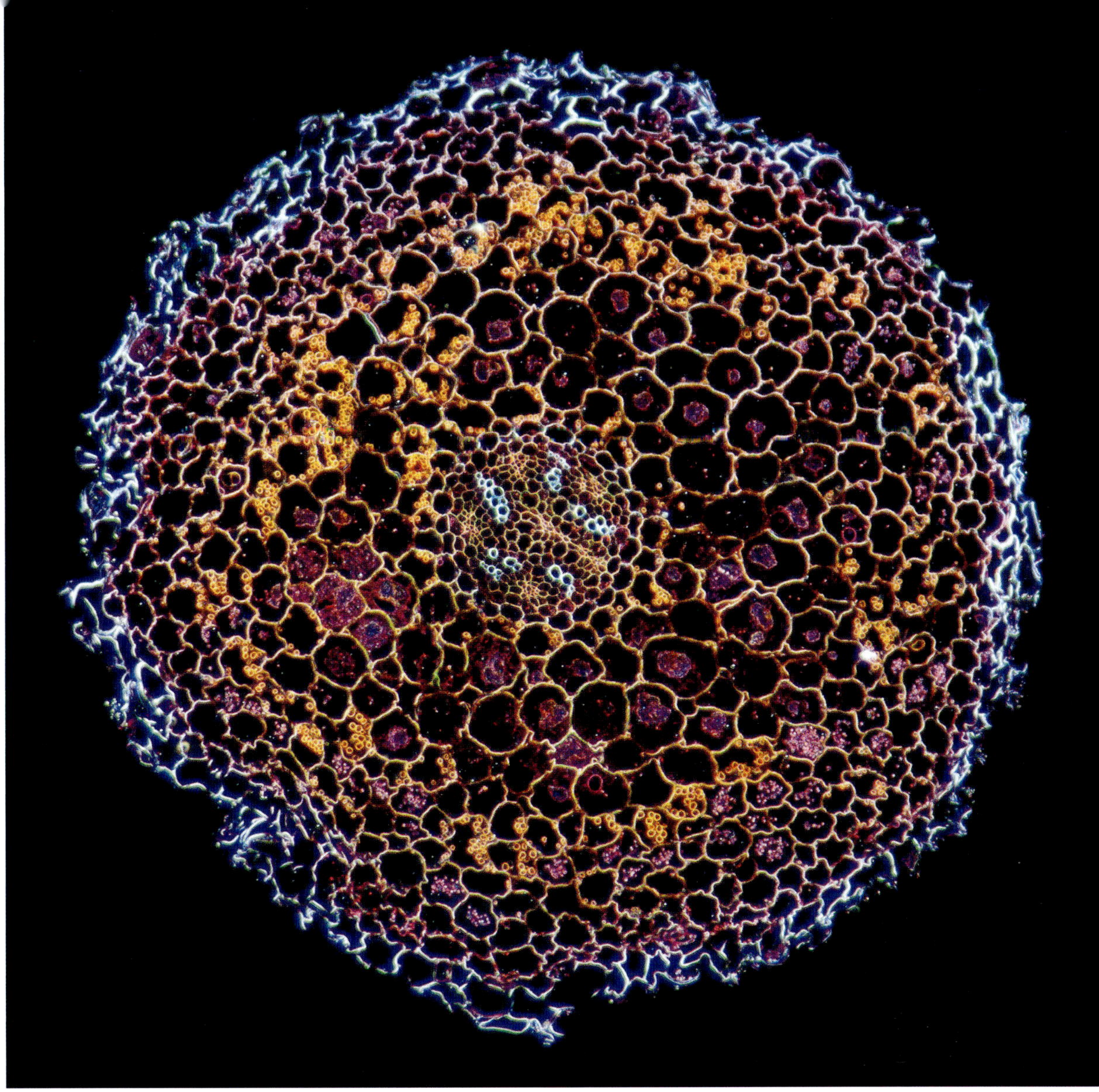

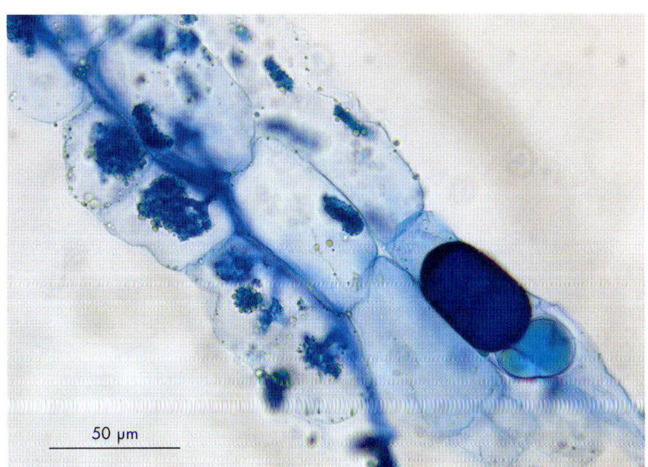

↑ Die glatten unverzweigten Luftwurzeln von Orchideen dienen vor allem dazu, der Pflanze Halt zu geben, aber auch zur Wasseraufnahme. Endotrophe Mykorrhizapilze wachsen aus dem Inneren der Pflanzenzellen wiederum in das Substrat, wo sie Feuchtigkeit und Nährstoffe aufnehmen. Ein Querschnitt durch eine Orchideenwurzel zeigt (rosa eingefärbte) Mykorrhizapilze in den Pflanzenzellen.

→ In den Wurzelzellen einer „Pferdebohne" (*Macrotyloma uniflorum*), einer in Asien verbreitet angebauten Hülsenfrucht, sind Arbuskel zu erkennen, die wie kopfstehende Bäumchen aussehen.

spezifischen Gruppen von Pflanzen vorbehalten sind, wie etwa Erlen, Orchideen und Moorbeetpflanzen (Rhododendron, Azalee, Heidelbeere, Cranberry usw.). Nicht zufällig wachsen viele dieser Pflanzenarten in sumpfigen oder nährstoffarmen Böden, denn AM-Pilze sind in der Lage, selbst aus den kärgsten Böden, auch felsigen oder ariden, noch Nährstoffe zu ziehen.

AM-Pilze verhelfen ihrem Wirt nicht nur zu Dürreresistenz und der Fähigkeit, in nährstoffarmen Böden zu überleben, sondern sind auch von zentraler Bedeutung für die Bodenbildung und -erhaltung. Es ist also kein Wunder, dass die meisten Pflanzen – zum Beispiel Wiesengräser, Getreidearten, viele Gemüsearten, Kletterpflanzen, Gehölze – Partner von AM-Pilzen sind, wohingegen nur wenige von ihnen Mykorrhiza-Symbiosen sowohl mit AM- als auch mit EcM-Pilzen eingehen.

ENDO- UND EPIPHYTISCHE PILZE

In den letzten Jahren hat die Mykologie an endophytischen Pilzen (die innerhalb von Pflanzen leben) und epiphytischen (die auf der Pflanzenoberfläche leben) ein reges Interesse entwickelt. Vieles ist noch unerforscht, doch anscheinend gibt es in praktisch jeder bisher untersuchten Pflanzengruppe endophytische Pilzarten, die sich in ihnen ansiedeln. Die Symbiose mit diesen Pilzen ist für die Wirtspflanzen offenbar von zentraler Bedeutung, da die Pilze sie beispielsweise mit Hormonen ähnlich den pflanzeneigenen versorgen, sodass die Pflanzen eine Dürreresistenz entwickeln oder toxische Verbindungen erzeugen, die sie vor Pflanzenfressern (Säugetieren und Arthropoden) schützen. Zudem bieten manche endophytische und epiphytische Pilze Schutz vor Pflanzen-

krankheiten – auch solchen, die von anderen Pilzen verursacht werden.

Wissenschaftler:innen, Biotech-Unternehmen, Landwirt:innen, Pflanzenzüchter:innen und Forstwirtschaftler:innen, die die Beziehungen zwischen endo-/epiphytischen Pilzen und ihren Wirten untersuchen, finden auf diesem Wege vielleicht neue Verfahren zur Bekämpfung von Nutzpflanzenkrankheiten, oder sie entdecken neuartige chemische Verbindungen oder Hinweise auf die Bedeutung dieser Pilze für die Biodiversität. Ein Beispiel: In der selten vorkommenden Pazifischen Eibe *(Taxus brevifolia)* und anderen Eibenarten hat man den Wirkstoff Paclitaxel (PTX), ein „Wundermittel" gegen Krebs, gefunden. Diese Entdeckung schien das Todesurteil für die sehr langsam wachsenden Pazifischen Eiben zu sein, weil die Gewinnung der für Menschenleben bedeutenden Substanz aus der Baumrinde das sofortige Absterben des Baumes zur Folge hatte. Doch dann stellte sich heraus, dass die Verbindung nicht von dem Baum selbst, sondern von einem in ihm lebenden endophytischen Pilz erzeugt wird. Schließlich entdeckte man, dass mehrere Pilze unterschiedlicher Gattungen die gleiche Verbindung produzieren und sich diese Pilze kultivieren lassen, sodass die Bäume nicht geopfert werden mussten.

↓ Der Wald, den wir sehen, ist nur ein Teil des Gesamtbildes. Unter der Erde existiert ein komplexes Netzwerk aus Pflanzenwurzeln und Pilzmyzelien – ein „Wood Wide Web" –, das für den Transport von Wasser, Nährstoffen und chemischen Signalen bezüglich der Umgebung zuständig ist.

MYZEL-NETZWERKE

Eine einzelne Pflanze ist nicht auf nur einen Mykorrhizapilz beschränkt – jederzeit kann sie über ihre Wurzeln mit vielen verschiedenen Pilzarten verbunden sein. Entsprechend kann ein einzelner Pilz mit mehreren Pflanzen und Pflanzenarten in Verbindung stehen. Das Ergebnis ist ein gemeinsames unterirdisches Myzel-Netz, das man oft als „Wood Wide Web" bezeichnet. Wie der Name schon sagt, transportiert dieses Netz nicht nur Wasser und Nährstoffe, sondern fungiert auch als eine Art „Myzel-Internet" – ein Kommunikationssystem, über das Pflanzen chemische Informationen austauschen; Signale können eine gemeinsame Verteidigung gegen Pathogene im Boden in Gang bringen, das Wachstum benachbarter Pflanzen unterbinden und vor Angriffen durch Insekten warnen. Auch Nahrung wird auf diesem Wege geteilt, wobei Pflanzen im Unterwuchs und Sämlinge auf dem lichtarmen Waldboden über die Nährstoffleitungen mitversorgt werden. So können Stümpfe gefällter Bäume noch Jahrzehnte weiterleben, weil ihre Wurzeln mit diesem Netz verbunden sind.

DEN SPIESS UMDREHEN

Mykorrhizapilze haben sich zweifellos aus parasitischen Vorfahren entwickelt, aber mit der Zeit sind sie mehr und mehr zu Wohltätern geworden. Dass die parasitische Beziehung eines Symbionten zu seinem Wirt im Lauf der Evolution in eine mutualistische übergehen kann, ist zu erwarten; es kommt sogar vor, dass sich Symbionten in verschiedenen Phasen ihres jeweiligen Lebenszyklus mal mutualistisch, mal parasitisch verhalten. Der Wirt in diesen Beziehungen ist meist ein Photosynthese treibender Organismus (Photobiont), aber nicht immer – einige Mykorrhizapflanzen drehen den Spieß um und parasitieren ihre Pilz-Symbionten.

So enthalten Pflanzen der Gattung Monotropa (etwa der Fichtenspargel, *M. hypopitys*) kein Chlorophyll und können keine Photosynthese betreiben, weshalb man lange vermutete, dass sie entweder Saprophyten sind, die sich von verrottender organischer Substanz ernähren, oder Parasiten benachbarter Grünpflanzen. In den 1960er-Jahren wurde bei Untersuchungen mit Radioisotopen festgestellt, dass Kohlenstoff von Fichten zu *Monotropa* transportiert wurde und Pilze an diesem Kohlenstofftransfer beteiligt waren. Aufgrund dieses „indirekten" Parasitismus spricht man bei *Monotropa*-Arten von Epiparasitismus.

Der Epiparasitismus ist eine raffinierte Anpassung, weil er letztlich bedeutet, dass die parasitische Pflanze von der restlichen Pflanzengemeinschaft Kohlenstoff abzweigt. Man nimmt an, dass mykoheterotrophe Pflanzen wie *Monotropa* ihren Pilzpartnern im Gegenzug etwas zurückgeben (obwohl man das nicht sicher weiß), doch die Photosynthese treibenden Pflanzensymbionten lassen sie wahrscheinlich leer ausgehen. Warum werden diese „Betrüger" dann nicht bestraft? Das Problem ist, dass Pflanzen an den Befall durch viele verschiedene Mykorrhizapilze angepasst sind und gegen den Netto-Kohlenstofftransfer zu anderen Pflanzen über das Wood Wide Web anscheinend nichts einzuwenden haben. Zugleich scheinen sie nicht darauf ausgerichtet zu sein, Betrügern in diesem System auf die Spur zu kommen, die ihnen Kohlenstoff entziehen und dafür kaum eine – oder gar keine – Gegenleistung erbringen. Solange also die epiparasitische Pflanze die Fitness des Pilzes nicht beeinträchtigt, bleibt ihre Nahrungsquelle langfristig gesichert.

Bei Orchideen ist es ganz ähnlich – auch sie lassen sich von Mykorrhizapilzen ernähren. Im Gegensatz zu anderen Bedecktsamern enthalten die Samen von Orchideen kein Nährgewebe für den Embryo (Endosperm). Sie bestehen lediglich aus einer Hülle, die den Embryo umschließt, und sind dementsprechend winzig wie Staubkörner. Um keimfähig zu werden, müssen die Samen durch ihren spezifischen Mykorrhizapilz infiziert werden. Dieser Pilz ist dann zunächst die einzige „Wurzel" der jungen Pflanze und daher ihre einzige Nahrungsquelle. In dieser besonderen Beziehung gibt es jedoch Anzeichen dafür, dass die Orchideen ihrem Pilzpartner eine Gegenleistung erbringen; dieser erhält offenbar Proteine von absterbenden Orchideenzellen.

← *Monotropa uniflora* enthält kein Chlorophyll und kann daher keine Photosynthese betreiben. Hier sieht man die Blüten und stark reduzierten Blätter, die nicht dazu geignet sind, Licht einzufangen.

Flechten

Flechten ähneln äußerlich eher kleinen Pflanzen als Pilzen und wurden bis zur zweiten Hälfte des 19. Jahrhunderts auch für Pflanzen gehalten. Sie repräsentieren jedoch die dritte maßgebliche mutualistische Lebensform von Pilzen und haben eine bemerkenswerte Geschichte zu erzählen.

In der zweiten Hälfte des 19. Jahrhunderts vermuteten Heinrich Anton de Bary, Simon Schwendener und Albert Bernhard Frank bereits, dass Flechten Symbiosen eingehen, und heute wissen wir, dass sie aus einem Mykobionten (Pilz) und einem Photobionten (Alge und/oder Cyanobakterium) bestehen. Dass Pilze Bestandteile von Flechten sind, zeigen auch die winzigen Strukturen, die Flechten zur sexuellen Fortpflanzung dienen, denn diese sehen denen von nicht lichenisierten Pilzen sehr ähnlich; die meisten gleichen denjenigen von Becherlingsverwandten, einige aber auch denen von Großpilzen.

Faszinierend an Flechten ist ihr vegetativer Körper, der Thallus, der sich von demjenigen nicht lichenisierter Pilze stark unterscheidet. Statt eines Myzels aus Hyphen, die über das Substrat wachsen oder in es eindringen, ist der Flechtenkörper oft komplex und in verschiedene Bereiche unterteilt. Der größte Teil der Struktur ist pilzlicher Natur; er dient der Beschaffung von Nährstoffen und beherbergt den Photobionten, der die wichtige Aufgabe hat, mittels Photosynthese Kohlenhydrate herzustellen.

Dass Flechten Symbionten sind, ermöglicht vielen von ihnen, extremen Umweltbedingungen zu trotzen, in denen andere Photobionten nicht überleben könnten. Spezifische Flechtengemeinschaften dominieren Ökosysteme wie die Tundra, die Antarktis und Wüsten mit Küstennebel. Daher sind sich die meisten Menschen nicht bewusst, dass Flechten auf weiten Teilen der Landfläche unseres Planeten die dominierende Lebensform sind, wobei einige sogar unter Wasser (Süß- oder Salzwasser) gedeihen. Die vielfältigsten Arten gibt es jedoch, wie so oft, in tropischen Regenwäldern. Wie viele genau dort koexistieren, wissen wir nicht, aber 600 oder mehr Flechtenarten innerhalb eines Hektars sind nicht ungewöhnlich – das ist Weltrekord. Die Flechten besiedeln praktisch jede Oberfläche, auch Blätter oder das Fell von Säugetieren; einige langlebigere Fangschrecken unterhalten winzige Flechtenkolonien, die ihre Blatt-Mimikry perfekt machen.

Auf der Erde erschienen Flechten erstmals im Perm vor etwa 250–300 Millionen Jahren. Etwas später, in der Trias, erschienen die Dinosaurier; doch während diese kamen und gingen, gibt es die Flechten immer noch. Was sich über die frühen Flechten erschließen lässt, legt nahe, dass sie heute mehr oder weniger noch genauso aussehen wie damals. Erstaunlicherweise findet man

Es braucht ein ganzes Dorf

Eine Flechte ist eine Gemeinschaft aus einem Photosynthese treibenden Organismus (meist Algenzellen), der von einer Struktur aus Pilzzellen umgeben wird. Bei günstigen Bedingungen für den Photobionten versorgt er die Partner mit Kohlenhydraten. Das Pilzgewebe verhindert Austrocknung und sorgt mit seinen Rhizinen, die Haftfasern enthalten, für festen Halt.

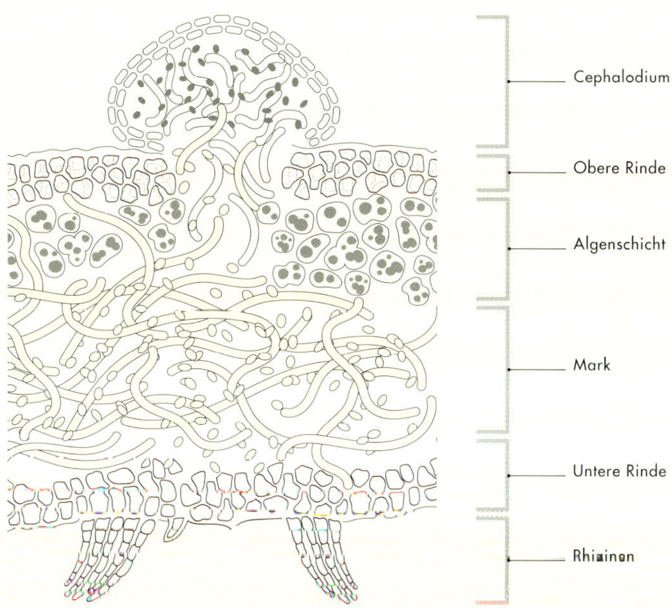

← Fortpflanzungsstrukturen von Flechten ahneln denen des jeweiligen Pilzpartners, in diesem Fall denen eines Schlauchpilzes.

heute noch lichenisierte Pilze aus Abstammungslinien, die sich schon früh abgespalten haben – meistens auf nacktem Fels, häufig in trockenen Bedingungen, die vermutlich denen gleichen, in denen die ersten Flechten entstanden sind. Einige von ihnen, zum Beispiel die mysteriösen felsbewohnenden Flechten der Gattungen *Umbilicaria* und *Lasallia,* wirken tatsächlich wie uralte Lebensformen oder „lebende Fossilien".

Derzeit gibt es etwa 18 000 Flechtenarten, wobei viele Gruppen kaum erforscht sind, und Schätzungen, die von gut der doppelten Anzahl ausgehen, sind nicht unrealistisch. Die große Mehrheit der Flechtenpilze wird den Ascomyceten (Schlauchpilzen) zugerechnet, und fast ein Drittel der heute bekannten Ascomyceten bildet Flechten. Früher ging man davon aus, dass von den Basiodiomyceten (Ständerpilzen, der anderen großen Abteilung) nur sehr wenige Arten Flechten bilden, aber davon ist man in den letzten Jahren abgerückt. Jetzt wissen wir, dass einige flechtenbildende Gruppen der Ständerpilze ebenso vielfältig sind wie bei den Schlauchpilzen. Besonders zu erwähnen ist die Gattung *Cora* (Familie Hygrophoraceae) – bis vor Kurzem glaubte man, sie enthalte nur eine einzige Art, doch nun geht man von über 400 Arten aus.

Das moderne Handwerkszeug der Molekularbiologie hat die Erforschung der Natur und Zusammensetzung der Flechten beschleunigt, und nun können wir die immense genetische Vielfalt der Flechten-Photobionten allmählich ermessen. Zu den häufigsten gehören die Gattung *Nostoc* der Cyanobakterien und die Grünalgengattungen *Trebouxia* und *Trentepohlia,* doch man hat auch noch andere Cyanobakterien und Grünalgen entdeckt, die als Flechtenpartner fungieren – sogar schon einige Braunalgen.

↗ Die auf Silikatfels wachsende *Umbilicaria torrefacta* (Runzelige Nabelflechte) trägt ihren deutschen Namen zu Recht.

← Mitte des 19. Jahrhunderts fertigte der deutsche Naturforscher Ernst Haeckel Abbildungen von allen möglichen Lebensformen an, darunter auch Flechten.

Die aktuelle Forschung stößt fortlaufend auf neue Abstammungslinien von Photobionten sowie auf immer mehr Flechtenpilze, die sich gleichzeitig sowohl mit Grünalgen als auch Cyanobakterien verpartnern können. In solchen Fällen ist die Grünalge der primäre Photobiont und der sekundäre das Cyanobakterium; dieses findet sich in Teilen des Thallus, die als Cephalodien bezeichnet werden (von griechisch *kephalos,* „Kopf", weil sie manchmal wie kleine Köpfe aussehen). Dieses Arrangement hat den Vorteil, dass Grünalgen und Cyanobakterien unter unterschiedlichen Bedingungen Photosynthese betreiben und verschiedene Arten von Kohlenhydraten erzeugen. Wichtig ist auch, dass Cyanobakterien Luftstickstoff binden können, der ein essenzieller Bestandteil von Aminosäuren und anderen organischen Molekülen ist, sodass Flechten auch in einer nährstoffarmen Umgebung existieren können.

Man kann durchaus sagen, dass Flechten einige chemische Wunderwerke vollbringen. Obwohl sie sich wie Pflanzen verhalten, zeigen ihre verschiedenen Farben, die überwiegend von Pigmenten in den oberen

Bereichen des Flechtenkörpers erzeugt werden, ihre Beziehung zu Pilzen an. Bereits 1866 unterschied der finnische Lichenologe William Nylander morphologisch ähnliche Arten nach ihren chemischen Eigenschaften, und das ist auch heute noch ein wertvolles Werkzeug zu ihrer Identifizierung.

Natürlich laufen in allen Organismen chemische Prozesse ab. Doch während bestimmte chemische Aspekte des Primärstoffwechsels – etwa Atmung und Photosynthese oder die Bildung von Kohlenhydraten, Proteinen und Fetten – allen Organismen gemein sind, hat jeder Organismus auch einen spezifischen Sekundärstoffwechsel, der oft typisch für eine bestimmte Abstammungslinie ist oder in verschiedenen Gruppen vorkommt. Für die Biologie der Flechten sind die bei diesem Sekundärstoffwechsel erzeugten chemischen Verbindungen von großer Bedeutung. So dienen die Pigmente, die für die Vielfarbigkeit von Flechten verantwortlich sind, als Sonnenschutz, sie bewahren den Organismus vor Schäden durch hohe UV-Strahlung und ermöglichen den Flechten das Leben unter Bedingungen, denen der Photobiont oder Mykobiont allein nicht trotzen könnte. Andere Substanzen, die sich meist im Inneren der Flechte befinden, werden für den internen Wasser- und Gasaustausch des Thallus gebraucht und können zudem als Fraßschutz dienen.

Flechten erfüllen im Ökosystem viele verschiedene Aufgaben – sie sind Pioniere bei der Bodenbildung, regulieren den Wasserkreislauf und die Luftfeuchtigkeit und fungieren als Biodünger, indem sie Luftstickstoff binden. Bei einigen Tieren stehen Flechten als Grundnahrungsmittel auf dem Speiseplan, während eine Vielfalt von Mikroorganismen und kleinen Tieren Flechten ihr Heim nennen und es in Ökosysteme im Miniformat verwandeln.

Auch wir Menschen finden viele Verwendungsmöglichkeiten für Flechten, etwa in Arzneimitteln, der traditionellen Medizin sowie bei der Herstellung von Farbstoffen und Nahrungsmitteln. Außerdem hat sich erwiesen, dass Flechten äußerst effektive Anzeiger einer gesunden Umwelt sind; so korreliert der Rückgang der Flechtenvielfalt in städtischen Bereichen direkt mit einer Zunahme der Sterberate durch Lungenkrebs. Das heißt nicht, dass Flechten vor Lungenkrebs schützen – sie reagieren nur ähnlich auf Luftverschmutzung wie der Mensch.

↑ In manchen Lebensräumen sind Oberflächen häufig mit vielen verschiedenen Flechten bedeckt. Hier wachsen auf einem Zweig *Lobaria pulmonaria* (grün-braun) und eine Flechte der Gattung *Parmelia* (grau).

CERRENA UNICOLOR

Aschgrauer Wirrling

Bizarres Liebesdreieck

WISS. NAME	*Cerrena unicolor*
ABTEILUNG	Basidiomycota
ORDNUNG	Polyporales
FAMILIE	Polyporaceae
HABITAT	Wald

Auf den ersten Blick könnte man die fächerartig übereinanderstehenden Fruchtkörper (Konsolen) von *Cerrena unicolor* mit der weitverbreiteten Schmetterlings-Tramete *(Trametes versicolor)* verwechseln, die beide auf verrottendem Holz wachsen. Ein deutliches Unterscheidungsmerkmal sind jedoch die Algen auf der Oberseite dieses pelzigen Pilzes, die ihr eine moosgrüne Farbe verleihen.

Zudem ist der Lebenszyklus von *Cerrena unicolor* viel komplizierter und faszinierender als der von *Trametes versicolor,* denn er bildet eine Symbiose mit zwei Insektenarten: der Holzwespe *Tremex columba,* die mutualistisch mit dem Pilz zusammenlebt, und der Schlupfwespe *Megarhyssa atrata,* die ein Parasitoid der Holzwespe ist.

Megarhyssa atrata gehört zur Familie der Schlupfwespen (Ichneumonidae). Die Larven der Ichneumonidae leben als Parasitoide in ihrem Wirt, den sie schließlich töten. Weil ihre Beutetiere normalerweise sehr klein sind, müssen die meisten Schlupfwespen noch kleiner sein, aber die Gattung *Megarhyssa* macht da eine Ausnahme – ihre Vertreter sind sehr groß. *Megarhyssa atrata* ist die größte Art; die Weibchen werden fast 19 cm lang, wenn man Fühler und Legebohrer mitrechnet.

Das Weibchen spürt die im Holz abgelegten Larven der Holzwespe mithilfe von chemischen Signalen auf, die ihr Pilzpartner *Cerrena unicolor* abgibt. Sie lässt sich auf dem verrottenden Holz nieder und erkundet durch lebhaftes „Trillern" der Fühler die Umgebung; möglicherweise entdeckt sie so die Bewegungen von Larven im Holz. Dann bohrt sie mit ihrem außerordentlich langen Legebohrer durch das Holz bis in die Röhre mit den Holzwespenlarven und legt ein Ei entweder direkt im Larvenwirt oder in der Röhre ab (das ist wissenschaftlich noch nicht geklärt). Wenn die Schlupfwespenlarve schlüpft, ernährt sie sich von der Holzwespenlarve und verzehrt sie in wenigen Wochen vollständig. Die Verpuppung erfolgt in der Röhre des Wirtes, und im folgenden Frühjahr erscheint die adulte *Megarhyssa atrata.*

→ Wegen ihrer Grünfärbung sieht *Cerrena unicolor* oft alt und verfault aus.

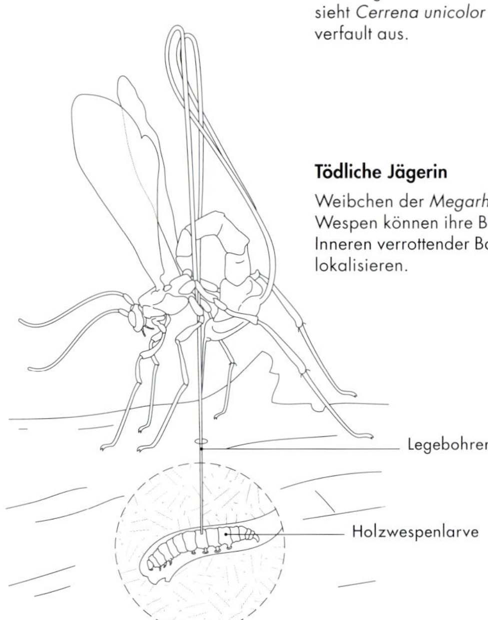

Tödliche Jägerin

Weibchen der *Megarhyssa*-Wespen können ihre Beute tief im Inneren verrottender Baumstämme lokalisieren.

LABOULBENIALES

Obligate Parasiten

WISS. NAME	*Hesperomyces virescens*
ABTEILUNG	Ascomycota
ORDNUNG	Laboulbeniales
FAMILIE	Laboulbeniaceae
HABITAT	Wald und urbaner Siedlungsbereich

Eine der bizarrsten Pilzgruppen, von denen Sie vermutlich noch nie gehört haben, ist die Ordnung Laboulbeniales. Alles an diesen winzigen Ascomyceten ist ungewöhnlich, doch sie bilden die größte Gruppe pilzlicher Arthropodenparasiten, mit über 2200 beschriebenen Arten aus 142 Gattungen. Normalerweise sind sie wirtsspezifisch; die meisten Laboulbeniales parasitieren auf räuberisch lebenden Käfern (der Familien Carabidae und Staphylinidae), doch als Wirt dienen auch andere Insekten sowie einige weitere Gruppen wie Milben und Tausendfüßer.

Die Pilze sind überwiegend Ektoparasiten; sie dringen mit einem sehr dünnen und kaum spürbaren Haustorium in das Exoskelett des Wirtes ein, sodass nur eine geringe oder gar keine Schädigung erfolgt.

Schau genauer hin

Was wie winzige Härchen oder Körperglieder am Exoskelett des Insekts aussieht, entpuppt sich bei eingehender Betrachtung als Thalli von Laboulbeniales-Pilzen. Jeder Thallus produziert Sporen, die – häufig bei der Paarung – auf den Insektenwirt abgefeuert werden.

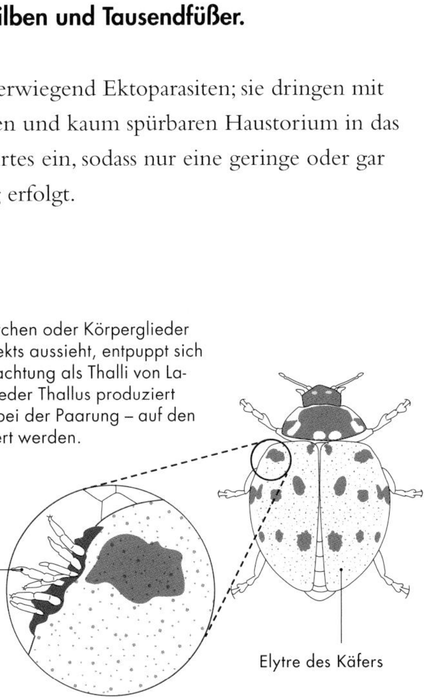

Obwohl ungeheuer häufig und weitverbreitet, wurde diese unscheinbare Pilzgruppe erst Mitte des 19. Jahrhunderts entdeckt. Der Mykologe Mordecai Cubitt Cooke nannte sie „beetle hangers", also „Käferanhänger". In unzähligen Insektensammlungen waren die Pilze bereits „mit an Bord" gewesen, doch man hatte sie jahrhundertelang übersehen – falls man sie mal bemerkte, hielt man sie für Auswüchse des Insekts, vielleicht Haare oder gar Körperglieder. Heinrich Anton de Bary war wahrscheinlich der Erste, der sie als Pilze bezeichnete, doch erst für den Harvardprofessor Roland Thaxter wurde ihre Erforschung zum Lebenswerk; er beschrieb 103 Gattungen und 1260 Arten.

Noch immer werden neue Arten entdeckt, die sich oftmals vor aller Augen in jahrzehnte- oder jahrhundertealten Sammlungen befinden. So sah sich die Biologin Ana Sofia Reboleira, als sie als Associate Professor im Naturhistorischen Museum der Universität Kopenhagen arbeitete, Fotos von nordamerikanischen Tausendfüßern an, die auf Twitter geteilt worden waren. Weil irgendetwas an den Tieren nicht zu stimmen schien, verglichen Reboleira und ihre Kolleg:innen die Fotos mit Exemplaren aus ihrem Museum. Tatsächlich entdeckten sie eine neue Art der Laboulbeniales – die erste überhaupt auf einem amerikanischen Tausendfüßer – und nannten sie nach der Social-Media-Plattform *Troglomyces twitteri*.

→ Ein Asiatischer Marienkäfer *(Harmonia axyridis)* mit einer großen Kolonie der bizarren Laboulbeniales. Diese Marienkäfer stammen ursprünglich aus Ostasien, sind heute aber weltweit zu finden, weil man sie zur Bekämpfung von Blattläusen und vielen anderen Schadinsekten eingeführt hat.

TERMITOMYCES TITANICUS

Der Titan unter den Pilzen

WISS. NAME	*Termitomyces titanicus*
ABTEILUNG	Basidiomycota
ORDNUNG	Agaricales
FAMILIE	Lyophyllaceae
HABITAT	Wald

Termitomyces titanicus **bildet die größten Blätterpilzfruchtkörper. Der Stiel dieses Kolosses wird bis zu 50 cm lang, und der Hut kann einen Durchmesser von 1 m erreichen. Der Lebenszyklus dieses begehrten Speisepilzes ist jedoch noch viel bemerkenswerter als seine Größe. Pilze der Gattung** ***Termitomyces,*** **die in Afrika und Südostasien vorkommen, sind obligate Biotrophe von Termiten, die sie in ihren unterirdischen Nestern züchten.**

Ihr Lebenszyklus ähnelt verblüffend dem der *Leucocoprineae,* die von den Blattschneiderameisen und verwandten Arten der Neuen Welt gezüchtet werden – ein beeindruckendes Beispiel für konvergente Evolution (siehe S. 173–175).

Obwohl alle Termiten Pflanzenmaterial fressen, benötigen die meisten von ihnen Mikroorganismen im Darm, die für sie die Cellulose verdauen. Es gibt allerdings eine Unterfamilie der Termiten – die Macrotermitinae –, die die Umwandlung der Pflanzencellulose in verdaubare Nahrung nicht diesen Mikroorganismen überlassen, sondern *Termitomyces*-Pilzen. Die Termiten fressen frisches Pflanzenmaterial, das ihren Darm passiert und dann kaum verdaut tief in ihrem labyrinthartigen Nest zu einem Substrat für die Pilze verarbeitet wird. Einige Termitenarten ernähren sich ausschließlich von den Myzelien (und ungeschlechtlichen Sporen) der heranwachsenden Pilze, während andere sie fressen, um die Enzyme aufzunehmen, die ihnen beim Verdauen von weiterem Cellulosematerial helfen.

Nicht alle Arten von *Termitomyces* bilden Fruchtkörper, aber diejenigen, die es tun, entwickeln als Erstes einen sehr langen „wurzelähnlichen" Stiel, der Richtung Erdoberfläche wächst. Der Pilzhut ist zunächst fest und spitz, mit einer harten Beule (Perforatorium) an der Spitze, mit deren Hilfe der Fruchtkörper die Wand des Nestes und verdichteten Boden durchstößt. Dann kann sich der Pilz oberirdisch entwickeln und zu einem wahren Giganten heranwachsen.

Ein gewaltiger Pilz
Fruchtkörper dieser Art können erstaunliche Ausmaße erreichen.

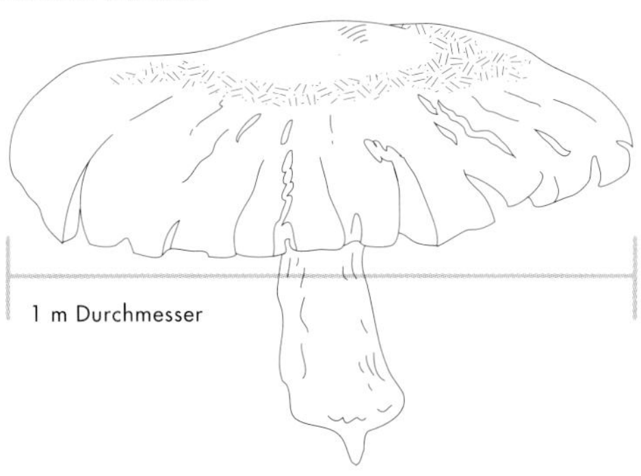

→ Willkommener Fund – *Termitomyces titanicus* ist ein beliebter Speisepilz, der an vielen Orten wächst, wie zum Beispiel in Sambia, wo dieses Foto entstand.

BRYORIA TORTUOSA • BRYORIA FREMONTII

Bartflechten

Unsichtbar vor unserer Nase

WISS. NAME	*Bryoria tortuosa* und *Bryoria fremontii*
ABTEILUNG	Ascomycota
ORDNUNG	Lecanorales
FAMILIE	Parmeliaceae
HABITAT	Wald

Flechten sind überall, doch wir schenken ihnen kaum Aufmerksamkeit. Was wie eine bloße Verfärbung eines Steins oder einer Baumrinde aussieht oder wie ein fransiger Auswuchs an Zweigen, ist jedoch in Wahrheit eine faszinierende Lebensform, die ganz beiläufig ihrer Arbeit nachgeht. Was wir sehen, ist großenteils Pilzgewebe, das eine Symbiose mit einem Photosynthese treibenden Organismus eingegangen ist; während der Photobiont für die Bildung von Kohlenhydraten zuständig ist, bestimmt der Mykobiont im Wesentlichen, wo es lang geht.

Davon ist man seit mehr als einem Jahrhundert ausgegangen, doch kürzlich hat sich gezeigt, dass vielleicht alles falsch ist, was wir über Flechten zu wissen glaubten. Seit Langem fragen sich Forscher:innen, warum es im Labor fast unmöglich ist, einen Pilz- und einen Photobiontpartner zur Bildung einer Flechte zu bewegen. Überdies lassen sich Unterschiede zwischen Flechtenarten nicht immer genetisch erklären – so beispielsweise bei den Ascomyceten-Flechten *Bryoria tortuosa* und *Bryoria fremontii*. Erstere produziert das tödliche Pilzgift Vulpinsäure, Letztere dient schon lange als Nahrungsmittel. Doch trotz ihrer großen Unterschiede in Verhalten und Aussehen bestehen sie beide aus dem gleichen Pilz, der mit der gleichen Alge in Symbiose lebt. Was also hat sie zu verschiedenen Arten gemacht?

2011 machte sich Toby Spribille daran, diese Frage zu beantworten. Bei einem Abgleich der beiden Arten mit bekannten Gensequenzen von Ascomyceten (den üblichen Pilzpartnern bei Flechten) konnte er zunächst keine Unterschiede feststellen. Darum weitete er die Suche auf alle bekannten Gensequenzen von Pilzen aus und wurde fündig – nicht bei einem Ascomycetenpilz, sondern einem Hefepilz der Abteilung Basidiomycota. Wie der Wissenschaft bislang völlig entgangen war, verbarg sich der Hefepilz in der Flechte und schien das Schlüsselelement für die Symbiose zwischen Ascomycet und Photobiont zu sein. Der unauffällige Pilz hatte sich jahrhundertelang erfolgreich versteckt und ließ sich im Flechtengewebe nur an einem fluoreszierenden Farbstoff aufspüren, der spezifisch für Basidiomycetenzellen ist. Die Forschungen sind noch nicht abgeschlossen, aber es wurden bereits viele weitere Flechtenarten entdeckt, deren dritter Partner ein hoch spezialisierter Hefepilz ist.

→ Flechtenarten der Gattung *Bryoria* sehen oft so aus, als trage ein Baum Haare.

PORODAEDALEA PINI

Kiefern-Feuerschwamm

Gestalter von Lebensräumen

WISS. NAME	*Porodaedalea pini*
ABTEILUNG	Basidiomycota
ORDNUNG	Hymenochaetales
FAMILIE	Hymenochaetaceae
HABITAT	Wald

Der Kiefern-Feuerschwamm ist der bedeutendste pathogene Pilz an Koniferen der nördlichen Hemisphäre. Selbst wenn infizierte Bäume nicht absterben, verlieren sie ihren kommerziellen Nutzen, da der innere Verfall eine Gefahr für Erholungsgebiete und öffentliche Bereiche darstellt. Gleichzeitig profitieren aber viele Organismen des Ökosystems von diesem Pilz.

Pilze – insbesondere solche, die Holzfäule verursachen – gestalten den Lebensraum von einer Reihe verschiedener Tiergruppen, und Bäume, die von innen nach außen verrotten, dienen unzähligen Gliederfüßern sowie höhlenbewohnenden Vögeln und Säugetieren als Habitat.

Holzfäulepilze sind ein äußerst wichtiger Symbiont für Vogelarten, die sich in Baumstämmen und -ästen Höhlen zimmern. In Nordamerika ist die Beziehung zwischen Pilzen und dem gefährdeten Kokardenspecht besonders interessant, weil er der einzige Vogel ist, der sich auf das Aushöhlen des Kernholzes lebender Kiefern spezialisiert hat. Das zu bewerkstelligen kann Jahre dauern, doch bei Bäumen, die von *Porodaedalea* befallen sind, ist die Bruthöhle in einem Bruchteil der Zeit fertig. Deshalb transportieren die Vögel den Pilz direkt von Baum zu Baum. Auch der Ort, wo sie ihre nachfolgende Bruthöhle errichten, bleibt nicht dem Zufall überlassen. Die Baumpilzkonsolen zeigen den Vögeln an, wo die Besiedlung durch die Pilze am intensivsten und das Holz besonders weich ist; darum beginnen die Spechte mit dem Aushöhlen unmittelbar unter den Fruchtkörpern, die aus den Wirtsbäumen wachsen.

Der Kokardenspecht ist eine Schlüsselart in den empfindlichen Ökosystemen der Sumpfkiefer im Süden der USA, die häufig von Bränden heimgesucht werden. Verschiedene Anpassungen schützen den Baum vor Feuer und Krankheitserregern; so produziert er große Mengen von Harz (viel mehr als die meisten anderen Kiefern). Dieses Harz wird auch vom Kokardenspecht genutzt, der um die Bruthöhle herum kleine Löcher in den Stamm hackt, um den Harzfluss in Gang zu halten und auf diese Weise Räubern wie Schlangen den Weg zum Nest zu versperren.

→ Fruchtkörper des Baumpilzes *Porodaedalea pini*

GYRODON MERULIOIDES

Seltsame Symbiose: Eschen oder Läuse?

WISS. NAME	*Gyrodon merulioides*
ABTEILUNG	Basidiomycota
ORDNUNG	Boletales
FAMILIE	Paxillaceae
HABITAT	Wald und urbaner Siedlungsbereich

Zur Gattung *Fraxinus* (Eschen) gehören viele Arten, die in Nordamerika, Europa und Asien vorkommen. Die Weiß-Esche *(Fraxinus americana)* ist im Osten Nordamerikas verbreitet und dient dort als Wirt eines ausgesprochen sonderbaren Pilzes namens *Boletinellus merulioides* (Syn. *Gyrodon merulioides*). Dieser Pilz erscheint häufig auf Grasflächen und in Parks, immer nahe bei seinem Wirtsbaum, fällt aber normalerweise nicht weiter auf. Schaut man jedoch unter die Erdoberfläche, wo er an den Baumwurzeln sitzt, wird die Sache interessant.

Obwohl man lange davon ausging, dass es sich bei dem Pilz um einen Boleten handelt, war die Stammesgeschichte der Gattung *Boletinellus* nicht geklärt, weshalb diese Gruppe von Pilzen mal der einen, mal der anderen taxonomischen Gruppe zugerechnet wurde. Sicher schien lediglich, dass es ein Mykorrhizapilz ist, wie alle Boleten – doch heute weiß man, dass selbst das nicht stimmte!

Bei genauer Untersuchung entpuppt sich der Pilz als Symbiont einer Blattlaus, die als Parasit an den Wurzeln des Baumes lebt. Der Pilz scheint dem winzigen Insekt Schutz zu bieten, indem er um es herumwächst und schwarze Gallen an den Wurzeln des Wirtsbaums bildet. Tatsächlich: Die Blattlaus sitzt im Inneren der Hyphengallen und ernährt sich von dem Baum, während der Pilz, wie es scheint, seine gesamte Nahrung vom Insekt erhält.

Leider werden Eschen in Teilen Nordamerikas seltener, da sie dem Asiatischen Eschenprachtkäfer *(Agrilus planipennis)* zum Opfer fallen, und infolgedessen geht auch der Bestand an *Gyrodon merulioides* zurück. Der invasive Asiatische Eschenprachtkäfer tauchte erstmals 2002 in Detroit, Michigan, auf. Die adulten Tiere – grün schillernd und etwa so groß wie ein Reiskorn – ernähren sich von den Blättern der Bäume und legen Eier in die Ritzen der Borke. Die geschlüpften Larven bohren sich durch die Rinde in das Phloemgewebe, das Wasser und Nährstoffe transportiert, und bringen den Baum letztlich zum Absterben. Mittlerweile hat dieser kleine Käfer zig Millionen Bäume in mindestens 35 US-Bundesstaaten, meist im östlichen und mittleren Amerika, sowie im Süden Kanadas geschädigt und getötet. 2017 verkündete die International Union for Conservation of Nature (IUCN), dass sechs Eschenarten Nordamerikas durch ihn gefährdet oder stark gefährdet sind.

→ So gut wie nichts an *Gyrodon merulioides* entspricht den üblichen Erwartungen. Von oben sieht der Pilz wie jeder andere Bolet aus, doch auf der Unterseite entdeckt man statt Röhren ein faltiges (merulioides) oder geädertes Hymenium.

PILZE UND MENSCHEN

Ein Planet im Wandel

Unsere Naturräume sind bedroht – Klimaerwärmung, Habitatverlust, invasive Arten und Verlust der Biodiversität sind nur einige der Herausforderungen, vor denen sie stehen. Diese Bedrohungen haben nicht nur Auswirkungen auf die Gesundheit der Erde, sondern auf sämtliches Leben, uns eingeschlossen. In diesem Kapitel schauen wir uns die betreffenden Probleme genauer an und untersuchen, inwiefern Pilze zu ihrer Lösung beitragen können.

↓ Immer mehr Menschen wollen die freie Natur genießen, und weltweit ist die Zahl der Personen sprunghaft angestiegen, die nach wilden Pilzen suchen – und sei es nur zu Bildungszwecken oder um sie zu fotografieren.

In den letzten Jahren hat das Interesse an der Natur im Allgemeinen sowie an der Suche nach wilden Pilzen im Besonderen stark zugenommen. Auf diese Weise rücken unsere Naturräume mehr in den Fokus, was zweifellos sinnvoll ist. Doch dabei hat sich auch gezeigt, dass die Natur vielfältigen – teils altbekannten, teils neueren – Stressfaktoren ausgesetzt ist. Zuvorderst ist zu nennen, dass die Natur unter unserer Zuneigung geradezu erstickt. Je mehr Menschen sich in die Wälder aufmachen, um nach Nahrung zu suchen, zu wandern oder einfach nur Erholung vom Alltagsstress zu finden, desto größer wird der Fußabdruck, den sie in der freien Natur hinterlassen.

In einem größeren Maßstab werden die globale Klimaerwärmung und ihre Auswirkungen schon seit Jahrzehnten erforscht. Wir wissen, dass sich die Verbreitungsgebiete von Arten verändern: Einige Orte werden wärmer oder so feucht/trocken, dass sich die Lebensbedingungen verschlechtern, während andere, die früher zu feucht/trocken oder zu kalt waren, nun günstigere Voraussetzungen bieten. Für einige Arten bleibt infolgedessen jedoch kein passender Lebensraum mehr übrig – sie werden unweigerlich aussterben.

Der Klimawandel hat zu noch anderen Beobachtungen geführt, und dank der sozialen Medien lässt sich heute manches weltweit und in Echtzeit verfolgen. Aufzeichnungen verraten, dass sich die Blühzeiten vieler Pflanzen immer weiter nach vorne verschieben und einige Pflanzen innerhalb einer Saison zweimal blühen. Pilze bleiben im Laufe des Jahres zwar die meiste Zeit verborgen und lassen sich daher nicht so leicht erforschen wie Pflanzen, doch scheinen sie den gleichen Mustern zu folgen – bei einigen Pilzarten erfolgt die Fruchtkörperbildung schon früher im Jahr, während andere zweimal im Jahr Fruchtkörper bilden.

DIE CO_2-KRISE

Das Problem ist Kohlenstoff. Oder, genauer, Kohlenstoffdioxid. Das globale Klima erwärmt sich schon seit Langem, doch durch die Verbrennung fossiler Energieträger, wodurch tonnenweise CO_2-Abfallstoffe in die Atmosphäre geblasen werden, haben wir Menschen das Tempo der Erwärmung drastisch erhöht. Mit 416 Teilen pro Million ist die Kohlendioxidkonzentration heute so hoch wie seit Jahrmillionen nicht mehr und steigt möglicherweise schneller als jemals zuvor.

Es ist jedoch eine Bewegung in Gang geraten, die die globale Erderwärmung frontal angehen will, und eine ihrer mächtigsten Waffen könnte schlicht ein Pilz sein. Wie bereits erwähnt (siehe S. 182) sind Arbuskuläre Mykorrhizapilze (AM) bislang kaum bekannt. Wir wissen im Grunde nur, dass sie weltweit vorkommen und mit den meisten Pflanzen eine Symbiose eingehen, beispielsweise mit der Mehrheit der bedeutenden Nutzpflanzenarten.

Immer mehr Wissenschaftler:innen kommen zu dem Schluss, dass sich mit landwirtschaftlichen Praktiken, die diese nützlichen Bodenpilze fördern und damit auch die Produktion von Nutzpflanzen steigern, der Umwelt wirkungsvoll Kohlendioxid entziehen lässt. AM-Pilze sorgen für eine enorme Vergrößerung des effektiven Wurzelsystems von Pflanzen, indem sie ein riesiges Netz von nährstoff- und wasserabsorbierenden Hyphen produzieren. Diese Hyphen vergrößern die Rhizosphäre einer Pflanze (den Bereich des Bodens, auf den sie einwirkt) immens; sie absorbieren organische Nährstoffe direkt aus dem Boden und steigern die Primärproduktion (und demnach auch die Kohlenstoffspeicherung) in gesunden und gestressten Lebensräumen gleichermaßen.

Diese Pilze sind überdies wichtige Bodenproduzenten; gemeinsam mit den mit ihnen assoziierten Mikroorganismen bilden sie ein klebriges Protein namens Glomalin. Man kann sich Glomalin als einen organischen „Leim“ vorstellen; er erzeugt eine stabile Bodenarchitektur, die luft-, wasser- und wurzeldurchlässig ist. Ohne eine gute Struktur drohen Böden Wasserverlust oder -sättigung sowie Erosion.

Glomalin kann auch die Kohlenstoffbindung und -speicherung im Boden beschleunigen. Glomalin besteht bis zu 30–40 Prozent aus Kohlenstoff. AM-Pilze könnten eine entscheidende Rolle bei der Bekämpfung der Erderwärmung spielen, was ein Umdenken beim Erstellen von Modellen zum Klimawandel erfordert. Da die Aktivität von Mykorrhizapilzen so große Auswirkungen auf die Unmengen von Kohlenstoff im

← Bodenproben aus verschiedenen Teilen Nordamerikas; Unterschiede in der Bodenzusammensetzung ergeben unterschiedliche Färbungen.

↗ Aus dem Boden gewonnenes Glomalin

→ Mikroskopaufnahme einer Maiswurzel, auf der Arbuskuläre Mykorrhizapilze zu erkennen sind. Die runden Strukturen sind Sporen, umgeben von fadenförmigen Hyphen. Alles ist von Glomalin umhüllt, sichtbar gemacht durch eine grüne Antikörperfärbung; der Antikörper ist spezifisch für Glomalin.

Boden hat, werden für Vorhersagen von globalen Erwärmungsraten in zunehmendem Maße immer neue Daten über Mykorrhizapilze, Glomalin und Bodenkohlenstoff berücksichtigt.

Obwohl Glomalin in naturbelassenen Böden jahrzehntelang erhalten bleiben kann, hat tiefes Umgraben oder Pflügen unter Umständen eine dramatische Reduzierung von Glomalin und seinen assoziierten Mykorrhizapilzen zur Folge. Auch bestimmte Pestizide, chemischer Dünger, Verdichtung, Verlust von organischer Substanz und Erosion können die Aktivität von Mykorrhiza im Boden einschränken oder verhindern. Ohne die Bindefähigkeit von Mykorrhiza verschlechtert sich die Bodenstruktur, was dazu führt, dass sich die nützlichen mikrobiellen Populationen verringern und Kohlendioxid in die Atmosphäre entweicht. Weil große Teile des Nahrungsnetzes im Boden

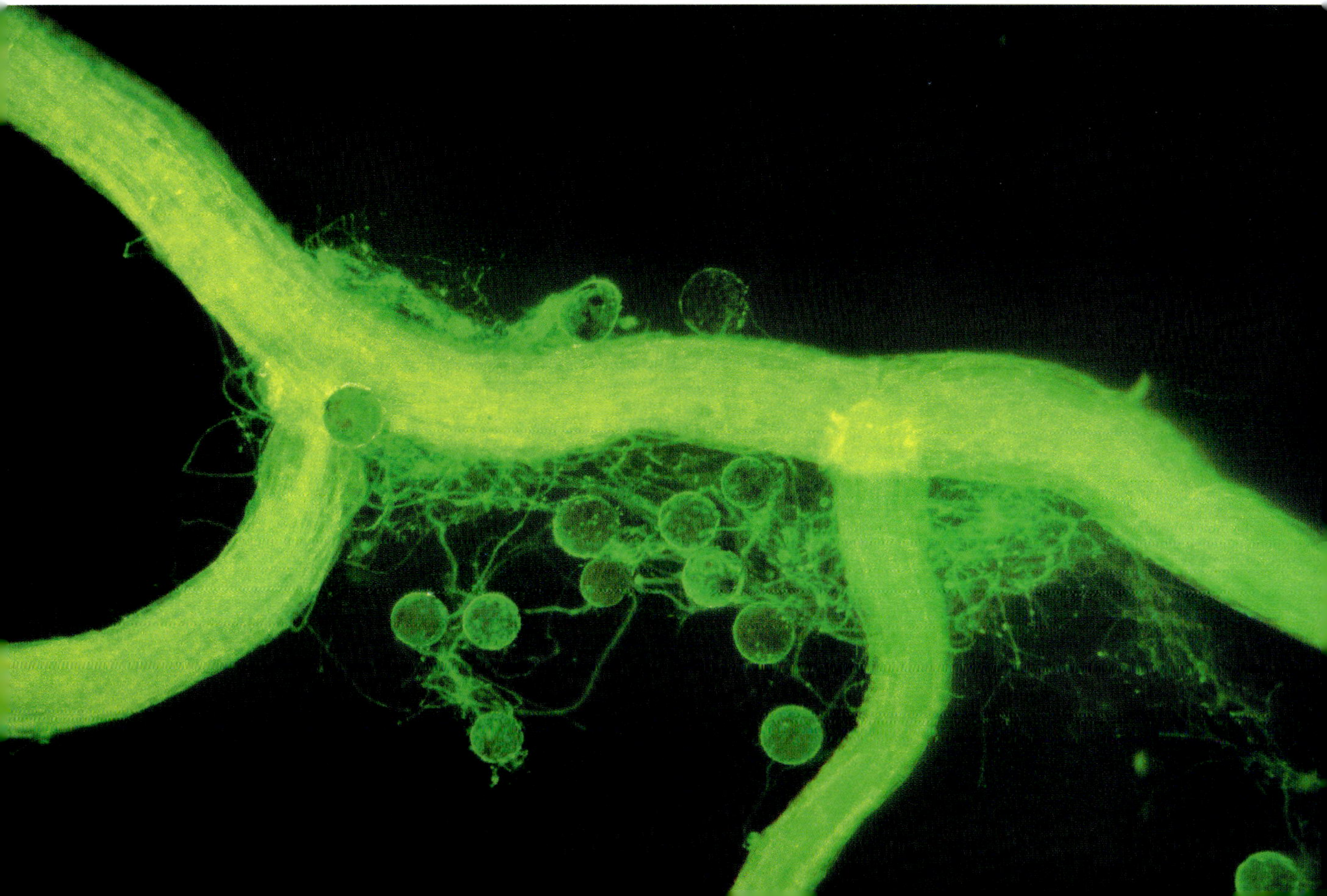

← Gesunde Böden mit organischer Substanz im Verbund mit Pilzen

→ Agrarbereiche von oben gesehen

zerstört werden, sind Erzeuger gezwungen, mehr zu düngen und zu grubbern – eine ungute Rückkopplungsschleife.

Um diese Abwärtsspirale zu durchbrechen, braucht es Praktiken, die Mykorrhizapilze begünstigen. Wir wissen, dass biologisch bewirtschaftete Böden größere Mykorrhiza-Populationen aufweisen, und deren Wachstum können alle Erzeuger fördern. Winterharte Zwischenfrüchte liefern Mykorrhizapilzen Energie, und eine Fruchtfolge mit Leguminosen wie Klee, Alfalfa, Erbsen und Bohnen gibt dem Boden Stickstoff zurück. Zudem schafft ein sparsamer Gebrauch von chemischen Zusätzen eine Umgebung, die die Ausbreitung von Mykorrhizapilzen und assoziierten Mikroorganismen sowie die Produktion von Glomalin begünstigt.

DIE WELT IN FLAMMEN

Die Belege häufen sich, dass aufgrund der Erwärmung der Ozeane in vielen Küstengebieten Regenfälle, Überschwemmungen (wegen steigender Meeresspiegel durch schmelzendes Polareis) und immer heftigere Stürme dramatisch zunehmen werden. Gleichzeitig warten auf das Binnenland heißere und trockenere Jahre, was zu häufiger auftretenden Flächenbränden führt. Diese düsteren Vorhersagen der Wissenschaft bestätigen sich bereits: 2020 erlebte Nordamerika all diese Katastrophen in einem Ausmaß wie nie zuvor. Im selben Jahr kam es auch in Grönland und Gebieten oberhalb des nördlichen Polarkreises zu beispiellosen Flächenbränden, praktisch ganz Australien stand in Flammen, und in Brasilien verbrannten Flächen von rund 11 000 km² – ein Gebiet so groß wie der US-Bundesstaat Connecticut. Kaum ein Jahr später verwüsteten riesige Brände weite Teile Patagoniens in Südamerika.

↑ Im australischen Outback schwelendes Buschfeuer

Weltweit haben Flächenbrände Menschen und ihrem Eigentum verheerende Verluste zugefügt und hinterlassen bleibende Schäden bei Arten und Ökosystemen. Allein im Jahr 2020 wurden in den US-Staaten Kalifornien, Oregon und Washington durch Feuer etwa 20 000 km^2 zerstört und mindestens 35 Menschen getötet. Noch schlimmer traf es Australien – von September 2019 bis März 2020 (die dortige Saison für Sommerbrände) fielen über 110 000 km^2 den Flammen zum Opfer, mitsamt katastrophalen 20 Prozent des gesamten Baumbestandes des Landes. Selbst normalerweise feuerbeständige Regenwälder und Feuchtgebiete wurden vernichtet.

Diese Habitatverluste bedrohen nicht nur Arten mit kleinen Populationen oder beschränktem Verbreitungsgebiet (vermutlich werden einige aussterben) – sie könnten auch permanente ökologische Veränderungen

nach sich ziehen, falls sich verbrannte Landschaften nicht wieder erholen. Laut einem Bericht der australischen Regierung haben in der Feuersaison 2019–2020 schätzungsweise 114 bedrohte Pflanzen- und Tierarten 50–80 Prozent sowie 327 Arten über 10 Prozent ihrer Lebensbereiche verloren. Demzufolge soll die Liste der bedrohten Arten Australiens erweitert werden: Mindestens 41 Wirbeltierarten, die vor den Bränden nicht gefährdet waren, sind nun bedroht, und weitere 21, die bereits als bedroht geführt wurden, benötigen jetzt noch dringender Schutz.

Natürlich gibt es Ökosysteme, die schon lange brandanfällig sind, und einige Organismen brauchen sogar Feuer, um zu gedeihen. Überdies können Brände invasiven Arten, die sich ungewollt verbreitet haben, den Garaus machen. Dennoch haben die großflächigen und häufig auftretenden Brände der jüngeren Vergangenheit insgesamt negative Auswirkungen. Es gibt bereits einige Ökosysteme in Nordamerika, die sich von häufigen oder intensiven Bränden nicht mehr erholen, und vielerorts hat der Verlust von Vegetation den Einzug neuer invasiver Arten begünstigt. In manchen Gebieten, etwa dem Wüsten-Beifuß-Ökosystem des Großen Beckens östlich der Sierra Nevada und in den Wäldern der Klamath Mountains längs der Grenze zwischen Kalifornien und Oregon haben invasive Büsche oder Gräser flächendeckend die Herrschaft übernommen.

Pilze sind nicht nur eine zentrale Komponente gesunder lebendiger Wälder – sie können auch entscheidend zur Erholung der Natur nach einem Brand beitragen. Von den rund 430 Ascomyceten (Schlauchpilzen) im Pazifischen Nordwesten bilden über 100 Arten ausschließlich nach einem Waldbrand Frucht-

WALDMOSAIK

Immer größere und verheerendere Flächenbrände sind ein Problem, das nicht leicht zu lösen ist, aber eins ist klar: Wir müssen den Wäldern wieder ein natürlicheres Leben – und Sterben – ermöglichen. Mit dem Begriff „Mosaik" lassen sich natürliche Wälder besonders gut definieren. Eine mosaikartige Vegetation kann man am Boden und auch aus der Luft erkennen – ein Patchwork aus alten und jungen Bäumen, verbrannten und nicht verbrannten Bereichen und unterschiedlichen Mengen an gespeichertem Kohlenstoff in der Erde. Da bislang zahlreiche Wälder mit dem Ziel einer maximalen Nutzholzproduktion bewirtschaftet wurden, galten Lichtungen, kleine verbrannte Gebiete und überalterte Bäume in der kommerziellen Forstwirtschaft als „ineffizient" – für diese gilt ein riesiger, ununterbrochener Bestand aus gleichaltrigen Bäumen als viel wertvoller. Doch wenn diese unnatürlichen Waldbestände in Brand geraten (was unweigerlich irgendwann geschieht), kommt es zu einer unnatürlich großen und zerstörerischen Feuersbrunst.

↑ Luftaufnahme eines gesunden Waldes mit unterschiedlich alten Bäumen und Lücken

körper, von denen viele recht klein und leicht zu übersehen sind. Größere Basidiomyceten (Ständerpilze) scheinen sich ebenso zu verhalten, darunter Arten von *Pholiota, Psathyrella, Inocybe, Tricholoma, Clitocybe* und anderen Gattungen.

Pyrophile („feuerliebende") Pilze, die zuweilen als „phoenicoid" bezeichnet werden (weil sie wie der legendäre Phoenix aus der Asche erstehen), findet man überall auf der Welt und auf jedem Kontinent außer der Antarktis. Über die meisten weiß man noch wenig, doch je genauer sie erforscht werden, desto mehr offenbaren sie ihre zentrale Bedeutung für gesunde Wälder. Einer der am gründlichsten untersuchten und wichtigsten ist der kleine *Geopyxis carbonaria* (Gemeiner Kohlenbecherling), der ein Mykorrhiza-Partner der meisten Waldkoniferen ist. Meist bleibt er unsichtbar, doch nach einem Feuer ist er üblicherweise der erste Pilz, der im Frühjahr eine verbrannte Fläche bedeckt. *Geopyxis* gilt als Vorbote der Pilze, die als Nächstes zum Vorschein kommen – die „Feuermorcheln". Morcheln sind ein großes Geschäft und sehr beliebt und demzufolge bekannte Vertreter der feuerliebenden Pilze. Als erster Lamellenpilz, direkt nach den Morcheln, erscheint danach *Pholiota highlandensis,* der Kohlenschüppling, auf der Bildfläche. Im Gegensatz zu den meisten *Pholiota*-Arten lebt diese feuerliebende Art als endophytischer Partner in Waldpflanzen, bildet aber nur nach einem verheerenden Brand Fruchtkörper aus.

↑ *Pholiota highlandensis* ist eine nach einem Feuer erscheinende Pionierart.

AM RANDE DES AUSSTERBENS

Biolog:innen sind sich einig, dass wir die lebenserhaltenden Systeme der Erde rasant zerstören. Ökosysteme bestehen aus komplexen Gruppen von Organismen, die unsere lebendige Landschaft bilden, indem sie Atmosphäre, Wasser und Böden regulieren sowie als Quelle für Nahrung, Medikamente und viele andere wichtige Erzeugnisse dienen. Doch die Ökosysteme der Erde büßen zunehmend an Diversität und Komplexität ein und schwinden mit dem allmählichen Verlust der jeweiligen Arten dahin.

2020 kam ein Biodiversitätsgipfel der Vereinten Nationen zu dem Schluss, dass rund eine Million der geschätzten 8,5 Millionen Arten von Pflanzen, Tieren und anderen Organismen dicht vor dem Aussterben stehen und bereits die Hälfte der Populationen von Organismen, die es vor 50 Jahren noch gab, verschwunden ist. Dieser Verlust an Biodiversität scheint sich zu beschleunigen. Im Laufe der letzten 25 Jahre wurde etwa ein Viertel der tropischen Regenwälder vernichtet und mit ihnen zahlreiche Arten, die sie gebildet und in ihnen gelebt haben. Wie viele genau, lässt sich nicht sagen, weil erst 10 Prozent der wohl zigtausend Arten in diesen Habitaten identifiziert wurden. Darum ist davon auszugehen, dass uns die meisten vernichteten Arten für immer unbekannt bleiben.

Die wichtigsten Ursachen dieser Verluste sind die Zerstörung von Lebensräumen, Zersiedelung und Klimaerwärmung, und solange wir diese (und weitere Ursachen) nicht in den Griff bekommen, laufen wir Gefahr, mindestens 80 Prozent der Arten weltweit zu verlieren. Dies sind ähnliche Relationen wie vor 66 Millionen Jahren, als die Dinosaurier ausstarben und viele der Pflanzen und Tiere, die wir heute kennen, ihren Siegeszug antraten. Aus diesem Grund sind die

↖ Luftaufnahme der Goldmine und Entwaldung im Ida-Gebirge in der Türkei

↑ *Amanita muscaria,* bekannt als Fliegenpilz – hier im Mount Lofty Botanic Garden in den Adelaide Hills, Südaustralien. Die unter Schutz stehenden Gärten sind ein Paradies für diese und andere Pilzarten und beherbergen Kängurus, Ameisenigel, zahlreiche Vogelarten und eine vielfältige Pflanzenwelt.

→ Leben auf engstem Raum in Hongkong

meisten Wissenschaftler:innen überzeugt, dass das sechste Massenaussterben eingesetzt hat.

Anders als bei Elefanten oder Walen oder anderen nicht zu übersehenden Säugetieren ist bei einem Pilz viel schwerer festzustellen, ob er wirklich selten vorkommt oder ob er nur selten Fruchtkörper bildet und daher nicht oft sichtbar ist. Nehmen wir etwa *Hericium cirrhatum,* den Dornigen Stachelbart, einen in Bäumen lebenden Saprobionten, der selten zu sehen ist und daher mancherorts als gefährdet gilt. Neuere Studien über Holzfäulepilze, in deren Verlauf an unterschiedlichen Stellen Holzproben genommen und molekularbiologisch untersucht wurden, erbrachten jedoch, dass dieser Pilz so gut wie überall vorkommt. Er bildet schlicht nur selten Fruchtkörper aus. Demzufolge ist das Myzel in den Wäldern Europas verbreitet, doch der Pilz zeigt sich nur bei den seltenen Anlässen, wenn sein stacheliger Fruchtkörper aus einem Baum hervorsprießt. Niemand weiß, warum er sich kaum einmal blicken lässt, und bis vor Kurzem wusste man nicht einmal von seiner Existenz. Vor uns liegt also noch ein langer Weg, bis wir die Welt der Pilze in ihrer ganzen Diversität inventarisiert haben, und vieles bleibt uns noch verborgen – manchmal direkt vor unserer Nase.

Zweifellos jedoch ist ein Verlust an Biodiversität ein gravierender Stressfaktor für unseren Planeten und muss daher umgehend aufgehalten werden. Der Weg, der vor uns liegt, ist klar. Wir müssen dem Habitatverlust Einhalt gebieten und die derzeitige Erkundung der Biodiversität der Erde fortsetzen – oder besser noch beschleunigen. Wir müssen unser Bestes geben, um herauszufinden, warum Arten im Schwinden begriffen sind, und das Ruder herumreißen. In vielen Fällen liegt die Lösung vielleicht nicht auf der Hand, und die Gründe für den Rückgang eines Organismus können komplex sein. Komplexe Probleme sind aber nicht zwangsläufig unlösbar.

→ Bei vielen Wäldern genügt eine kurze Prüfung, um ein vielfältiges Spektrum an Pilzen, Flechten und Moosen zu entdecken.

↓ Selten oder einfach nur selten zu sehen? *Hericium cirrhatum* ist ein schöner, aber mysteriöser Pilz.

Pilze in Haus und Garten

Trotz bester Technologie und Unmengen verschiedener Chemikalien vernichten Schädlinge – einschließlich Pilzen – schätzungsweise über 50 Prozent der weltweit erzeugten Nahrungsmittel. Aber sind sie wirklich der Feind, den wir in ihnen sehen?

← Frisches Obst wird oft schon von anderen verzehrt, bevor wir die Gelegenheit dazu haben. Man sieht sie nicht, aber die Luft um uns herum ist erfüllt von Pilzsporen. Alles, worauf sie sich niederlassen können, kann ihnen als Nahrung dienen.

↙ Ein verlassenes Haus verfällt schnell; Pilze gehen im Handumdrehen ans Werk.

Dass die Hälfte der weltweiten Nahrungserzeugnisse verloren geht, bevor sie auf unserem Teller landet, ist wirklich verblüffend – betroffen sind Nutzpflanzen auf dem Feld, nach der Ernte und bei der Lagerung. Gegen Pilze scheint es jedoch ein simples Mittel zu geben: Da sie Feuchtigkeit benötigen, um zu gedeihen, muss man zur Konservierung von Nahrungsmitteln (wie auch von Kleidung, Häusern und Hausrat) im Grunde nur auf absolut trockene Lagerbedingungen achten.

Dies in die Praxis umzusetzen ist allerdings nicht so einfach, denn schon bei geringster Feuchtigkeit nutzen Pilze so gut wie alles gern als Nahrungsquelle – zum Beispiel Dinge aus Cellulose (Kleidung aus Baumwolle, Bücher, Teppiche, sogar die Kartonage auf Gipskartonplatten), Holz, Leder oder jedes erdenkliche natürliche Material. Passt man nicht auf, gehen Pilze zum Angriff über und der Zerfall setzt ein – unschätzbare Museumssammlungem, Antiquitäten und Bibliotheken sind allesamt in Gefahr. Bei Raumtemperatur verderben Obst und Essensreste schnell, und auch wenn Kühlschränke diesen Prozess verlangsamen können, lassen sich Pilze (oder andere Mikroorganismen) dadurch nicht auf Dauer abhalten. Auch im Kühlschrank verwest unsere Nahrung langsam, Minute um Minute, vor sich hin. Tatsächlich verzehren oder vernichten Pilze letztlich fast alles, was sich gerade in ihrem Blickfeld befindet, und eine Reihe von Pilzen wird – falls sie die Chance haben – auf und in den Materialien wachsen, aus denen Ihr Zuhause besteht.

NÜTZLICHE PILZE

So zerstörerisch Pilze auch sein können, haben Wissenschaftler:innen doch Wege gefunden, sich einige von ihnen nutzbar zu machen. So verwendet die Industrie *Trichoderma reesei* zur Produktion von Cellulasen (Enzyme, die Cellulose spalten).

Alle industriell genutzten Stämme dieses Pilzes stammen von einem einzigen Isolat ab, das während des Zweiten Weltkriegs auf den Salomon-Inseln gewonnen wurde. Damals bescherte der Pilz der U.S. Army ein

gravierendes Problem: Er zerstörte die Leinwandzelte der Soldaten, die dort im feuchten Dschungel stationiert waren.

Es ist eine Ironie der Geschichte, dass die U.S. Army alles tat, um sich des Pilzfeindes zu erwehren, und heutzutage Hersteller von Baumwolltextilien *Trichoderma reesei* als Verbündeten betrachten. Der Pilz wird in riesigen Tanks gezüchtet, um die von ihm abgesonderten Cellulasen zu gewinnen, wobei ein Großteil der Enzyme an Produzenten von Denim-Jeans geht, die mit ihrer Hilfe den modernen „Stonewashed-Look" erzeugen (manchmal verwendet man dazu auch Steine oder Bimsstein, die den Jeansstoff leicht aufrauen, aber Cellulasen erzielen den gleichen Effekt und sind billiger). Die Enzyme dienen auch vielerlei anderen Zwecken – zum Einsatz kommen sie in Waschmitteln, Textilien, der Zellstoffverarbeitung, Nahrungsmitteln und der Produktion von Viehfutter.

In jüngerer Zeit betrachtet man aus Pilzen gewonnene Enzyme zudem als mögliche Lösung für unsere Abhängigkeit von fossilen Brennstoffen, weil sie zur Herstellung von Biokraftstoffen genutzt werden. Derzeit gewinnt man Ethanol größtenteils durch die Fermentation von Zucker aus den Früchten von Pflanzen (vor allem Getreide), doch pflanzliche Biomasse – wie Gras und Holz – ist eine potenziell sehr viel reichhaltigere Quelle. Das Problem besteht darin, die gesamte Pflanzencellulose abzubauen und in fermentierbare Zucker umzuwandeln, und da kommen die Cellulasen aus Pilzen (wie *Trichoderma reesei*) ins Spiel.

↑ Hersteller von Denim-Jeans verwenden *Trichoderma reesei* zur Erzeugung von Stonewashed-Effekten.

→ Die Transmissionselektronenmikroskopie verschafft uns Einblick in eine Zelle von *Trichoderma reesei*.

Die Hauptakteure bei vielen dieser Anwendungen sind Arten von *Trichoderma.* Zu dieser sehr umfangreichen, weltweit verbreiteten Gattung gehören besonders schnell wachsende und dominante Bodenpilze. Viele von ihnen sind Schädlinge für Pflanzen und andere Pilze und werden von Pilzfarmern gefürchtet – vermutlich haben Sie schon einmal diesen grünen Schimmelpilzbelag auf gerade gekauften Shiitake-Pilzen entdeckt.

Paradoxerweise freuen sich Anbaubetriebe über manche Pilze, die als Epiphyten auf der Oberfläche von

VERHEISSUNG BIOKRAFTSTOFF

Forscher:innen in Indien konnten zeigen, dass der Schlauchpilz *Metarhyzium anisopliae* große Mengen an Lipase-Enzymen produziert, die Fette und andere Lipide spalten. Dies lässt sich möglicherweise zur kostengünstigen Erzeugung von Biodiesel nutzen. Wer weiß – vielleicht werden Biokraftstoffe dank Pilzen in den kommenden Jahren zu einer realistischen Option?

Pflanzen wachsen und und auf diese Weise anderen, lästigeren Pilzen den Platz wegnehmen. Analog zu Marienkäfern, die zur Bekämpfung von Insekten eingesetzt werden, gibt es für Erzeuger industriell hergestellte Mischungen dieser nützlichen Pilze als „biologischen Pflanzenschutz" vor Pathogenen. Mit *Trichoderma harzianum* beispielsweise werden im Agrarbereich andere Pilze bekämpft, während *Metarhyzium anisopliae* (ein enger Verwandter) in Handelspräparaten gegen viele verschiedene Arten von Insekten in Haus und Garten, wie Ameisen, Termiten und Thripse, zur Anwendung kommt. Ein weiteres „Biopestizid" ist *Metarhyzium acridum,* der zum Abtöten von Insekten auf Feldern dient – insbesondere bei Heuschreckenplagen in Australien, wo das Produkt unter den Bezeichnungen Green Muscle und Green Shield vertrieben wird. Die vielleicht interessantesten Bodenpilze zur Bekämpfung von Getreideschädlingen sind jedoch Arten der Gattung *Arthrobotrys;* sie sind bekannt für die ausgeklügelten Netze und Schlingen, in denen sie Nematoden fangen – mehr dazu auf Seite 234.

In der Forstwirtschaft nutzt man ebenfalls nützliche antagonistische Pilze, um gegen *Heterobasidion annosum,* den Gemeinen Wurzelschwamm, vorzugehen. Dies ist ein weitverbreiteter und gefährlicher Weißfäulepilz, der sich von einem Baumstumpf über Wurzelkontakt auf gesunde Bäume ausbreiten kann. Besprüht man jedoch die Stümpfe frisch geschlagener Bäume mit einer einfachen Sporensuspension des hübschen Saprobionten *Phlebiopsis gigantea* (Großer Zystidenkammpilz; syn. *Peniophora gigantea*), wird die Besiedelung durch das Pathogen unterbunden.

↖ Pilzkultur von Trichoderma harzianum

↑ Pilzkultur von Phlebiopsis gigantea

→ *Metarhyzium anisopliae* wird zur natürlichen Bekämpfung vieler schädlicher Insekten, zum Beispiel dieser Stinkwanze, industriell produziert.

Unwillkommene Pilze

Für viele Organismen hat die Klimaerwärmung zweifellos katastrophale Folgen, aber für andere ist sie ein Segen. In langen Perioden ökologischer Selbstregulation warten diese Sonderlinge einfach nur ab, aber sobald es zu einer klimatischen Umwälzung kommt, können sie prächtig gedeihen.

Viele invasive Arten scheinen von einer wärmer werdenden Umwelt zu profitieren. Laut neueren Untersuchungen verkürzt sich bei einigen von ihnen der Lebenszyklus und sie pflanzen sich früher fort, während sich bei anderen das Populationswachstum beschleunigt, weil sie insgesamt fitter sind (bemessen nach der Durchschnittsgröße sich fortpflanzender Individuen, einem größeren Anteil überlebender fortpflanzungsfähiger Individuen und proportional mehr Individuen, die sich fortpflanzen).

Geht es um invasive Arten, denk man jedoch meist nicht an Pilze. Die Schlagzeilen beherrschen üblicherweise größere und besser sichtbare Organismen: die Riesen-Goldrute, der Japanische Staudenknöterich, die Asiatische Hornisse, der Asiatische Laubholzbockkäfer oder auch Waschbären, die ursprünglich aus Nordamerika kommen und sich mittlerweile auch in Europa wohlfühlen. Zu den problematischen invasiven Arten gehören jedoch auch Pilze. Wo sie neu auftreten, führen sie häufig zu massiven ökologischen Problemen. Verursacht wird dies durch die zufällige Verbreitung robuster Pilzsporen aufgrund des globalen Handels wie auch durch die Zerstörung von Naturräumen, die eine perfekte Brutstätte für die Entstehung neuer Pilze schafft.

Sogar einige Großpilzarten geben Anlass zur Besorgnis. *Amanita phalloides* – der berüchtigte Grüne Knollenblätterpilz – scheint sich global auszubreiten und macht Schlagzeilen, sobald er mit essbaren Pilzen verwechselt wird. Ein weiterer Vertreter der Gattung, der in Europa heimische Fliegenpilz, *Amanita muscaria,* scheint sich ebenfalls auf Wanderschaft begeben zu haben und geht mit bestimmten Nutzholzarten aus Baumschulen und Plantagen auf die Reise nach Amerika. Man befürchtet, dass sich dieser Pilz einbürgert und dort einheimische Mykorrhizapilze verdrängt, was ungeahnte Auswirkungen auf die Bäume haben kann. Entsprechend ist im östlichen Nordamerika der Zitronengelbe Seitling *(Pleurotus citrinopileatus)* dabei, sich in einigen Wäldern einzubürgern und auszubreiten.

Der Pilz *Mycosphaerella pini*, ein Baumschädling, der ursprünglich aus Nord-/Mittelamerika stammt, ist mittlerweile in Deutschland nachgewiesen. Er ist ein gefährliches Pathogen, vor allem an Kiefern, und der Erreger der sogenannten Rotbandkrankheit. Es ist anzunehmen, dass er entweder mit Tourist:innen oder durch eingeführtes Pflanzenmaterial nach Europa kam.

In großen Teilen Deutschlands, Österreichs und der Schweiz ist die Esche vom Eschentriebsterben betroffen. Dabei handelt es sich um eine Baumkrankheit, die durch den Pilz *Hymenoscyphus fraxineus* ausgelöst wird. Dieser kommt ursprünglich aus Ostasien und kam vermutlich mit importierten Eschenpflanzen nach Europa.

Haben sich invasive Arten erst einmal etabliert, sind sie nur schwer wieder loszuwerden; darum sollte man immer so früh wie möglich gegen sie einschreiten. Vor hundert Jahren hat das noch niemand getan, und darum werden wir die Uhr, was zahlreiche oder gar die meisten Eindringlinge betrifft, wohl nicht mehr zurückdrehen können. Dennoch kann es zumindest helfen, die existierenden Schädlinge in Schach zu halten und die Ausbreitung von neuen zu begrenzen, wenn man die Öffentlichkeit informiert und einbezieht. Das Bewusstsein dafür wächst, dass unsere Umwelt durch invasive Arten bedroht wird, und man ergreift aktiv Maßnahmen gegen Eindringlinge in Parks und Wäldern der Umgebung.

← Der essbare Zitronengelbe Seitling *(Pleurotus citrinopileatus)*. Hübsch – aber in Gebieten des östlichen Nordamerika breitet er sich immer weiter aus.

SERPULA LACRYMANS

Echter Hausschwamm

Heimzerstörer

WISS. NAME	Serpula lacrymans
ABTEILUNG	Basidiomycota
ORDNUNG	Boletales
FAMILIE	Serpulaceae
HABITAT	Wald und urbaner Siedlungsbereich

Denkt man an all die Katastrophen, die menschliche Behausungen beschädigen und zerstören, so hat man Schimmelpilze vermutlich nicht als Erstes auf dem Schirm. Hurrikans, Tornados, Überschwemmungen und Brände sorgen für Schlagzeilen, wohingegen bleibende Gebäudeschäden durch Schimmel und andere Pilze meist unkommentiert bleiben. Weltweit stellen sie jedoch eine sehr reale Bedrohung für Holzbauwerke dar. Der zerstörerischste von allen Pilzen, die Holz angreifen, ist der global vorkommende Echte Hausschwamm, der von Amerika bis Europa und Australien verheerende Schäden anrichtet.

Diese Geißel der Menschheit begleitet uns wahrscheinlich schon, seitdem der Mensch die ersten Behausungen aus Holz errichtet hat – sogar in der Bibel ist vom Echten Hausschwamm die Rede. Als sich die Menschen über die ganze Erde ausbreiteten, wanderte der Pilz mit ihnen, passte sich perfekt an und profitierte offensichtlich vom *Homo sapiens.*

Seltsamerweise ist die Ursache der Zerstörung – *Serpula lacrymans* – in der freien Natur praktisch nirgendwo anzutreffen. Keiner weiß, warum er im Freien kaum zu sehen ist; womöglich kann sich der Echte Hausschwamm nicht gut gegen die Unmengen anderer Mikroorganismen durchsetzen, die um dieselben im Totholz steckenden Kohlenhydrate kämpfen wie er. Dagegen ist er bestens an das Leben im getrockneten Nutzholz unserer Häuser angepasst, wobei er sowohl intaktes als auch durch Wasser beschädigtes Holz angreift. Trotzdem benötigt der Organismus Wasser, wie jeder andere Pilz auch. Um dem abzuhelfen, besitzt *Serpula lacrymans* die verblüffende Fähigkeit, Wasser (sowie Stickstoff und andere Nährstoffe) durch Myzelstränge (Rhizomorphen) zu transportieren – oft über weite Distanzen und sogar durch die Fundamente von Häusern hindurch.

Demzufolge steigt der Wassergehalt in sonst völlig trockenem Holz an, was die Besiedelung von zuvor ungünstigen Bereichen erleichtert. Die einsetzende Holzfäule erzeugt als Nebenprodukt von Stoffwechsel und Atmung des Pilzes noch mehr Wasser, was in einer Rückkopplungsschleife zu weiterer Besiedelung führt.

Serpula lacrymans kann überall auftauchen, wo Holz vorkommt, und selbst die in modernen Bauwerken zunehmende Menge an Kunststoffen scheint ihn nicht abzuschrecken. Auch einige anorganische Substanzen, wie Calcium- und Eisenionen, die der Pilz zum Beispiel aus Putz, Ziegeln und Steinen gewinnt, können das Wachstum des Hausschwamms fördern.

→ Hübsch, aber so zerstörerisch – der Echte Hausschwamm scheint durch Holzoberflächen geradezu hindurchzusickern, um dort die Zellintegrität des Holzes zu schwächen und letztlich zu vernichten.

BOTRYTIS CINEREA

Edelfäule: köstliche Chemie

WISS. NAME	*Botrytis cinerea*
ABTEILUNG	Ascomycota
ORDNUNG	Helotiales
FAMILIE	Sclerotiniaceae
HABITAT	Rebflächen und (urbaner) Siedlungsbereich

***Botrytis cinerea* ist ein überall vorkommender Schimmelpilz, der Lebensmittel befällt und vermutlich mehr gekühltes Obst und Gemüse verdirbt als jeder andere Mikroorganismus. Hat er genug Zeit, kann – und wird – dieser Pilz jegliches frische Obst, das Sie im Haus haben, ungenießbar machen. Wenn Sie nach einem Wochenendtrip heimkehren und feststellen, dass die Erdbeeren im Kühlschrank plötzlich Pelzmäntel tragen, haben sie diese nicht etwa übergezogen, weil ihnen kalt wurde – das war das Werk von *Botrytis cinerea*.**

Auch im Freien ist dieser Pilz verbreitet anzutreffen, wo er den Erzeugern zahlreicher Nutzpflanzen wie Weintrauben gravierende Schäden zufügt. Nicht immer jedoch ist er zerstörerisch. Unter günstigen Bedingungen vollziehen bestimmte Traubensorten eine magische Wandlung, wenn sie von Edelfäule befallen sind, und statt zu verderben, liefern sie Weine für höchste Ansprüche.

Wie gelingt dem Pilz dieses Zauberwerk? Bei einem Befall perforiert er die Beerenhaut, wodurch Feuchtigkeit verdunstet und die Trauben schrumpfen; entsprechend wird auch Eiswein aus gefrorenen, geschrumpften Trauben hergestellt. Der Wasserverlust erhöht den Zuckergehalt und verstärkt die Aromen, und diese werden durch *Botrytis cinerea* weiter verändert.

Die berühmtesten „botrytisierten" Weine sind die Sauternes-Weine aus einer Region nahe Bordeaux, wo sie bereits seit Jahrhunderten produziert werden, sowie der Tokajer aus Ungarn und der Slowakei mit einer fast 400 Jahre währenden Tradition. Während zur Erzeugung von Sauternes-Weinen zwei Schimmelpilze benötigt werden (reguläre Brauhefe plus *Botrytis cinerea*), braucht man drei Pilze für die namhaftesten Tokajer-Sorten. Der erste *(Botrytis cinerea)* befällt die Weintrauben im Freiland und lässt sie rosinenartig schrumpfen. Die botrytisierten Trauben werden geerntet und jungem trockenen Wein zugegeben; diese Mischung fermentiert in Weinkellern im Fass. Während des Alterungsprozesses gesellt sich ein dritter Pilz hinzu, *Zasmidium cellare,* ein verbreiteter schwarzer Schimmelpilz, der häufig an Wänden von unterirdischen Kellern wächst (siehe S. 82–83). Jeder Pilz trägt komplexe Aromen und Geschmacksnoten zur jeweiligen Weinsorte bei, die ihren unverwechselbaren Charakter ausmachen.

→ Auf Tuchfühlung mit dem Schimmelpilz *Botrytis cinerea*. Kaum zu glauben, dass diese unansehnliche Kreatur für himmlische Sauternes-Weine verantwortlich ist.

ARTHROBOTRYS DACTYLOIDES

„Lassopilze“: bei Landwirt:innen beliebt

WISS. NAME	*Arthrobotrys dactyloides*
ABTEILUNG	Ascomycota
ORDNUNG	Orbiliales
FAMILIE	Orbiliaceae
HABITAT	Agrarland

Pilze haben alle möglichen merkwürdigen Lebensweisen entwickelt, aber die vielleicht interessantesten – und gruseligsten – sind diejenigen, die Tiere, insbesondere Nematoden, erbeuten. Die Nematoden (Fadenwürmer) bilden eine der größten Gruppen der Wirbellosen und umfassen zigtausend benannte Arten. Diese winzigen runden Würmer bleiben wegen ihrer geringen Größe meist unbemerkt, sind aber so gut wie allgegenwärtig; sie kommen unter anderem als Saprobionten vor oder als Pathogene, die unsere Agrarpflanzen angreifen und bei Nutztieren Krankheiten auslösen.

Nematophage Pilze finden sich bei den Chytridiomyceten, Zygomyceten, Ascomyceten und Basidiomyceten (zu Letzteren gehören die Seitlinge, *Pleurotus* spp.).

Die Mechanismen, um Nematoden zu fangen, zu töten und zu verdauen, sind vielfältig. Manche, wie *Pleurotus*, bilden kurze dornige Auswüchse mit Toxinen an der Spitze, die ihre Beute bei Kontakt töten, während andere Konidien bilden, die von den Nematoden verdaut werden oder an ihnen haften bleiben, wenn sie sie passieren – bei der Keimung wird der Wirt rasch mit Pilzhyphen gefüllt. Außerdem gibt es Arten, die bewegliche Zoosporen bilden; diese werden von Nematoden chemisch angezogen, machen Jagd auf sie und heften sich an sie.

Die vielleicht besterforschten nematophagen Pilze sind Vertreter der Gattung *Arthrobotrys*. Ihre Hyphen durchdringen wie die meisten anderen Schimmelpilze den Boden, legen auf ihrem Weg aber Fallen aus. Einige *Arthrobotrys*-Arten bilden Ringe und Schlingen aus Hyphen, die einem klebrigen Netz ähneln, während andere Arten Schlingen erzeugen, die als „Lasso“ fungieren – versucht ein Nematode, eine Schlinge zu durchqueren, zieht sich diese um die Beute zu und hält sie fest. Die von *Arthrobotrys dactyloides* erzeugten Würgeringe bestehen aus drei Zellen, die aktiviert werden, sobald sie einen passierenden Nematoden wahrnehmen (im Labor hat sich auch Wärme als Auslöser erwiesen). Die drei Zellen schwellen rasch an und halten den Nematoden umklammert. Nach 24–36 Stunden ist er vollständig mit Hyphen ausgefüllt und wird von innen nach außen aufgefressen.

Lassos zum Schädlingsfang
Einen arglosen Nematoden, der sich durch ein Gewirr von Pflanzenwürzelchen und Pilzhyphen schlängelt, ereilt der Tod, ehe er sichs versieht.

→ Für Mykolog:innen sind die Nematodenschlingen der *Arthrobotrys*-Arten ein evolutionäres Wunder und für Landwirt:innen wahre Schätze. Für den Pflanzenschädling Nematode sind sie das Letzte, was er zu Gesicht bekommt. Lassowerfende Pilze werden als ökologisch wertvolle Bekämpfer eines sehr gefährlichen Schädlings erforscht und kommerziell genutzt.

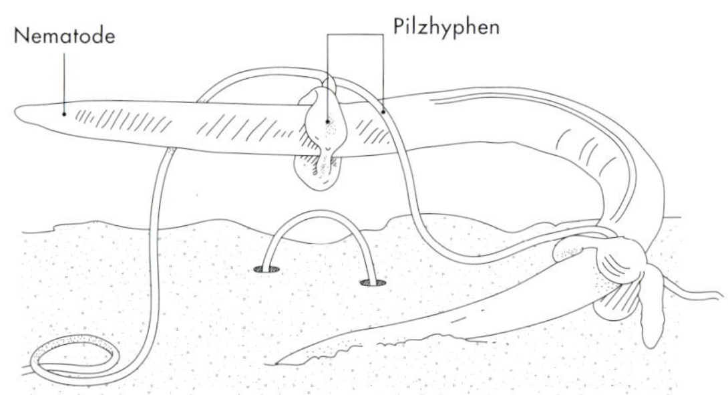

AMANITA MUSCARIA

Fliegenpilz

Eine invasive Art

WISS. NAME	*Amanita muscaria*
ABTEILUNG	Basidiomycota
ORDNUNG	Agaricales
FAMILIE	Amanitaceae
HABITAT	Wald und (urbaner) Siedlungsbereich

Der Fliegenpilz ist ohne Zweifel der bekannteste Pilz unseres Planeten. Wann immer ein Pilz für eine Illustration, eine Postkarte, einen Cartoon oder sogar für Emojis benötigt wird, greift man auf diesen hübschen roten Pilz mit seinen weißen Schuppen zurück. Er ist groß – sein Hut erreicht oft einen Durchmesser von bis zu 30 cm, der Stiel kann 30 cm hoch werden und hat eine schuppige, knollige Basis.

Der Fliegenpilz kommt auf allen Kontinenten außer der Antarktis vor, wobei es Unterschiede zwischen den Populationen gibt. Derzeit geht die Wissenschaft davon aus, dass mehrere Unterarten (Varietäten) existieren. Die ursprüngliche Beschreibung galt der roten Varietät aus Europa und Asien, doch im westlichen Nordamerika kommt eine andere rote Varietät vor und im östlichen Nordamerika eine gelbe. Selbst diese Farben weisen noch Abstufungen auf; die roten Varietäten können von rot über orange bis zu gelb und cremefarben reichen, und für die gelben Varietäten gilt die gleiche Farbenvielfalt.

Kürzlich sind Forscher:innen zu dem Schluss gekommen, dass der Fliegenpilz ein aggressiver invasiver Pilz ist und sich über die ganze Welt ausbreitet. Mittlerweile findet man *Amanita muscaria* in Australien und Neuseeland, Brasilien, Chile und Tansania. Dieser in Symbiose mit Bäumen lebende Mykorrhizapilz geht anscheinend mit Beständen aus Kiefer- und Eukalyptusplantagen auf die Reise und hat es mittlerweile bis nach Nordamerika geschafft – man hat Populationen in Alaska, Kalifornien und Massachusetts entdeckt. Für die Holzwirtschaft sind dies im Grunde zwar gute Nachrichten, da der Pilz das Wachstum von Plantagenbäumen außerhalb ihres natürlichen Verbreitungsraumes fördert, doch offensichtlich begnügt er sich nicht damit, sondern besiedelt in seiner neuen Heimat auch einheimische Arten. In Nordamerika erscheint er nun regelmäßig in Beständen einheimischer Birken, und was das für die Zukunft der Wälder bedeutet, ist noch unklar. Viele befürchten, dass der invasive Fliegenpilz möglicherweise die einheimischen Mykorrhizapilze verdrängt, die derzeit eventuell Schlüsselelemente eines gesunden Ökosystems sind.

→ Der Archetyp eines Pilzes, *Amanita muscaria*

LENTINULA EDODES

Shiitake

Kultiviert und domestiziert

WISS. NAME	*Lentinula edodes*
ABTEILUNG	Basidiomycota
ORDNUNG	Agaricales
FAMILIE	Omphalotaceae
HABITAT	Wald

Neben Obst- und Gemüsebau sowie Nutztierhaltung bauen Menschen seit Jahrhunderten weltweit auch Pilze an. Der Trend, zu Hause Speisepilze zu züchten, hat sich jedoch erst in den letzten Jahren etabliert. Es gibt wohl kaum etwas, das lohnender und nachhaltiger ist – als Nährmedium lässt sich alles von Rasenschnitt und anderen Celluloseabfällen bis hin zu Küchenresten oder gar Zeitungen und Pappe verwenden.

Pilze, die Mykorrhiza-Partner von Bäumen und anderen Pflanzen sind, können natürlich nicht angebaut werden, aber viele saprotrophe wilde Pilze, die man nahezu global auf Feldern und in Waldgebieten findet, wurden erfolgreich domestiziert, darunter der Violette Rötelritterling *(Collybia nuda)*, Riesen-Träuschlinge, Wiesenchampignons und Seitlinge. Andere Arten, wie Shiitake und Nameko, die einst als exotische Pilze in Restaurants serviert wurden, stehen nun im Supermarktregal. Selbst wenn man nicht gern Pilze isst, kann ihr Anbau Spaß machen – es ist schön, sie zu beobachten, zu fotografieren (sie eignen sich hervorragend für Zeitrafferaufnahmen).

Der Pilzanbau ist so populär geworden, dass man mittlerweile aus vielen Quellen eine „Pilzbrut" beziehen kann, den Ausgangspunkt für den Anbau. In den meisten Katalogen für Blumen- und Gemüsesamen werden nun auch Pilzbruten mit der entsprechenden Anleitung angeboten, doch es geht sogar noch einfacher. Viele wilde Pilze sind so widerstandsfähige Saprobionten, dass man ihre Fruchtkörper und ein wenig von dem Substrat, in dem sie wachsen, sammeln und zu Hause in ähnliche Substrate setzen kann. Ein Komposthaufen, ein gemulchtes Blumenbeet, ein Strohballen oder gar frisch geschlagene Holzklötze können im Freiland gesammelten Pilzen Nahrung bieten, solange sie nicht bereits vollständig von anderen, konkurrierenden Pilzen besiedelt worden sind. Noch eine sehr ernst gemeinte Warnung: Verzehren Sie niemals eine Pflanze oder einen Pilz, von denen Sie nicht ganz genau wissen, worum es sich handelt. Viele wilde Pflanzen und Pilze sind tödlich.

Shiitake-Anbau

Shiitake-Pilze werden schon lange auf Baumstämmen, ihrem natürlichen Substrat, gezüchtet. Heute baut man sie üblicherweise auf künstlichen „Stämmen" an. Der hier dargestellte „Stamm" war ursprünglich ein Beutel mit feuchtem Hartholz-Sägemehl, beimpft mit *Lentinula edodes*. Nach einigen Wochen durchdringt der Pilz das gesamte Substrat, baut es ab und bindet es zu einer festen Masse zusammen. Holt man den Stamm aus dem Beutel heraus, sprießen aus ihm wunderschöne – und schmackhafte – Shiitake-Pilze.

→ Erntereife Shiitake-Pilze. Ihren Namen verdanken sie den japanischen Wörtern für „Scheinkastanie" und „Pilz", *shii* und *take*.

PLEUROTUS NEBRODENSIS

Blasser Kräuter-Seitling

Eine gefährdete Art

WISS. NAME	*Pleurotus nebrodensis*
ABTEILUNG	Basidiomycota
ORDNUNG	Agaricales
FAMILIE	Pleurotaceae
HABITAT	Wald

Wie alles Leben auf der Erde sind Pilze durch Habitatverlust und andere Probleme bedroht. Einige stark gefährdete Organismen stehen auf der Roten Liste, damit sie geschützt und überwacht werden; zu ihnen gehört auch *Pleurotus nebrodensis,* eine Seitlingsart, die nach allem, was man weiß, nur noch in einer kleinen Region der Monti Nebrodi in Nordsizilien vorkommt.

Warum ist dieser Pilz so selten? Zunächst einmal: Sizilien ist eine Insel, weswegen der Lebensraum nie besonders weitläufig war und immer natürliche Grenzen aufwies. Wie viele andere Orte auch wurde dieses Habitat durch Landwirtschaft und Entwicklung immer stärker fragmentiert, was die Verbreitung des Pilzes noch mehr einengte. In gewisser Weise ist er zudem ein Opfer des eigenen Erfolgs – weil der Pilz köstlich schmeckt und teuer ist, kann niemand widerstehen, ihn trotz seines Schutzstatus mitzunehmen.

Aufgrund dieser verschiedenen Stressfaktoren gehen italienische Wissenschaftler:innen davon aus, dass jährlich weniger als 250 Fruchtkörper zur Fruchtreife gelangen und Sporen freisetzen; darum steht der Pilz nun auf der Roten Liste. Doch es gibt Grund zur Hoffnung. In den letzten Jahren hat der italienische Mykologe Gianrico Vasquez Populationen dieses Pilzes auf dem Festland Italiens angesiedelt, sodass er sich möglicherweise wieder weiter verbreitet, als man befürchtete. Wie zahlreiche andere Pilze wird er vermutlich selten zu sehen sein, weil er nicht so häufig Fruchtkörper bildet, und das nicht nur, weil er „selten“ ist. Darüber hinaus ist es findigen Pilzzüchter:innen gelungen, diesen köstlichen Speisepilz zu kultivieren. Wer weiß – vielleicht finden Sie schon bald kultivierte Exemplare in einem Supermarkt um die Ecke.

→ Obwohl im Freiland vielleicht schon bald ausgestorben, wird *Pleurotus nebrodensis* neuerdings kultiviert, wie hier zu sehen.

PILZE UND DIE ZUKUNFT

Pilze, die heilen und ernähren

Die meisten Pilze verrichten unbemerkt von uns ihre Arbeit, doch sie sind überall. Ob es uns klar wird oder nicht – kein Tag vergeht, ohne mit ihnen zu interagieren. Sie begegnen uns in Form von Krankheitserregern, Medizin, Nahrung oder etwas gänzlich anderem.

Es spielt keine Rolle, ob wir Pilze faszinierend oder eklig finden – wir sind auf sie angewiesen, weil sie uns wichtige Dienste leisten und unzählige Produkte erzeugen, die für uns alle lebenswichtig sind. Während viele Schimmelpilze harmlos sind, bilden allerdings einige von ihnen starke Gifte, sogenannte Mykotoxine, zu denen unappetitlich klingende Stoffwechselprodukte gehören, wie Patulin, Ochratoxine, Vomitoxin und Trichotecene. Aflatoxin$_{B1}$, das von dem Pilz *Aspergillus flavus* produziert wird, ist die am stärksten krebserzeugende natürlich vorkommende Verbindung weltweit. Bei Mais, Erdnüssen und einigen weiteren Getreidearten wird strikt darauf geachtet, dass sie nicht von diesem gefährlichen Pilz befallen werden. Noch weiß man nicht genau, warum Pilze Mykotoxine bilden; man vermutet, dass sie damit andere konkurrierende Mikroorganismen in ihrer Umgebung unterdrücken oder eine Art chemischer Kommunikation zwischen ähnlichen Arten unterhalten, die zufällig für andere Lebewesen giftig ist.

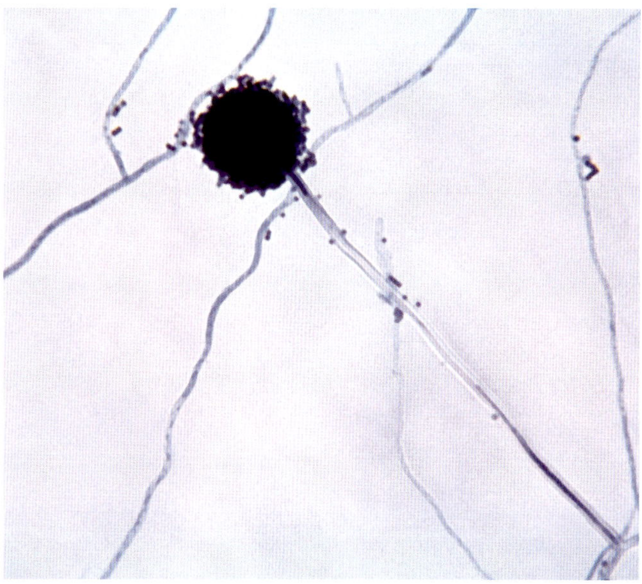

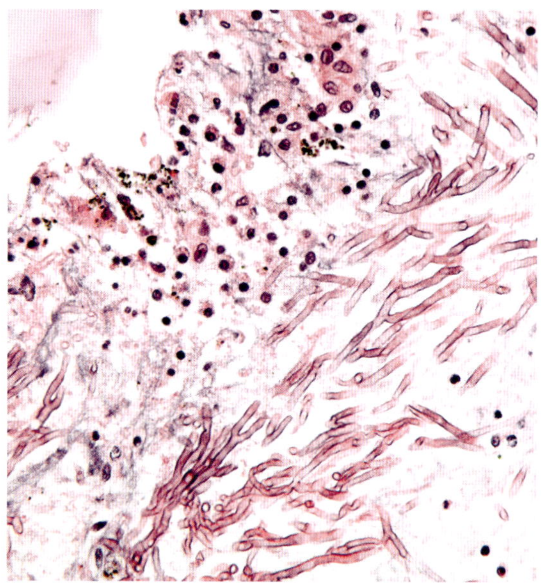

← Schimmelpilze der Gattung *Aspergillus* können Krankheiten hervorrufen; eine Biopsie von Lungengewebe offenbart eine Aspergillose-Infektion.

↙ Konidiophore einer *Aspergillus*-Art, die als Produzent von Mykotoxinen bekannt ist.

↓ Mikroskopische Aufnahme einer *Penicillium*-Art. Wie *Aspergillus* sind auch *Penicillium*-Arten verbreitet für den Verderb von Nahrungsmitteln im Haushalt und anderswo verantwortlich.

Während uns diese Toxine gefährlich werden können, haben wir andere antimikrobielle Verbindungen in Pilzen für uns nutzbar gemacht. Sie sind gesundheitsfördernd und können sogar Leben retten. So ist *Claviceps purpurea* wohl vor allem bekannt, weil er Ergotismus verursacht (siehe S. 88), doch er weist auch eine spezielle Verbindung auf, die eine Verengung der Blutgefäße erzeugt und in Medikamenten zur Behandlung von gefäßbedingten Kopfschmerzen genutzt wird. Außerdem produziert er Lisergsäurediethylamid (LSD) und verwandte Verbindungen, die man schon lange im Hinblick auf ihre therapeutische Wirkung in der Psychiatrie erforscht, und es gibt bereits interessante Ergebnisse bei der Behandlung von Depression und anderen Krankheiten.

Das vielleicht berühmteste Antibiotikum – das unzählige Menschenleben gerettet hat – ist jedoch Penicillin, eine von einem Schimmelpilz der Gattung

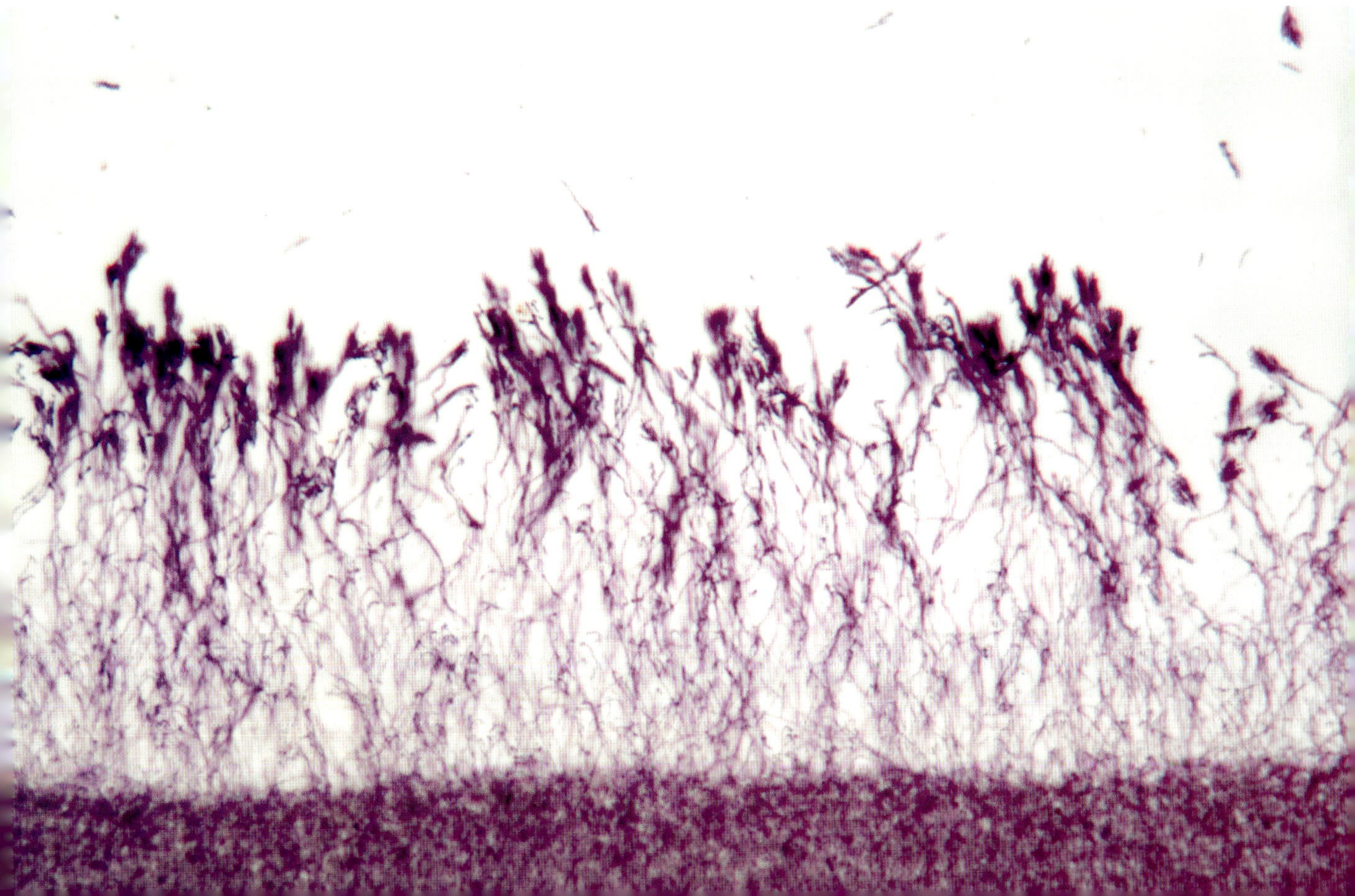

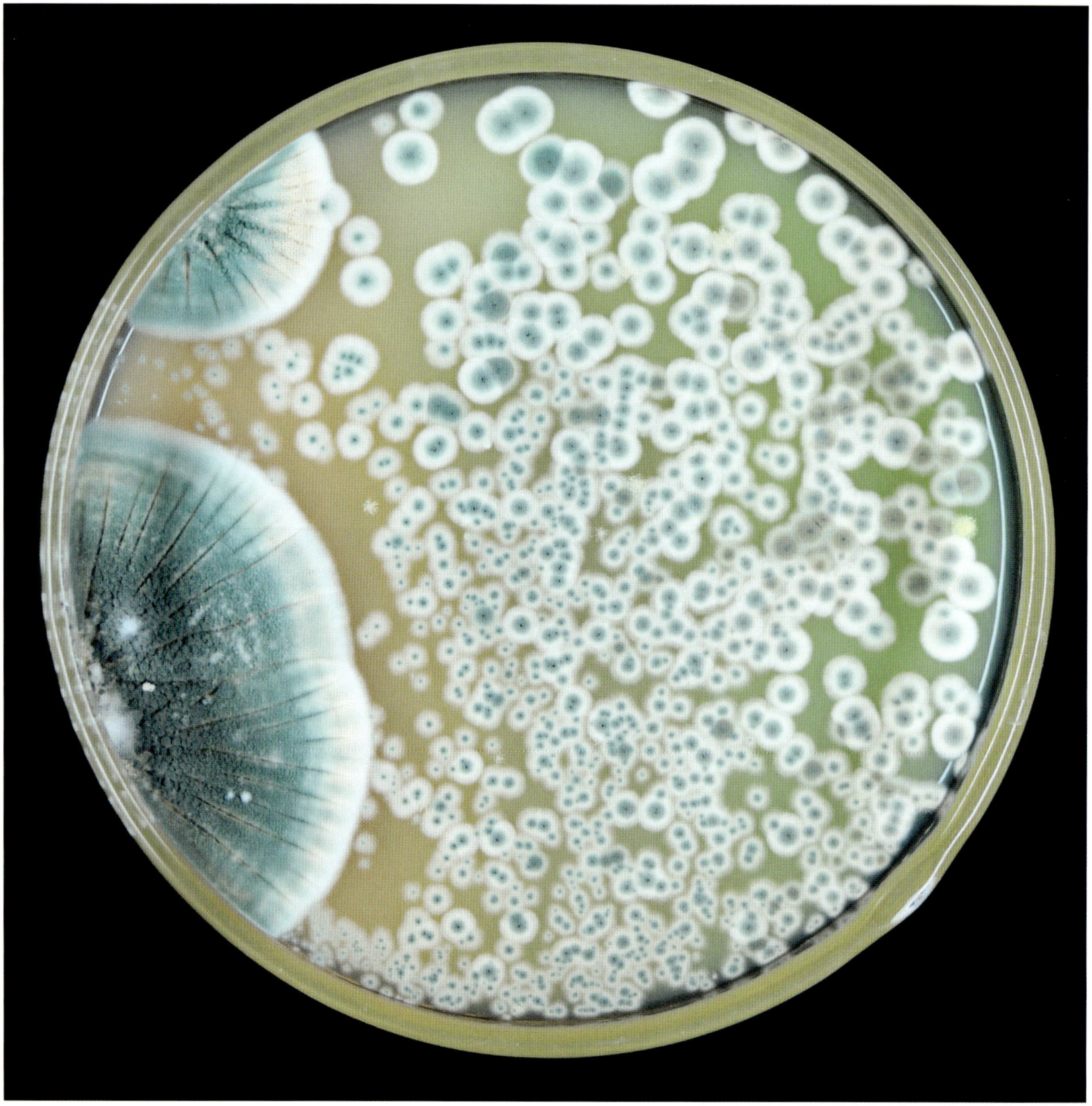

↑ *Penicillium*-Kultur. Diese weitverbreiteten Pilze können auf vielerlei Substraten wachsen.

→ Auf diesem Foto sind Flaschen mit *Penicillium*-Kulturen und kleine Ampullen mit Penicillin zu sehen, die im Zweiten Weltkrieg produziert wurden. Vor der Entwicklung von Antibiotika starben oft mehr Soldaten an Infektionskrankheiten als auf dem Schlachtfeld.

Penicillium erzeugte Verbindung. Die Entdeckung des Penicillin war reiner Zufall. Eigentlich galt der Pilz als Schadstoff und hätte in einem Labor überhaupt nichts zu suchen gehabt. Im Jahr 1928 bemerkte Alexander Fleming, dass sich in einer Bakterienkultur ein Schimmelpilz angesiedelt hatte. Für ihn als Mikrobiologen war eine Kontamination etwas Alltägliches, doch bei dieser Kultur war es anders – den Schimmelpilz schien ein freier „Hof" zu umgeben. Bis zu dieser Zone konnten sich die Bakterien ausbreiten, aber irgendetwas im Kulturmedium hielt sie davon ab, dem Pilz noch näher zu kommen. Fleming schloss daraus, dass der Pilz etwas in das Agarmedium abgab; er suchte und isolierte schließlich die betreffende Substanz und nannte sie Penicillin.

Seitdem wurden zahlreiche weitere aus Pilzen gewonnene Antibiotika entdeckt, darunter Cephalosporine und Griseofulvin; auch semisynthetische Penicilline sind mittlerweile verbreitet (Methicillin, Ampicillin, Carbenicillin, Amoxicillin usw.). Die Heilkräfte von Antibiotika wirken fast magisch, da sie Stoffwechselwege in den Bakterien angreifen, die in Tieren nicht vorkommen, und menschliche Zellen somit weitgehend unbeeinträchtigt bleiben. Ihr erstaunlicher Nutzen hat aber auch zu einer übermäßigen Verwendung geführt, sodass einige Bakterien Resistenzen gegen diese Arzneistoffe entwickelt haben, welche daher bei einer wachsenden Zahl von Erregern wirkungslos bleiben.

PILZE IN NAHRUNGSMITTELN

Pilze dienen nicht nur als Medizin, sondern auch als Grundlage von vielerlei fermentierten Nahrungsmitteln, Getränken und Geschmacksstoffen. Solange Einfachzucker (Monosaccharide) vorhanden sind, können Pilze diese zu Alkohol fermentieren; darum lassen sich Fruchtsäfte zu Wein vergären (der wiederum zu Weinbrand destilliert werden kann). Im Gegensatz zu

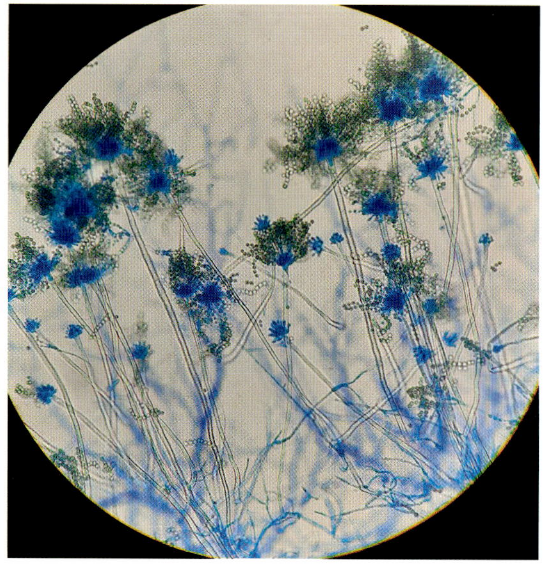

reifem Obst speichern Pflanzen Zucker in Getreide als Stärke. Diese ist erst fermentierbar, wenn das Korn auskeimt und Amylasen (Enzyme) erzeugt. Diese wandeln die Stärke in Zucker um, den der Keimling nutzen kann. Im Braugewerbe lässt sich der Keimungsprozess an diesem Punkt stoppen; das Malz wird vor dem Brauen getrocknet und geröstet – Bier wird mittels Fermentation von gemälztem Getreide hergestellt.

Da auch Sake aus Getreide (in diesem Fall Reis) hergestellt wird, ist er ebenfalls ein Bier, aber seine Produktion erfordert zwei Pilze, die gedämpftem Reis zugefügt werden. Der erste, *Aspergillus flavus* var. *oryzae* (auch „Kōji-Pilz" genannt), produziert große Mengen an Amylasen, die die Reisstärke zu einem fermentierbaren Zucker abbauen. Die anschließende Fermentation erfolgt mithilfe der Bierhefe *Saccharomyces cerevisiae.* In der asiatischen Küche ist *Aspergillus flavus* var. *oryzae* allgegenwärtig; genutzt wird er zur Herstellung von Miso, Sojasauce und Essigsorten sowie unzähligen anderen fermentierten Bohnenpasten und Saucen.

Aspergillus niger, ein weiterer Vertreter der Gattung, wird zur Erzeugung verschiedener Enzyme verwendet, wie Alpha-Galactosidase, die bestimmte komplexe Zucker abbaut, und ist ein Bestandteil von Nahrungsergänzungsmitteln gegen Flatulenz. Auch zur Herstellung von Glucose-Fructose-Sirup nutzt man *Aspergillus niger,* doch das ökonomisch wichtigste Produkt mit seiner Beteiligung ist Citronensäure – ein beliebter Geschmacksstoff in vielen Nahrungsmitteln und Erfrischungsgetränken. Citronensäure lässt sich zwar auch aus Zitrusfrüchten gewinnen. Diese Säure – sie ist übrigens Teil der Atmungskette – kann man aber viel billiger, einfacher und in beliebiger Menge mithilfe von Pilzen produzieren, die Citronensäure als Stoffwechselprodukt in ihr Nährmedium ausscheiden. Am besten

↑ Mit *Aspergillus flavus* var. *oryzae* kontaminierte Walnüsse. Schimmelpilze der Gattung *Aspergillus* wachsen auf allen möglichen Getreiden und Nüssen.

↗ Konidiophore einer *Aspergillus*-Art, die in der Ernährungs- und Arzneimittelindustrie zur Produktion von vielen nützlichen Verbindungen verwendet wird.

→ *Aspergillus niger* kommt überall im Boden vor und verursacht „Schwarzschimmel", der häufig Lebensmittel verdirbt.

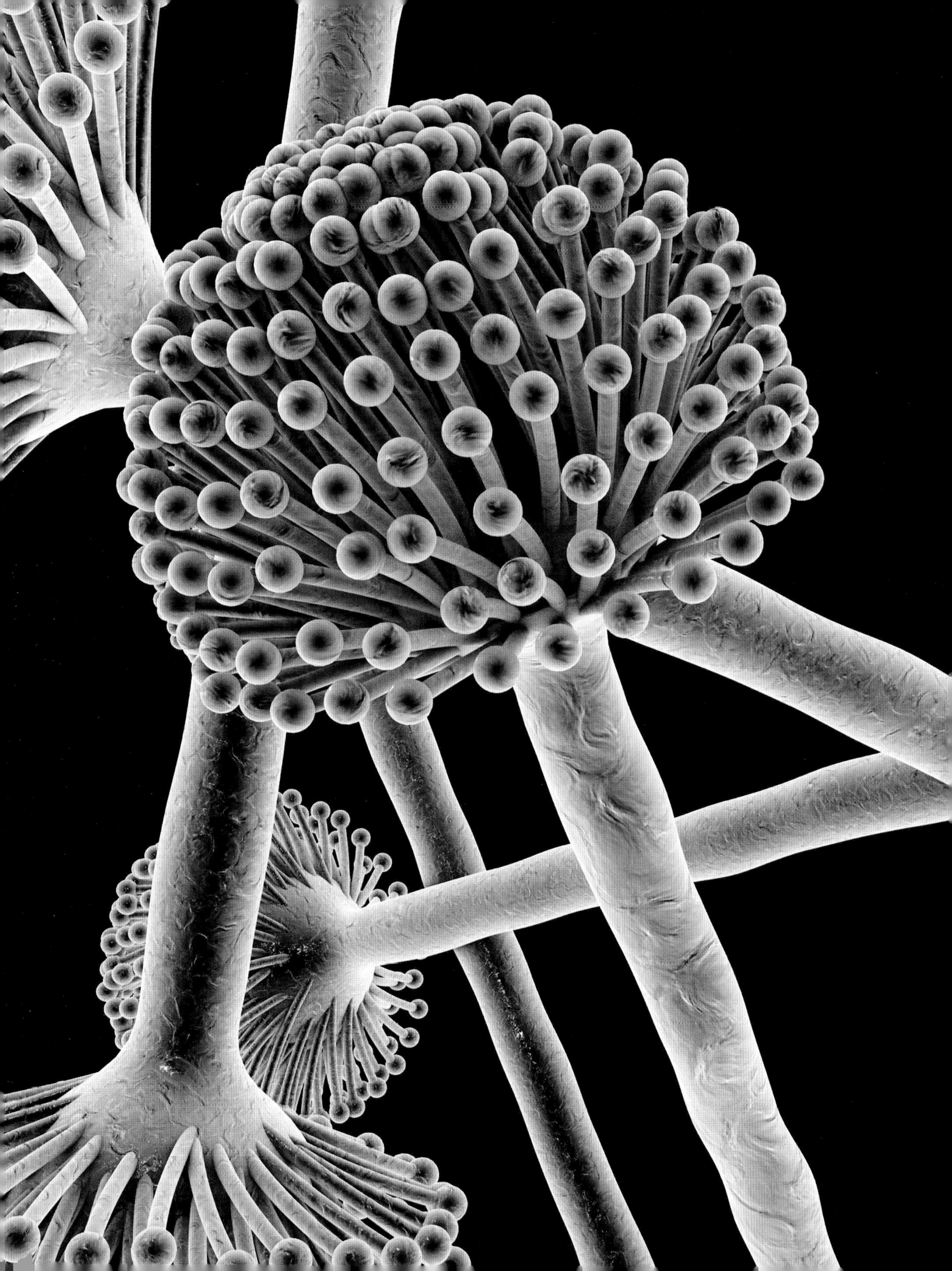

eignet sich *Aspergillus niger* dazu, denn er kann im Nährmedium als Ausgangsstoff kostengünstige Kohlenhydrate nutzen und bis zu 95 Gewichtsprozent des Zuckers in Citronensäure umwandeln.

PILZE IN DER INDUSTRIE

In der Industrie sind Pilze gewissermaßen ein zweischneidiges Schwert. Einige Arten bauen Kunststoffe, Erdöl und chemischen Giftmüll ab, aber ob sie schädlich oder nützlich sind, ist davon abhängig, wann, wo und wovon sie sich ernähren. So sorgt der Austern-Seitling *(Pleurotus ostreatus)* für positive Schlagzeilen, wenn er zur Beseitigung von Ölteppichen eingesetzt wird, wohingegen *Hormoconis resinae* (auch *Amorphoteca resinae*) einen schlechten Ruf genießt, weil er alle möglichen Kohlenwasserstoffe abbaut. *Hormoconis resinae,* bekannt als „Kerosinpilz", kommt auch in der Natur vor, findet sich aber häufiger in Treibstoffen (Kerosin, Diesel, Benzin, was auch immer, wo er sich von Alkanen und Wasser ernährt und auf diese Weise gravierende Schäden verursacht. Der Kerosinpilz kommt auch in Holz vor, das mit Teeröl behandelt wurde, ebenso *Neolentinus lepideus,* der Schuppige Sägeblättling, Da er auch Eisenbahnschwellen befällt, trägt er die englische Bezeichnung *Train Wrecker,* „Zugzerstörer", obwohl nicht belegt ist, dass er Zugunglücke verursacht hat.

→ Der Schuppige Sägeblättling, *Neolentinus lepideus,* kann sich von Holz ernähren, das für andere Pilze ungenießbar ist, wie etwa mit Schutzmitteln behandeltes Holz oder stehendes Holz nach einem Waldbrand, wie auf dem Foto abgebildet.

↓ Wie ein Blumenstrauß – diese lachsfarbene Varietät des Austern-Seitlings ist nicht nur wunderschön, sondern auch sehr schmackhaft.

Tödliche Pilze

Seit Jahrtausenden sammeln oder züchten Menschen auf der ganzen Welt Pilze, um sie zu essen oder zu Fasern und Arzneimitteln zu verarbeiten. Das Wissen um ungefährliche und essbare – manchmal auch kultivierbare – Pilze wurde „vor Ort" gehütet und mündlich als Teil der Tradition und Kultur weitergegeben. Das ist jedoch nicht immer der Fall.

Wie wir wissen, verfügen die indigenen Völker Nordamerikas und Australiens über ganz spezielles ethnomykologisches und ethnobotanisches Wissen, doch viele Einwanderer, die in die entsprechenden Gebiete gelangten, verloren dieses Wissen irgendwann oder erwarben es gar nicht erst. Das erklärt womöglich zum Teil, warum es auf der Welt so viele „Pilzfeinde" gibt, die Pilzen mit Argwohn oder sogar Angst begegnen oder Pilze nur in einer einzigen Variante, die als Konserve im Supermarktregal steht, als Nahrungsmittel akzeptieren.

Es ist jedoch eine Revolution im Gange, in deren Zuge Pilze zunehmend als cool, aufregend und schmackhaft gelten. Nun werden seltener traurige, schlaffe Zucht-Champignons verzehrt und nachgefragt, sondern vielmehr „exotische" kultivierte Pilze wie Shiitake, Austern-Seitlinge und braune Egerlinge. Zudem geht der Verbrauchertrend immer mehr von industrieller Gemüseproduktion (einschließlich Pilzen) hin zu biologisch angebauten Erzeugnissen oder sogar eigenem Anbau. Pilze bieten natürlich auch die Möglichkeit, sie „in freier Natur" und im Wald zu sammeln. Welchen Weg Sie auch einschlagen – heute be-

→ Direkt vor Ihrer Haustür erwartet Sie eine Vielfalt an Pilzfarben und -formen.

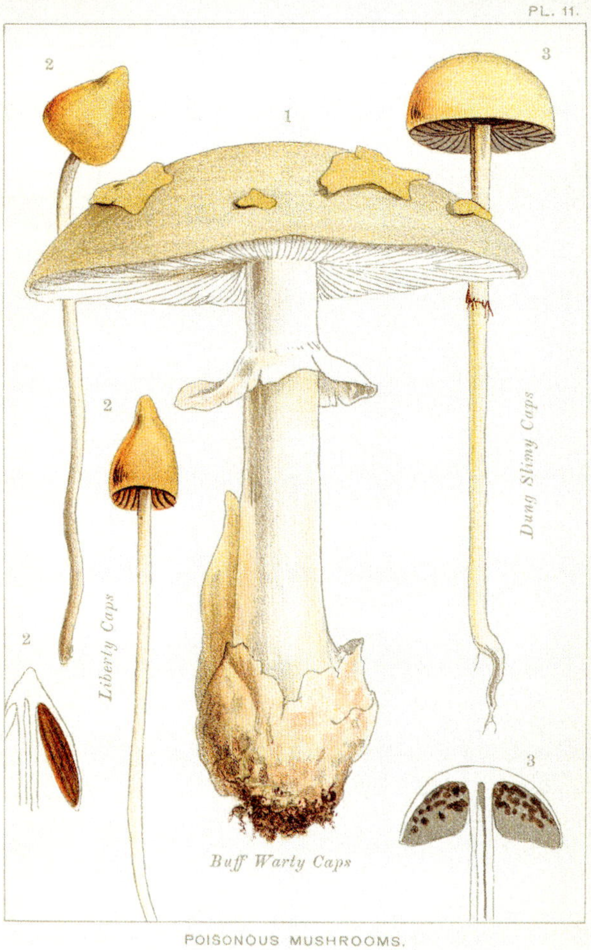

trachtet man Pilze, ob im Freien gesammelt oder gezüchtet, nicht mehr nur als Nahrungsmittel, sondern schätzt sie auch wegen ihrer gesunden, ja sogar heilenden Eigenschaften.

TOXISCHE KILLER

Gemeinsam mit der sprunghaften Zunahme von Personen, die Pilze für ihre Küche sammeln, steigt weltweit auch – nicht sehr überraschend – die Zahl der Pilzvergiftungen. Es ist daher unerlässlich, dass sich alle, die sich fürs Pilzesammeln interessieren, vorher gründlich informieren. Es gibt zwar relativ wenige gefährliche Arten, doch Jahr für Jahr sterben Menschen, weil sie die „falschen" Pilze gegessen haben.

Aus den verschiedenen Gruppen giftiger Pilze sticht eine hervor: die Arten der Gattung *Amanita*. Diese Pilze sind besonders berüchtigt und für 90–95 Prozent der globalen Todesfälle durch Pilzvergiftung verantwortlich. Auch wenn man das nicht kleinreden kann, gibt es doch zahlreiche Missverständnisse, was diese Pilzgruppe betrifft. Zunächst einmal: Die große Mehrheit der *Amanita*-Arten ist nicht giftig (viele, wie etwa der Kaiserling, sind teure Speisepilze), während andere Gruppen toxische Verbindungen produzieren, aber nicht als tödlich gelten.

Tatsächlich weist die Gattung *Amanita* (Wulstlinge) nur ein paar tödliche Arten auf, die alle zur Sektion *Phalloideae* gehören (den Knollenblätterpilzen im engeren Sinn). Zu diesen zählen *Amanita phalloides* (der verrufene Grüne Knollenblätterpilz) und weitere Arten. Die *Phalloideae* bilden Amatoxine bzw. Amanitine – Verbindungen, die uns und andere Säugetiere vergiften. Doch obwohl die Amatoxin-Erzeuger tödlich sein können, wird ihre Gefährlichkeit vermutlich überschätzt. Global gesehen sind Pilzvergiftungen durch Amatoxin zu etwa 50 Prozent tödlich, aber in Nordamerika und Europa, wo ärztliche Behandlung meist

Einige wilde Pilze sind giftig

Eine Reihe von wilden Pilzarten sind giftig – manche tödlich. Zudem können sie beliebten Speisepilzen stark ähneln. Die gefährlichsten Pilzgifte sind Amatoxine, Orellanin, Gyromitrin, Muscimol und Muscarin.

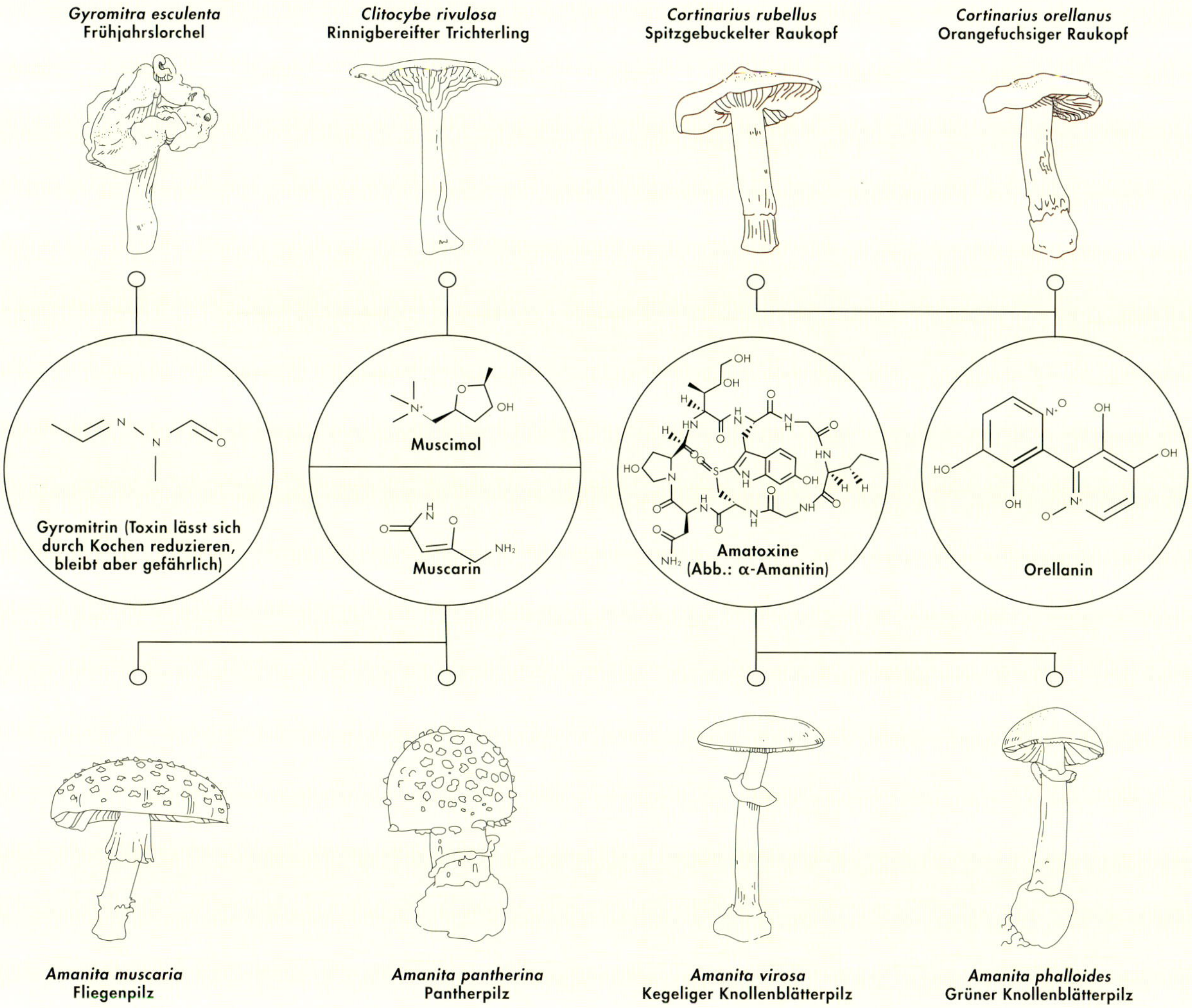

↸ Schon lange gibt es Bücher mit Illustrationen von Giftpilzen. Die Abbildung (ganz links) stammt aus Mordecai Cooke, *Edible and Poisonous Mushrooms*, von 1894. Cooke war ein bekannter viktorianischer Experte für britische Pilze.

↸ Schön, aber tödlich – der Kegelige Knollenblätterpilz ist ein Vertreter der Gattung *Amanita*.

↑ Unscheinbar, doch tödlich – Häublinge (*Galerina* spp.) produzieren ebenso Amatoxine wie die weitaus bekannteren *Amanita*-Arten.

schnell verfügbar ist, kann die Fatalitätsrate auf bis zu 10 Prozent sinken. Seien Sie trotzdem gewarnt – Überlebende leiden oft an bleibenden Organschäden. Fordern Sie das Glück also nicht heraus, es sind und bleiben gefährliche Giftpilze!

Amatoxine blockieren die Funktion der RNA-Polymerase II; dieses Enzym ist für die Transkription der DNA in Messenger-RNA (mRNA) verantwortlich. Da dies der erste Schritt der Proteinbiosynthese in Zellen ist, werden durch die Toxine Organfunktionen und die Zellteilung beeinträchtigt. Wenn die Proteinbiosynthese blockiert ist, kommt es bald darauf zum Zelltod.

Nach dem Pilzverzehr gelangen die Toxine zunächst in die Leber, die unter anderem die Aufgabe hat, das Blut zu entgiften. Da das Gift über den Blutkreis-

lauf immer wieder in die Leber gelangt, wird dieses Organ meistens am stärksten in Mitleidenschaft gezogen. Der Leberschaden kann so gravierend sein, dass er die Auswirkungen des Gifts auf andere Organe oft überdeckt, doch bei Obduktionen von Tieren und Menschen wurden Zellschädigungen in Niere, Bauchspeicheldrüse, Nebenniere und Hoden nachgewiesen. Interessanterweise sind RNA-Polymerasen bei Nichtsäugetieren gar nicht oder kaum betroffen. Einige Säugetiere sind gegenüber Amatoxinen viel weniger empfindlich als andere, was mit der Aufnahme der Toxine aus dem Magen-Darm-Trakt ins Blutsystem zusammenhängt: Menschen und Meerschweinchen reagieren am empfindlichsten, Hunde zehnmal weniger, und Katzen sind noch resistenter.

DIE GRAUSIGEN STADIEN EINER AMATOXIN-VERGIFTUNG

Ein beunruhigender Aspekt einer Amatoxinvergiftung beim Menschen ist, dass viele Opfer überhaupt nicht bemerken, dass sie in Gefahr schweben. Die Pilze haben keinen fauligen oder bitteren Geschmack (einige schmecken sogar recht gut), sie riechen nicht abstoßend, und der Magen gerät nicht sofort in Aufruhr. Typischerweise treten die ersten Symptome erst 6–24 Stunden nach dem Verzehr auf. Dann wurden die Toxine bereits vollständig vom Körper aufgenommen, und es kommt zu den folgenden vier Stadien:

Stadium 1: Nach ersten Magen-Darm-Beschwerden (Erbrechen und Durchfall) scheinen sich die Patient:innen zu erholen. Während dieser „Latenzperiode" zerstören die Gifte bereits aktiv Nieren und Leber, obwohl die Patient:innen nichts davon bemerken.

Stadium 2: Das zweite Vergiftungsstadium ist gekennzeichnet durch Frösteln, starke Bauchkrämpfe, heftiges Erbrechen und blutigen Durchfall.

Stadium 3: Die Patient:innen scheinen sich wieder zu erholen, während möglicherweise der Verdacht auf eine schwere Lebensmittelvergiftung aufkommt und die Patient:innen, falls sie im Krankenhaus sind, nach Hause entlassen werden.

Stadium 4: Nun wird es ernst. Nach 3–6 Tagen erfolgt ein Rückfall. Oft kommt es zu Nieren- und Leberversagen, was zum Tode führt. Manche Patient:innen sterben an inneren Blutungen, weil die Blutgerinnung nicht mehr funktioniert.

Psychoaktive Pilze

Eine weitere Gruppe von Pilzen, die Beachtung verdient (und vielleicht derzeit am angesagtesten ist), sind die psychoaktiven Pilze, die sogenannten Magic Mushrooms. Vor 1957 hatten nur wenige Leute schon mal von den kleinen, unauffälligen Fruchtkörpern der geheimnisvollen Gattung Psilocybe gehört. Das änderte sich am 13. Mai 1957, als im Magazin *Life* ein Artikel von R. Gordon Wasson erschien, Ethnomykologe und stellvertretender Vorstandsvorsitzender von J. P. Morgan.

Wassons Artikel „Seeking the Magic Mushroom" war ein Erfahrungsbericht über mystische Zeremonien und die rituelle Verwendung von halluzinogenen Pilzen in Südmexiko, ergänzt durch dunkle, körnige Fotografien. Vor der Publikation hatten Wasson und seine russischstämmige Frau Valentina vier Sommer in den entlegenen Bergen Südmexikos verbracht und dort nach den bewusstseinserweiternden Pilzen gesucht. Bei seiner letzten Odyssee wurde Wasson von Professor Roger Heim begleitet, der als Mykologe das französische Muséum national d'Histoire naturelle leitete. Er sammelte und benannte viele bei den heiligen Ritualen verwendete psychoaktive Pilzarten.

Welche Droge in den Pilzen steckte, wurde jedoch erst 1958 entdeckt, als Albert Hofmann – ein Schweizer Chemiker, der für das Pharmaunternehmen Sandoz arbeitete – die beiden wichtigsten aktiven Inhaltsstoffe

← *Psilocybe cubensis*, eine psychoaktive Pilzart, in Kultur

VATER DER ETHNOBOTANIK

Wasson und seine Mitarbeitenden waren nicht die Einzigen, die nach Mexiko reisten, um dort mehr über die alten Pilzrituale der indigenen Völker zu erfahren. Etwa zur selben Zeit reiste der renommierte Ethnobotaniker Richard Evans Schultes von Harvard dorthin, um alle erdenklichen potenziell psychoaktiven Pflanzen zu sammeln. Schultes dokumentierte die Verwendung von Psilocybin-Pilzen bei schamanischen Zeremonien indigener Völker Mittelamerikas und fand Belege für „Pilzkulte" in alten Schriften. Außerdem entdeckte er Artefakte, wie etwa „Pilzsteine", die von Schamanen verehrt und vor den Kolonisten versteckt wurden. Hier sehen wir Schultes circa 1940 im Amazonasgebiet.

Magic Mushrooms

Auf Wassons letzter Reise nach Mexiko begleitete ihn der namhafte Mykologe Roger Heim. In Mexiko konnte Heim die Pilze in ihrem natürlichen Lebensraum erforschen und abbilden. *Life* veröffentlichte Heims Aquarellbilder, die hier mit ihren wissenschaftlichen Bezeichnungen aus jener Zeit wiedergegeben sind.

Conocybe siligineoides

Psilocybe aztecorum

Psilocybe caerulescens* var. *mazatecorum

Psilocybe caerulescens* var. *nigripes

Psilocybe zapotecorum

Psilocybe mexicana

Stropharia cubensis

→ Timothy und Laura Huxley, Witwe des Autors Aldous Huxley

isolierte und synthetisierte. Er nannte sie Psilocybin und Psilocin.

Hofmann kannte sich mit den halluzinogenen Eigenschaften von Pilzen aus. 1938 synthetisierte er Lisergsäurediethylamid (LSD-25), das aus dem Pilz *Claviceps purpurea* (dem Mutterkornpilz) isoliert wird, und diese Faszination für Halluzinogene brachte ihn dazu, *Psilocybe*-Arten zu erforschen.

Kurioserweise ließ Amerikas Auslandsgeheimdienst CIA ebenfalls Mitarbeiter mit Wasson nach Mexiko reisen, um psychoaktive Pilze zu finden, was Wasson damals jedoch nicht ahnte. Vor seiner dritten Exkursion hatte er einen handgeschriebenen Brief erhalten – angeblich von einem Studenten im Aufbaustudium namens James Moore, der psychoaktive Pilze untersuchen wollte. Moore behauptete, von einer Forschungsstiftung ein Stipendium bekommen zu haben; dieses wolle er zur Unterstützung von Wassons Expedition nutzen, falls er ihn auf seiner Reise begleiten dürfe. Wasson nahm ihn mit nach Mexiko, nicht ahnend, dass sowohl das Geld als auch Moore von der CIA waren. Die von Moore gesammelten Pilze wurden für MKUltra, das bereits laufende CIA-Forschungsprogramm über Bewusstseinskontrolle, verwendet, das der ruchlose Chemiker und Agent Sidney Gottlieb leitete.

Fasziniert von Wassons Artikel in *Life* bereisten in den darauffolgenden Jahren zahlreiche Menschen die Region. Als Dr. Timothy Leary im Sommer 1960 Urlaub in Cuernavaca machte, probierte er Pilze von einem Straßenhändler. Als Psychotherapeut und jüngst ernannter Direktor des Center for Research in Personality der Harvard University glaubte Leary, die Pilze könnten die Basis seines angedachten existenziellen Ansatzes in der Psychotherapie werden; damit war gemeint, dass sich Therapeut:innen in die psychischen Turbulenzen ihrer Patient:innen hineinversetzen sollten.

Leary hielt die bewusstseinserweiternden Pilze für ein potenziell ideales Mittel, um Therapeut:innen den geistigen Zustand verhaltensgestörter Patient:innen erleben zu lassen. Sechs Wochen nach Learys Rückkehr aus Cuernavaca erhielt er von Sandoz Pharmaceuticals für seine Forschung vier Flaschen mit Tabletten aus gereinigtem Psilocybin. Gemeinsam mit seinem Kollegen Richard Alpert (der sich später Ram Dass nannte) und mehreren Doktoranden begann Leary seine Experimente über die Wirkungen verschiedener Dosierungen des Halluzinogens.

Um der sterilen akademischen Welt zu entrinnen, verlegte Leary seine Experimente schon bald von der Universität in sein Zuhause und in Studentenheime. Bald waren Gerüchte über Psilocybin-Sessions, die sich zu Orgien entwickelten, in Umlauf. Die Gerüchte blieben auch traditionellen Harvard-Psychologen nicht verborgen, die ihr Missfallen in der Studentenzeitung *The Harvard Crimson* äußerten. Als Leary dann noch begann, mit Mescalin und LSD zu experimentieren, befand die Fakultät, nun sei er zu weit gegangen, und 1963 wurden sowohl Leary als auch Alpert entlassen. Mittlerweile rauchten bereits junge Leute auf der ganzen Welt Marihuana und probierten alle möglichen halluzinogenen Drogen aus – der Summer of Love ließ nicht mehr lange auf sich warten.

Extreme Pilze

Auf der ganzen Erde gibt es keinen Ort, den Pilze nicht dominieren oder zumindest besiedeln. Natürlich finden sich Pilze am häufigsten in terrestrischen Lebensräumen, aber es gibt auch Arten, die sich an extremere Lebensräume angepasst haben.

Überall, wo ein gemäßigtes feuchtes Klima Leben begünstigt, kommen Pilze zum Vorschein – sie schießen auffällig aus dem Boden und verrottendem Holz. In den feuchtheißen Tropen bedecken Pilze und Flechten jede Oberfläche (und einander), doch auch in viel trockeneren Gegenden der Welt stößt man auf sie. Auch wenn sie jahrelang oder gar jahrhundertelang im Boden verborgen bleiben können, existieren sie auch in den Great Plains Nordamerikas, im Mittelmeerraum, im glutheißen Landesinneren von Australien und sogar im Death Valley in Kalifornien. Dort tun sie nur das Nötigste, um am Leben zu bleiben. Noch verblüffender ist wohl, dass es auch an der permanent vereisten und windgepeitschten Felsküste der Antarktis Pilze gibt. Tatsächlich *dominieren* Pilze neben Meeresvögeln das Leben in dieser extremen Umwelt, wobei Sie wahrscheinlich nur dann welche entdecken werden, wenn Sie wissen, wo Sie suchen müssen.

WÜSTENPILZE

In Wüsten sind Pilze jahraus, jahrein vorhanden, aber viele von ihnen bilden nur selten Fruchtkörper. Wüstenpilze erscheinen nur nach seltenen Regenfällen,

→ Ein Wüstengebiet direkt südlich von Iraks Hauptstadt Bagdad scheint der letzte Ort zu sein, an dem man Pilze vermuten würde, doch nach Regenfällen im Winter bilden Pilze der Gattung *Terfezia* Fruchtkörper. Diese begehrten Wüstentrüffel erzielen auf den Märkten des Nahen Ostens hohe Preise.

worauf sie im Handumdrehen von Pilzenthusiasten entdeckt werden, die sie glücklich von ihrer „Life List" streichen – so wie Ornitholog:innen, die nach seltenen Vögeln suchen, um ihre Artenliste zu vervollständigen. Doch obwohl sie Raritäten sind und interessante Anpassungen offenbaren, die ihnen ermöglichen, in einer ariden Umgebung zu gedeihen, machen diese sonderbaren Pilze äußerlich nicht viel her. Der Selektionsdruck hat bewirkt, dass sie alle praktisch gleich aussehen – ein bovistartiger geschlossener Hut auf einem langen Stiel, der oft sehr tief im Boden sitzt (wahrscheinlich wurzelt er in einem feuchten Bereich weit unter der Erdoberfläche). Viele dieser Pilze besitzen zwar Lamellen, doch diese bilden sich nie vollständig aus und die Hüte öffnen sich nie, denn dann würden die zarten Lamellen und die Fruchtschicht sofort vertrocknen. Zu den Wüstenpilzen gehören Arten von *Battarrea, Podaxis* und *Tulastoma,* die in ariden Lebensräumen Australiens, Nordamerikas und Europas verbreitet vorkommen, sowie Wüstentrüffeln wie *Terfezia* und *Tirmania* (wobei diese ihr Leben lang im Erdboden bleiben, sogar wenn sie Fruchtkörper bilden).

Mikropilze in der Bodenkruste („Soil Crust Fungi") sind in ariden Regionen häufiger als Großpilze, doch genauso rätselhaft, und wir beginnen erst zu verstehen, wie wichtig sie für ihr Ökosystem sind. Viele von ihnen sind eigentlich winzige Flechten, die miteinander „verkleben" und den Boden stabilisieren; sie binden sogar Stickstoff aus der Atmosphäre und führen ariden Böden somit essenziele Nährstoffe zu. Biologische Bodenkrusten in Wüsten werden leicht durch Nutztiere und Fahrzeuge von Tourist:innen zerstört und wachsen extrem langsam wieder nach.

↑ Wenn es in Wüstengebieten regnet, erscheinen Pilze der Gattung *Podaxis,* die Schopftintlingen ähneln.

↗ Ein weiterer eigenartiger Wüstenpilz ist *Battarrea phalloides,* der Stelzenstäubling, bei dem die Sporen seltsamerweise auf der Oberseite des Huts gebildet werden.

ENDOLITHISCHE PILZE

Der vermutlich allerletzte Ort, an dem Sie nach Pilzen suchen würden, ist die Antarktis. Zweifellos ist dies der problematischste Lebensraum für Pilze – oder besser, für alle Lebewesen. Es ist nicht nur ständig kalt, trocken und windig, sondern im Winterhalbjahr auch fast durchgehend dunkel. Im Sommer scheint dagegen rund um die Uhr die Sonne, verbunden mit intensiver UV-Strahlung wegen der dünnen Ozonschicht. Doch auch hier, wie überall auf der Erde, gelingt es Pilzen, irgendwie zu überleben – dank äußerster Anpassungsfähigkeit, immer nah am Tod und mit seltenen Gelegenheiten zur Fortpflanzung.

Saprobionten finden hier kaum Nahrung, aber koprophile Pilze haben sich daran angepasst, vom Kot der Meeresvögel zu leben. Die meisten Pilze kommen hier jedoch in Form von Flechten vor, und diese sind die dominierenden Primärproduzenten der Region. Da in der Antarktis extreme Lebensbedingungen herrschen, haben sich die Flechten zu Endolithen entwickelt – sie leben (verblüffenderweise) im exponierten porösen Gestein. Kolonien endolithischer Pilze erkennt man an unterschiedlich gefärbten Bändern im Fels: Ein schwarzes Band besteht aus melanisierten Flechten und nicht lichenisierten Pilzen (das Melanin schützt vor der intensiven UV-Strahlung); darunter kann sich eine grüne Schicht aus nicht lichenisierten Photosynthese treibenden Algen und Cyanobakterien befinden.

Diese bizarre Lebensform wurde zwar erst in den 1980er-Jahren entdeckt, doch heute betrachtet man endolithische Pilze als erstaunlich bedeutsame Forschungsobjekte. Warum? Weil es die These gibt, dass die Bedingungen in der Antarktis – extrem niedrige Temperaturen, rasche Verdunstung und hohe Sonneneinstrahlung – denjenigen auf dem jungen Mars ähneln könnten.

↑ Dungliebende (koprophile) Pilze. In der Antarktis haben sich diese Pilze an die extremen Bedingungen angepasst, indem sie sich vom Kot von Meeresvögeln ernähren.

TUBER MELANOSPORUM

Périgord-Trüffel

Hochgeschätzt

WISS. NAME	*Tuber melanosporum*
ABTEILUNG	Ascomycota
ORDNUNG	Pezizales
FAMILIE	Tuberaceae
HABITAT	Wald

Obwohl weltweit viele Trüffelarten kommerziell gesammelt werden, dominieren schwarze Périgord-Trüffel *(Tuber melanosporum)* aus Frankreich und Weiße Piemonttrüffel *(Tuber magnatum)* aus Italien den Markt. Die Nachfrage nach diesen Trüffeln übersteigt bei Weitem das Angebot.

Immer wieder hört man die Frage: Wenn sie in freier Natur so schwer zu finden sind, warum züchtet man sie dann nicht? Leider ist der Trüffelanbau ausgesprochen schwierig, was teilweise daran liegt, dass sich ihr unterirdischer Lebenszyklus im Verborgenen vollzieht. Trüffeln sind Mykorrhiza-Symbionten; *Tuber melanosporum* und *Tuber magnatum* leben auf den Wurzeln von Eichen (*Quercus* spp.) und der Gemeinen Hasel *(Corylus avellana)*. Ihre Hyphen erstrecken sich in alle Richtungen, und nur wenn Hyphen von zwei unterschiedlichen Paarungstypen aufeinandertreffen, kann es zur sexuellen Fortpflanzung kommen und ein Fruchtkörper entstehen. In den Fruchtkörpern bilden sich Ascosporen, doch da diese unterirdisch bleiben, sind sie zur Verbreitung auf Tiere angewiesen. Pilzliebende Tiere wie Wildschweine und Nager graben die Trüffeln aus und fressen sie; die Sporen wandern durch den Verdauungstrakt und verteilen sich mit den Ausscheidungen.

Die Trüffel verdankt ihren Erfolg vor allem ihrem Aroma. Einige Aromakomponenten ähneln den Sexualpheromonen von Säugetieren. Das hilft diesen nicht nur beim Aufspüren von Trüffeln, sondern erklärt auch die große Anziehungskraft, die sie auf Menschen ausüben – der Duft wird wahlweise als erdig, knoblauchartig, moschusartig oder sexy beschrieben. Verantwortlich dafür ist vor allem die chemische Verbindung 2,4-Dithiapentan, die in der Lebensmittelindustrie zur Aromatisierung aller möglichen Öle mit „Trüffelaroma“ und anderer Nahrungsmittel verwendet wird. Damit werden jedoch auch Fälschungen aromatisiert. Dieses Problem ist so verbreitet (und kostspielig), dass Biolog:innen begonnen haben, das vollständige Genom der Périgord-Trüffel zu rekonstruieren, um möglichst Schnelltests durchführen zu können, mit denen sich die Echtheit von Trüffeln beim Verkauf nachweisen lässt.

Die nächste Trüffelgeneration

Trüffeln sind unterirdische Fruchtkörper, die von bestimmten Pilzen gebildet werden. Der Fruchtkörper ist wohlriechend und nahrhaft, weshalb er zahlreiche Säugetiere anlockt. Der wichtigste Lebenszweck auch dieses Pilzes ist natürlich die Fortpflanzung. Zu diesem Zweck befinden sich im Inneren der Trüffel Asci, sackförmige Strukturen, in denen die bestachelten Ascosporen gebildet werden. Wo immer diese im Wald landen, keimen sie aus und müssen die Wurzeln neuer Wirtsbäume besiedeln, wo dann erneut eine Generation von Trüffeln heranwächst.

→ Beim Aufschneiden eines Trüffel-Fruchtkörpers erkennt man im Inneren das dunkle gefaltete Hymenium, das die Sporen bildet. Das Hymenium enthält die Asci.

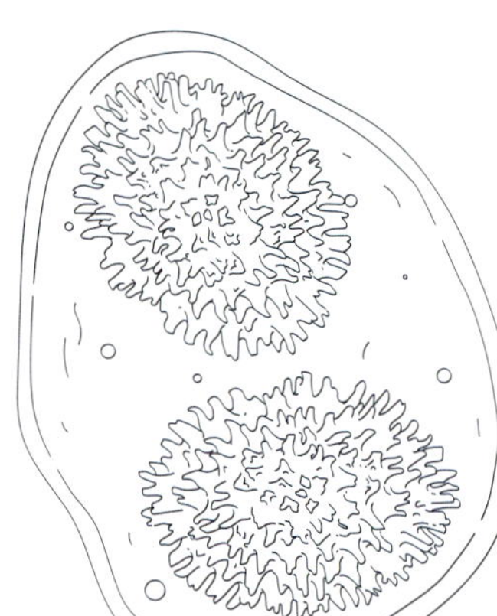

MORCHELLA SPP.

Die sogenannten Feuermorcheln: ein Mysterium

WISS. NAME	*Morchella* spp.
ABTEILUNG	Ascomycota
ORDNUNG	Pezizales
FAMILIE	Morchellaceae
HABITAT	Wald und Gebirge

Außer Trüffeln sind keine wilden Pilze wegen ihres kulinarischen Wertes so begehrt wie Morcheln, und keine anderen sind so rätselhaft, umrankt von so vielen Legenden oder reizten zu mehr Prahlereien (und Lügen). Auf allen Kontinenten außer der Antarktis sind Morcheln heimisch, und überall, wo sie vorkommen, gibt es auch begeisterte Sammler:innen, die über die geheimen Orte wachen, an denen diese Juwelen des Frühjahrs zu finden sind.

Doch so rar Arten wie die Spitzmorchel *(Morchella elata)* und Speisemorchel *(Morchella esculenta)* auch sein mögen – noch rätselhafter sind die *Burn Morels* oder *Fire Morels* („Feuermorcheln"). So werden diese Morcheln volkstümlich genannt, weil sie nur im Frühjahr, das auf einen Waldbrand folgt, Fruchtkörper bilden. Ihr Myzel findet man zwar auch dort, wo es niciht kürzlich gebrannt hat, doch Feuer bewirkt, dass etwas passiert – im Frühling darauf ist der verkohlte, unfruchtbare Boden plötzlich übersät mit Morcheln, sodass man den eigenen Augen nicht trauen will. Dazu gibt es verschiedene wissenschaftliche Thesen: Vielleicht stimuliert ein Wandel des pH-Werts, der Salinität oder der Nährstoffverfügbarkeit, der aufgrund des Feuers im Boden stattfindet, die Bildung von Fruchtkörpern. Vielleicht verändert ein Feuer auch die Bodenbiologie oder -chemie oder wirkt sich auf konkurrierende Mikroorganismen aus, doch genau weiß das keiner.

Sobald es also irgendwo zu einem Waldbrand kommt, kringeln Sie sich den Ort auf Ihrer Karte ein und warten Sie ab. Wenn der Frühling kommt, erscheinen die Fruchtkörper der „Feuermorcheln", aber beeilen Sie sich – es dauert nur ein paar Wochen und dann verschwinden sie wieder, um auf den nächsten Flächenbrand zu warten.

Seit Jahrhunderten suchen Pilzliebhaber:innen mit großer Ausdauer (oft vergeblich) nach den schwer fassbaren Morcheln. Immer wieder werde ich gefragt, warum man sie nicht einfach züchtet. Die Antwort ist jedes Mal die gleiche: weil es nicht geht! Schon seit Langem haben das bereits sehr viele Leute versucht. Einige Experimente in kommerziellen Morchelfarmen in Alabama und Michigan (USA) waren zeitweilig, aber nicht dauerhaft erfolgreich. Kürzlich scheint es jedoch einen Durchbruch gegeben zu haben!

Es sieht so aus, als ließen sich einige Morchelarten in Kultur nehmen, die auf Störungsflächen oder nach Bränden Fruchtkörper bilden (zum Beispiel *Morchella importuna*). Zhu Douxi, Leiter des Mianyang Edible Fungi Research Institute in Sichuan, China, ist ein Pionier der Pilzkunde und in China als „Vater der Morcheln" bekannt. Er hat weltweit als Erster erfolgreich Morcheln im Freiland gezüchtet. Bei seinem Verfahren, das er im Lauf von 27 Jahren entwickelt hat, vergräbt er Substratbeutel in beschatteten Beeten. Mittlerweile werden seine Methoden in mindestens 20 Ländern von Europa bis Nordafrika und Asien nachgeahmt.

→ Der erste Frühlingsbote: Ein Jahr nach einem Waldbrand in Montana erscheint eine „Feuermorchel".

AMANITA PHALLOIDES

Grüner Knollenblätterpilz

Berüchtigt wie kein anderer

WISS. NAME	*Amanita phalloides*
ABTEILUNG	Basidiomycota
ORDNUNG	Agaricales
FAMILIE	Amanitaceae
HABITAT	Wald und urbaner Siedlungsbereich

***Amanita phalloides* gehört zu den am weitesten verbreiteten Großpilzen der Erde. Der Grüne Knollenblätterpilz wurde zuerst in Europa beschrieben, inzwischen kennt man ihn auf allen Kontinenten außer der Antarktis. Zudem wissen wir mehr über seine Ökologie als bei den meisten anderen Pilzen, denn wo er auftaucht, folgt ihm der Tod. Wie erwähnt ist dieser Pilz weltweit für die meisten Todesfälle durch Pilzvergiftung verantwortlich, und Expert:innen sagen voraus, dass die Zahl der Vergiftungen durch *Amanita phalloides* weiter ansteigen wird.**

Dass *Amanita phalloides* so weitverbreitet ist, verdankt er seiner Fähigkeit, mit ganz verschiedenen Wirtsbäumen eine Symbiose einzugehen, darunter Baumarten, die als Zierbäume oder für die Wirtschaft Bedeutung haben, wie Schalenobst und Bauholz- oder Faserholzlieferanten. Auf diese Weise wurde er in alle Gegenden der Welt befördert und dort heimisch. In Nordamerika hat sich der Grüne Knollenblätterpilz in nur wenigen Jahrzehnten dramatisch verbreitet, und allem Anschein nach wird er das weiterhin tun.

Falls Sie sich für das Sammeln wilder Speisepilze interessieren, müssen Sie unbedingt über alle tödlichen *Amanita*-Arten Bescheid wissen. Gefährliche Pilze wie der Grüne Knollenblätterpilz ähneln häufig bekannten Speisepilzen, einschließlich einiger Kulturpilze. Unerfahrene Sammler:innen gehen fälschlich davon aus, dass giftige Pilze Warnsignale aussenden, wie grelle Farben, fauligen Geruch oder einen bitteren oder abstoßenden Geschmack, aber das muss nicht so sein. Auch wenn die meisten anderen schädlichen oder giftigen Organismen durch „Warnfarben" wie Rot und Gelb auffallen, halten sich Pilze nicht an diese Regel. Die häufigsten Giftpilze sind graubraun oder grau, viele auch reinweiß. Zudem schmecken die meisten ganz gut – es gibt also nichts, was Ihnen sagt, dass das, was Sie da gerade essen, Sie umbringen wird.

→ Der berüchtigteste Pilz der Welt ist der Grüne Knollenblätterpilz, *Amanita phalloides*. Dieser Pilz ist für 90–95 Prozent der weltweiten Todesfälle durch Pilzvergiftung verantwortlich.

PSILOCYBE CUBENSIS

Der Kubanische Kahlkopf

Ein *Magic Mushroom*

WISS. NAME	*Psilocybe cubensis*
ABTEILUNG	Basidiomycota
ORDNUNG	Agaricales
FAMILIE	Hymenogastraceae
HABITAT	Wald und urbaner Siedlungsbereich

***Psilocybe* ist eine umfangreiche Gattung kleiner brauner Pilze (fast 400 Arten weltweit), die auf verrottendem Holz oder Säugetierkot wachsen. Die bekannteste Art (zweifellos, weil sie sich so gut züchten lässt) ist *Psilocybe cubensis,* der Kubanische Kahlkopf; er ist in der Karibik und der Region um den Golf von Mexiko heimisch. Weitere erwähnenswerte Arten sind *Psilocybe tampanensis,* welcher unterirdisch knollenartige Sklerotien bildet (in Teilen Europas als „Magische Trüffel" im Handel), *Psilocybe weraroa* (in Ozeanien einschließlich Australiens) und *Psilocybe semilanceata,* der Spitzkegelige Kahlkopf, der ursprünglich in Nordeuropa heimisch war, aber heute global auf Grasland und Weiden vorkommt.**

Was macht *Psilocybe* so „magisch"? Diese Pilze enthalten den psychoaktiven Tryptamin-Abkömmling Psilocybin (oder seine Analoga Psilocin und Baeocystin). Psilocybin ist in allen Teilen des Pilzes außer den Sporen enthalten; kurz nach dem Verzehr wird es im Körper in Psilocin umgewandelt. Strukturell ähneln Psilocybin und Psilocin dem Neurotransmitter Serotonin; daher binden sie im Gehirn an Serotoninrezeptoren und aktivieren diese. Man weiß nicht genau, wie Psilocin – und Serotonin – im Gehirn wirken, doch man geht davon aus, dass Serotonin eine wichtige Rolle bei der internen Verarbeitung aller Sinnesreize (aus Augen, Ohren, Nase usw.) spielt. Psilocin scheint ähnlich zu funktionieren, bringt die sensorischen Informationen jedoch durcheinander, was dann Halluzinationen hervorruft.

Psychedelische Wirkstoffe erzeugen einen atypischen Bewusstseinszustand, der durch veränderte Wahrnehmung, Denkfähigkeit und Stimmung gekennzeichnet ist. Man weiß seit Langem, dass sich diese Verbindungen zur Behandlung psychiatrischer Störungen wie Depressionen, Zwangsstörungen und Suchterkrankungen eignen können. Tatsächlich wurden in den 1950er- und 1960er-Jahren Zehntausende Patient:innen erfolgreich mit Psilocybin und Psilocin behandelt, und in letzter Zeit ist die Erforschung dieser Substanzen wieder in den Fokus gerückt. Nachweislich kann Psilocybin die Symptome einer Depression rasch lindern, wobei die positiven Wirkungen von nur einer einzigen Dosis mehrere Monate anhalten.

→ In allen Teilen des Fruchtkörpers von *Psilocybe cubensis* (außer den Sporen) sind psychoaktive Verbindungen enthalten.

LACCOCEPHALUM MYLITTAE

Steinhart und schwer fassbar

WISS. NAME	*Laccocephalum mylittae*
ABTEILUNG	Basidiomycota
ORDNUNG	Polyporales
FAMILIE	Polyporaceae
HABITAT	Wald

Einer der seltsamsten Pilze Australiens ist auch derjenige, der fast wie ein Eremit lebt. Tatsächlich findet man das sehr große knollige Sklerotium häufiger als den Fruchtkörper selbst. Da der englische Mykologe Reverend Miles Berkeley zunächst glaubte, eine Trüffel vor sich zu haben, ordnete er den Pilz der Gattung *Mylitta* zu. Als jedoch H. T. Tisdall 1885 im Field Naturalists Club of Victoria ein knolliges Sklerotium mit einigen darauf wachsenden Fruchtkörpern präsentierte, wurde der Pilz als ein im Boden lebender Stielporling bestimmt.

Dieser Saprobiont mit dem (aktuellen) Namen *Laccocephalum mylittae* kommt in den Regen- und Eukalyptuswäldern Süd- und Ostaustraliens vor; man kennt noch mindestens zwei verwandte Arten aus anderen Habitaten und Regionen von Australien. Laut historischen schriftlichen Aufzeichnungen war das ausgegrabene Sklerotium für Aborigines eine Delikatesse, die vermutlich in Scheiben geschnitten und roh verzehrt wurde. Das ist ungewöhnlich – viele Pilze bilden zwar harte Sklerotien, höchstwahrscheinlich um vor der Fortpflanzung Nährstoffe zu speichern, doch nur ganz wenige von ihnen haben Menschen bisher als Nahrung gesammelt. In der nördlichen Hemisphäre wurde *Wolfisporia extensa* („tuckahoe") von amerikanischen Ureinwohner:innen gegessen; nicht verzehrt wird hingegen das Sklerotium von *Polyporus tuberaster* – ein Porling, der *Laccocephalum* ähnelt –, doch das liegt vielleicht daran, dass er nicht nur aussieht wie ein Stein, sondern im Inneren auch oft Steine und anderer Detritus enthalten ist, was ihm den Namen „stone mushroom" eingebracht hat.

Man glaubt, dass die Sklerotien von *Laccocephalum mylittae* viele Jahre, vielleicht sogar Jahrzehnte, problemlos unterirdisch wachsen können; es wurde mehrfach dokumentiert, dass der Pilz mehrere Jahre nach dem Ausgraben auch im Haus Fruchtkörper bildete. Die Sklerotien können ausgesprochen groß und massig werden – 4,5–9 Kilogramm sind keine Seltenheit –, und es ist denkbar, dass sie nicht nur als Nährstoffspeicher dienen, sondern auch an das Leben in feueranfälligen Lebensräumen angepasst sind. Zweifellos können Buschfeuer die Entwicklung von Fruchtkörpern auslösen. Nachdem in Australien 2019 extreme Buschbrände gewütet hatten, erschienen *Laccocephalum*-Pilze verbreitet in Gebieten, wo der Pilz bislang nicht beobachtet worden war. Eine Art, *Laccocephalum tumulosum,* wird sogar als „Phoenix Stonemaker" bezeichnet, denn er ersteht nach dem Feuer wie Phönix aus der Asche.

→ Der mysteriöse Pilz *Laccocephalum mylittae*. Selbst nach dem Ausgraben können Fruchtkörper aus dem knolligen Sklerotium herauswachsen.

GEOPYXIS CARBONARIA

Gemeiner Kohlenbecherling

Verblüffende Ökologie

WISS. NAME	*Geopyxis carbonaria*
ABTEILUNG	Ascomycota
ORDNUNG	Pezizales
FAMILIE	Pyronemataceae
HABITAT	Wald und Gebirge

Beispiellose Brände in aufeinanderfolgenden Jahren und in vielen Teilen der Welt – vor allem in Australien und Nordamerika – haben dazu geführt, dass eine spezielle Gruppe kaum bekannter und selten beobachteter Pilze nun eingehender erforscht wird. Die Rede ist von den feuerliebenden Pilzen, die fast ausnahmslos nur nach einem Brand erscheinen. Wie bei den „Feuermorcheln“ (S. 268) ist Hitze zweifellos ein Faktor, der die Dormanz von Sporen und Sklerotien bei vielen dieser Arten beendet. Darüber hinaus sorgt Feuer dafür, dass die Alkalinität (das Säurebindungsvermögen und damit der pH-Wert) des Bodens stark zunimmt und die Zahl konkurrierender Mikroorganismen abnimmt, was den Pilzen ebenfalls zugute kommt. Aber wo sind diese rätselhaften Pilze zwischen den Feuern und was tun sie in dieser Zeit?

Wie sich herausgestellt hat, lautet die Antwort: Viele dieser Pilze leben als Endophyten in Flechten, Moosen und anderen Pflanzen (einschließlich Gehölzen) in feueranfälligen Gebieten. Die meisten feuerliebenden Pilze sind Ascomycota, so wie auch die meisten Flechtenpilze; ein paar gehören allerdings zu den Basidiomycota, zum Beispiel einige *Pholiota*-Arten. Das ist interessant, weil diese Gattung eher für Arten bekannt ist, die als Saprobionten leben; überall, wo sich verrottendes Holz findet, gibt es wahrscheinlich auch Vertreter von *Pholiota*. Bei den feuerliebenden Arten der Gattung ist das jedoch nicht der Fall – sie scheinen endophytische Partner von Moosen zu sein.

Der vielleicht hübscheste aller feuerliebenden Pilze ist *Geopyxis carbonaria,* der Gemeine Kohlenbecherling. Seine recht großen gestielten „Becher“ sprießen nach einem Waldbrand im zeitigen Frühjahr in Hülle und Fülle aus dem Boden und zeigen an, dass bald darauf auch die Fruchtkörper der „Feuermorcheln“ erscheinen werden. Der Pilz ist weltweit bekannt – von Nordamerika bis Australien und so gut wie überall dazwischen. Doch obwohl die Gemeinen Kohlenbecherlinge den verbrannten Waldboden wie einen Teppich bedecken, zeigen sie sich in aller Regel nur in diesem ersten Jahr nach einem Feuer. Danach ziehen sie sich wieder ins Verborgene zurück, um ihrem Geschäft als wichtige Symbionten des Waldes nachzugehen, und warten auf den nächsten großen Brand, der sie erneut auf den Plan ruft.

→ Gemeine Kohlenbecherlinge sind häufig das erste Leben, das sich nach einem Waldbrand in der Asche zeigt.

GLOSSAR

Anamorphe asexuelles Stadium (Nebenfruchtform) eines Pilzes. Antonym: Teleomorphe.

Arbuskel (Pl. Arbuskel) stark verzweigtes Haustorium des Pilzpartners in einer Arbuskulären Mykorrhiza; die Arbuskel gelten als wichtigster Ort des Stoffaustauschs zwischen Pilz und Pflanzenwurzel. Der Name leitet sich vom bäumchenähnlichen Aussehen ab.

Arbuskuläre Mykorrhiza (A-Mykorrhiza, AM) Der Pilzpartner (Mykorrhizapilz) lebt in Symbiose mit Pflanzenwurzeln; seine Hyphen dringen in die Rindenzellen der Pflanzenwurzel ein, durchdringen jedoch nicht die Zellmembran; sie bilden sogenannte Arbuskel, die dem Stoffaustausch dienen.

Ascokarp, Ascoma (Pl. Ascokarpien, Ascomata) ein Fruchtkörper, der Asci und Ascosporen ausbildet.

Ascomyceten, Schlauchpilze Pilzgruppe, deren sexuelle Fortpflanzung über die endogene Bildung von Ascosporen in einem Ascus erfolgt.

Ascospore haploide Spore, die – nach Karyogamie und Meiose – in einem Ascus gebildet wird.

Ascus („Schlauch", Pl. Asci) sackförmige längliche Struktur, in der Ascosporen gebildet werden; Asci sind ein Merkmal der Ascomyceten.

aseptat (unseptiert) ohne Septen, tritt oft bei den Hyphen von Zygomyceten auf (siehe auch coenocytisch).

Basidie, Basidium (Pl. Basidien) eine keulenförmige Struktur („Sporenständer"), an der Basidiosporen gebildet werden; Basidien sind ein Merkmal der Basidiomyceten.

Basidiomyceten, Ständerpilze Pilzgruppe, deren sexuelle Fortpflanzung über die Bildung von Basidiosporen an einer Basidie erfolgt.

Basidiospore haploide Spore, die – nach Karyogamie und Meiose – an einer Basidie gebildet wird.

Basiokarp, Basidioma (Pl. Basiokarpien, Basidiomata) ein Fruchtkörper, der Basidien und Basidiosporen ausbildet.

diploid beschreibt einen Zellkern, der den kompletten Chromosomensatz (2n) aus der Verschmelzung von 2 haploiden Kernen aus unterschiedlichen, aber sexuell kompatiblen haploiden Hyphen enthält; dabei enthält jede beteiligte Hyphe nur die Hälfte der diploiden Anzahl an Chromosomen.

Ektomykorrhiza (EM) Mykorrhiza, bei der die Pilzhyphen außen um die Wurzel herum (Hyphenmantel) und zwischen die Zellen der Wurzelrinde (Hartig'sches Netz) wachsen.

fakultativ nicht zwingend erforderlich, optional. In der Biologie bezieht sich das Adjektiv z. B. auf eine Lebensweise (Ernährung, Fortbewegung, Energiegewinnung, Fortpflanzung oder Assoziation). Ein Organismus kann also fakultativ carnivor, anaerob, aerob, ein fakultativer Parasit oder Symbiont sein. Das Antonym ist obligat.

Flechte Symbiose aus einem Pilz (Mykobiont), der den Thallus (Lager, Flechtenkörper) bildet, und einer Photosynthese treibenden Alge oder/und einem Cyanobakterium (Photobiont). Morphologie und Physiologie der Flechte unterscheiden sich grundlegend von denen der beteiligten Symbionten, wenn diese einzeln leben.

Fruchtkörper umgangssprachlich als „Pilz" bezeichnet. Er ist die sexuelle sporenbildende Struktur der Ascomyceten bzw. Basidiomyceten (Schlauch- bzw. Ständerpilze).

Fungi imperfecti eine künstliche und polyphyletische Gruppierung nicht verwandter Pilze, von denen nur anamorphe (sich asexuell fortpflanzende) Formen bekannt sind. Bei vielen handelt es sich um Anamorphen von Ascomyceten und Basidiomyceten, doch ohne ihre (sexuellen) Fruchtkörper bleiben ihre verwandtschaftlichen Beziehungen unklar.

Gleba das sporenbildende Gewebe im Inneren von Bauchpilzen (Gasteromyceten) wie Bovisten, Erdsternen und Stinkmorcheln; bei letzteren bedeckt die gallertige und übel riechende Gleba die Oberfläche des Hutes.

haploid die Chromosomenzahl (n) in einem Gameten, sie beträgt genau die Hälfte der diploiden (2n) Chromosomenzahl in einer Zygote. Im Lebenszyklus der meisten Pilze dominiert das haploide Stadium. Während der sexuellen Phase verschmelzen zwei kompatible haploide Zellkerne (Karyogamie) und bilden eine diploide Zygote. Bei der kurz darauf folgenden Meiose entstehen haploide Sporen, aus denen neue haploide Hyphen auskeimen.

Haustorium („Saughyphe", Pl. Haustorien) spezialisierter Auswuchs einer Zelle eines parasitischen Pilzes, der ins Wirtsgewebe eindringt, die Zellmembran der Wirtszelle jedoch nicht durchdringt. Bei Arbuskulären Mykorrhizen werden die Haustorien als Arbuskel bezeichnet.

heterothallisch ein Pilz, der zwei kompatible Paarungstypen benötigt, damit eine sexuelle Fortpflanzung stattfinden kann.

homothallisch ein Pilz, der selbstfruchtbar ist.

Hymenium (Fruchtschicht) die dünne Gewebeschicht eines Fruchtkörpers, die die sporenbildenden Asci bzw. Basidien enthält.

Hymenophor (Fruchtlager) Struktur des Fruchtkörpers, die das Hymenium trägt (z.B. die Lamellen oder Röhren).

Hyphe (Pl. Hyphen) fadenförmiges, einreihiges Pilzgewebe: Pilzfaden.

Karyogamie die Verschmelzung zweier haploider Zellkerne innerhalb eines Dikaryons, bei der eine diploide Zygote entsteht; vergleiche Plasmogamie.

Katabolismus der Abbau komplexer Moleküle im Stoffwechsel der Organismen in weniger komplexe Abbauprodukte, aus denen Energie gewonnen werden kann.

koprophil in oder auf Kot (Dung) wachsend.

Lamellen („Blätter") blattartige Strukturen, die mit Hymenium bedeckt sind; kommen bei Blätterpilzen vor.

Meiose sogenannte Reifeteilung der Zellen eukaryotischer Lebewesen, bei der ein diploider (2n) Chromosomensatz nach der Replikation oder Verdopplung (4n) zuerst einer Reduktionsteilung (2 x 2n) und dann einer weiteren Reduktion unterzogen wird, sodass am Ende vier haploide (1n) Gameten oder Sporen entstehen.

Mitose Vorgang bei der Zellteilung eukaryotischer Lebewesen, in dessen Verlauf die Chromosomen im Zellkern erst verdoppelt und danach in zwei identische Kopien des ursprünglichen Satzes aufgeteilt werden; so entstehen zwei Tochterkerne. In der anschließenden Zellteilung erhält jede Tochterzelle einen Tochterkern.

Monokaryon Pilzspore oder Zelle einer Hyphe, die nur einen einzigen haploiden Zellkern enthält.

Mykobiont der den Thallus (Lager, Flechtenkörper) bildende Partner in einer als Flechte bezeichneten Symbiose.

Mykose Pilzinfektion, die zu einer Erkrankung führt.

Myzel (Pl. Myzelien) die Gesamtheit der Hyphen, die den Thallus eines Pilzes bildet.

obligat wörtlich „verpflichtet"; das Adjektiv bezieht sich auf Eigenschaften der Lebensweise, etwa die Art der Ernährung, Fortbewegung, Energiegewinnung, Fortpflanzung oder Vergesellschaftung. Ein Organismus kann z. B. obligat carnivor, anaerob, aerob oder symbiontisch sein. Das Antonym ist „fakultativ".

Photobiont der Photosynthese treibende Partner (Alge oder/und Cyanobakterium) in einer als Flechte bezeichneten Symbiose.

Plasmogamie Verschmelzung des Zellplasmas zweier kompatibler Hyphenzellen.

Rhizomorphen Myzelstränge aus zahlreichen aneinandergelagerten, parallel verlaufenden Hyphen, bei einigen Ständerpilzen; dienen vor allem dem Stofftransport.

Saprobiont in toter, sich zersetzender organischer Materie lebender Organismus; meist ein Pilz oder Bakterium.

saprotroph Adjektiv: beschreibt die Ernährung von toter organischer Materie.

Septum, Septe (Pl. Septa, Septen) „Scheidewand"; Querwand einer Hyphe, Zelle oder Spore.

Sklerotium („Dauermyzel", Pl. Sklerotien) sehr kompakte Masse aus undifferenzierten, sterilen (asexuellen) Hyphen, meist mit einer harten, dicken und dunkel gefärbten Außenschicht. Ermöglicht als Dauerform bei manchen Pilzen das Überleben unter widrigen Bedingungen.

Sterigma (Pl. Sterigmata) kleine dünne stielchenähnliche Struktur an der Spitze eines Basidiums, die eine Basidiospore trägt.

Stroma (Pl. Stromata) kompakte Masse aus Pilzmyzel, auf oder in der sich später Fruchtkörper bilden.

Taxonomie Wissenschaftsgebiet, das sich mit der Sammlung, Katalogisierung, Klassifikation und Benennung von Organismen befasst.

taxonomisch Adjektiv, das sich auf die Klassifikation und/oder Nomenklatur von Organismen oder Organismengruppen bezieht.

Teleomorphe sexuelles Stadium (Fruchtform) eines Pilzes. Antonym: Anamorphe.

unseptiert (aseptat) ohne Septen.

Zygospore dickwandige sexuelle (Dauer-)Spore bei Zygomyceten (Jochpilzen), entstanden durch Fusion zweier kompatibler Gametangien.

→ Der auffällige Gemeine Schwefelporling *(Laetiporus sulphureus)* wird auch als *Chicken of the Woods* bezeichnet, denn gegart erinnert er in Textur und Geschmack an Hühnchen. Das Foto dieses beliebten Speisepilzes entstand in Michigan (USA).

LITERATURHINWEISE

Ainsworth, G.C. 1976. *Introduction to the History of Mycology.* Cambridge University Press, Cambridge Alexopoulos, C.J., C.W. Mims, und M.M. Blackwell. 1996. *Introductory Mycology,* 4th edition. Wiley, New York

Arora, D. 1986. *Mushrooms Demystified: A Comprehensive Guide to the Fleshy Fungi, 2nd edition.* Ten Speed Press, Berkeley Benjamin, D.R. 1995. *Mushrooms: Poisons and Panaceas.* W.H. Freeman and Company, New York

Boughler, N.L., und K. Syme. 1998. *Fungi of Southern Australia.* University of Western Australia Press, Nedlands, WA, Australia

Bunyard, B.A., und T. Lynch. 2020. *The Beginner's Guide to Mushrooms: Everything You Need to Know, from Foraging to Cultivation.* Quarry Books, Beverly, MA

Bunyard, B.A., und J. Justice. 2020. *Amanitas of North America.* The FUNGI Press, Batavia, Illinois

Dörfelt H., E. Ruske und A. Kästner. 2023. *Die Welt der Pilze.* Springer Berlin, Heidelberg

Dugan, F.M. 2008. *Fungi in the Ancient World: How Mushrooms, Mildews, Molds, and Yeast Shaped the Early Civilizations of Europe, the Mediterranean, and the Near East.* APS Press, St. Paul

Flück, Markus. 2025. *Pilzführer Schweiz. Mit vielen Tipps fürs Bestimmen und Verwerten und den besten Pilzrezepten.* Haupt Verlag, Bern

Harding, P. 2008. *Mushroom Miscellany.* Collins, London

Hudler, G.W. 1998. *Magical Mushrooms, Mischievous Molds.* Princeton University Press, New Jersey

Kendrick, B. 1992. *The Fifth Kingdom.* Focus Publishing, Newburyport, MA

Laessøe, T., und J.H. Petersen. 2019. *Fungi of Temperate Europe.* Princeton University Press, New Jersey

Letcher, A. 2007. *Shroom: A Cultural History of the Magic Mushroom.* Harper Collins, New York

Lincoff, G. 1981. *National Audubon Society Field Guide to Mushrooms.* Knopf, New York

Lücking, R. und Spribille, T. 2025. *Flechten. Eine Reise in die verborgene Welt der Mischwesen.* Haupt Verlag, Bern

Marley, G.A. 2010. *Chanterelle Dreams, Amanita Nightmares.* Chelsea Green Publishing, Vermont

McIlvaine, C. 1900. *One Thousand American Fungi.* Bobbs-Merrill Company, Indianapolis

Millman, L. 2019. *Fungipedia – Die erstaunliche Welt der Pilze.* Mairisch Verlag, Hamburg

Money, N.P. 2011. *Mushroom.* Oxford University Press, New York

Petersen, J.H. 2012. *The Kingdom of Fungi.* Princeton University Press, New Jersey

Phillips, R. 2010. *Mushrooms and Other Fungi of North America.* Firefly Books, New York

Piepenbring, M. 2022. *Mykologie. Diversität, Morphologie, Ökologie und Evolution der Pilze.* Springer Spektrum, Berlin, Heidelberg

Ramsbottom, J. 1953. *Mushrooms & Toadstools: A Study of the Activities of Fungi.* Collins, London

Rolfe, R.T., und F.W. Rolfe. 1925. *The Romance of the Fungus World: An Account of Fungus Life in Its Numerous Guises, Both Real and Imaginary.* Lippincott Co., Philadelphia

Schaechter, E. 1997. *In the Company of Mushrooms.* Harvard University Press

Taylor, T.N., M. Krings, und E.L. Taylor. 2015. *Fossil Fungi.* Academic Press, London

Webster, J., und R. Weber. 1983. *Pilze. Eine Einführung,* Springer Verlag, Berlin, Heidelberg. New York

Winkler, Rudolf; Keller, Gaby. 2026. *Pilze Mitteleuropas. 3800 Pilzarten schrittweise bestimmen. 2400 Farbfotos, 220 Illustrationen und 220 Mikrozeichnungen.* Haupt Verlag, Bern

ORGANISATIONEN UND WEBSITES

Deutsche Gesellschaft für Mykologie e.V.
dgfm-ev.de

Associazione Micologica Bresadola
ambbresadola.it

Australasian Mycological Society
australasianmycologicalsociety.com

European mushroom information
fungus.org.uk

European Mycological Association
euromould.org

Fungal Network of New Zealand and New Zealand Mycological Society
funnz.org.nz

Fungi Magazine
fungimag.com

Fungi of California
mykoweb.com

Index Fungorum
indexfungorum.org

Mushroom Expert
mushroomexpert.com

Mushroom Observer
mushroomobserver.org

Mushroom Growers' Newsletter
mushroomcompany.com

North American Mycological Association
namyco.org

→ Der Gemeine Samtfußrübling *(Flammulina velutipes)* ist in der japanischen Küche als *Enokitake* (kurz: *Enoki*) bekannt und beliebt. Er wird häufig angebaut, ist auf der Nordhalbkugel in Wäldern verbreitet und ein Schwächeparasit auf Gehölzen.

STICHWORTVERZEICHNIS

ÜBER DEN AUTOR

Britt A. Bunyard ist ein amerikanischer Mykologe. Er ist Gründer, Herausgeber und Chefredakteur von *Fungi,* dem auflagenstärksten Mykologie-Magazin Nordamerikas, und hat zahlreiche Bücher zum Thema Pilze verfasst. Außerdem ist er Geschäftsführer des Telluride Mushroom Festivals in Colorado, das jährlich Tausende Besucher:innen anzieht. *Pilze – Das verborgene Reich der geheimnisvollen Lebewesen* ist sein erstes Buch, das in deutscher Sprache erscheint.

DANKSAGUNG

Dieses Buch ist sehr persönlich. Denn es enthält neben einer Sammlung von Fakten, die Sie wahrscheinlich auch in vielen anderen mykologischen Büchern und Webseiten finden können, meine persönlichen Lieblingsgeschichten aus der Welt der Pilze. Einige Storys sind wohlinformierten Pilzfreund:innen sicherlich bekannt; etliche andere sind recht obskur und tauchen in gedruckter Form vermutlich nur in diesem Buch auf. Ich hoffe, dass Sie bei der Lektüre genauso viel Spaß haben wie ich beim Schreiben des Buchs!

Ich bin allen Lehrer:innen und Mentor:innen, die mich im Lauf meines Lebens geprägt haben, zu großem Dank verpflichtet. Eine vollständige Namensliste wäre zu lang, und der Verlag versteht bei der Textlänge keinen Spaß. Ein herzliches Dankeschön geht an alle Fotograf:innen, die ihre wunderbaren Aufnahmen für dieses Buch zur Verfügung gestellt haben. Mein Dank gilt auch den vielen Autor:innen, die im Lauf der Jahre in *Fungi Magazine* Artikel veröffentlicht haben, die manchmal zum Impulsgeber für Features im Buch wurden. Und ich möchte nicht versäumen, Kate Shanahan, Natalia Price-Cabrera und dem großartigen Team bei UniPress Books zu danken, die mit diesem Buchkonzept an mich herangetreten sind und während des Schreibens nicht die Geduld mit mir verloren haben.

BILDNACHWEIS

Der Autor und der Verlag bedanken sich für die Erlaubnis zur Vervielfältigung des urheberrechtlich geschützten Materials in diesem Buch.

Shutterstock: S. 4 (oben links): vilax; S. 4 (oben rechts): valzan; S. 4 (unten links): bogdan ionescu; S. 4 (unten rechts): Aksenova Natalya; S. 5 (oben rechts): xpixel; S. 5 (Mitte rechts): Pisut chounyoo; p5 (unten links): Shutter_arlulu; p5 (unten rechts): lcrms; p7: CKHatten; S. 8-9: Take Photo; S. 10-11, S. 273: Dmytro Tyshchenko; S. 12: mark higgins; S. 13: Protasov AN; S. 16: Matteo Chinellato; S. 30: Kichigin S. 34: epioxi; S. 38, S. 41, S. 227 (oben), S. 277: Henri Koskinen; S. 39: Josep M Penalver Rufas; S. 57: weinkoetz; S. 66-67: Denis Gavrilov Photo; S. 70: Melinda Fawver; S. 71 (oben): Kimberly Boyles; S. 72 (oben): Anne Powell; S. 77: Anita Kot; S. 79: Filip Fuxa; S. 80-81: Pablo Rodriguez Merkel; S. 89: PHOTO FUN; S. 101: Sajjadabda; S. 103 (unten): LI CHAOSHU; S. 110: Pee Paew; S. 117: bogdan ionescu; S. 119: krolya25; S. 123: Ralf Broskvar; S. 137 (oben): FtLaud; S. 137 (Einsetzbild): Yayah-Ai; S. 142: Ruth Swan; S. 152 (oben): Platoo Fotography; S. 154, S. 247: Everett Collection; S. 159: Agorastos Papatsanis; S. 163: Somogyi Laszlo; S. 174: Michael Siluk; S. 177: Zulashai; S. 179: MR.AUKID PHUMSIRICHAT; S. 184-185: dugdax; S. 188: My September; S. 203: Henrik Larsson; S. 205: R. Croskery; S. 208: Iva Hari; S. 213: Budimir Jevtic; S. 214-215: James Percy; S. 216: Ryan McGill; S. 218: Favious; S. 219 (unten): Chen Min Chun; S. 222: Susanne Leitgeb; S. 223: Matjaz Preseren; S. 224: Wingedbull; S. 226, S. 233: sruilk; S. 228: Kirsanov Valeriy Vladimirovich; S. 231: LariBat; S. 237: FotoLot; S. 239: Trialist; S. 245: ChWeiss; S. 246: Kallayanee Naloka; S. 248 (links): Martina Kachakova; S. 248 (rechts): Jirawan Muangnak; S. 249: Kateryna Kon; S. 252-153: Botanic Table of Elements; S. 256-257: NK-55; S. 258: anitram; S. 261: Joseph Sohm; S. 264 (links): Dominic Gentilcore PhD; S. 265: Botond Horvath; S. 280-281: Mary Elise Photography; S. 283: dan_nurgitz.

Alamy Stock Photo: S. 3, S. 271: Roger Phillips; S. 6, S. 25: Pat Canova; S. 42-43: Henrik Larsson; S. 45: Naturepix; S. 47: fotototo; S. 50: 916 collection; S. 55: Malcolm Schuyl; S. 71 (unten), S. 106, S. 129, S. 217: Henri Koskinen; S. 83: Panther Media GmbH; S. 91: Buiten-Beeld; S. 97: Nature Picture Library; S. 100: Arterra Picture Library; S. 103 (oben): INTERFOTO; S. 108: Tommi Syvänperä; S. 111: Science Photo Library; S. 113 (oben): Science Photo Library; S. 131: Kevin Oke; S. 133: Hakan Soderholm; S. 137 (unten): Colin Munro; S. 138 (rechts): Nature Picture Library; S. 144: Andrew Hasson; S. 145: Inga Spence; S. 147: Ashley Cooper pics; S. 152 (unten): danaan andrew; S. 153 (oben): Tribune Content Agency LLC; S. 157 (oben): Science History Images; S. 157 (unten): Glasshouse Images; S. 167: Roger Philips; S. 180: Emmanuel LATTES; S. 183 (oben): Scenics & Science; S. 186: Bill Gozansky; S. 192-193: Biosphoto; S. 195: Marina Sutormina; S. 199: imageBROKER; S. 201: Lee Rentz; S. 220: David Pressland; S. 227 (unten): Custom Life Science Images; S. 250: Justin Long; S. 254 (links): Marcus Harrison – plants; S. 262–263: REUTERS; S. 267: Hemis; S. 269: Randy Beacham; S. 275: Reading Room 2020.

Science Photo Library: S. 20: Javier Aznar/Nature Picture Library; S. 21: Eye of Science; S. 31: Herve Conge, ISM; S. 63: Wim Van Egmond; S. 69: Dennis Kunkel Microscopy; S. 95: SCIMAT; S. 95 (Einsetzbild): Keith Weller/US Department of Agriculture; S. 139 (links): US Fisheries and Wildlife Service/ Ryan Von Linden, New York Department of Environmental Conservation; S. 225: Dr Kari Lounatmaa; S. 235: Photo Researchers, Inc.

Nature Picture Library: S. 14: Guy Edwardes; S. 22: Guy Edwardes/2020VISION; S. 24: John Waters; S. 26-27: Andres M. Dominguez; S. 33: Niall Benvie; S. 73: Juergen Freund; S. 173: Bence Mate. Nature in Stock: S. 2: Ronald Stiefelhagen; S. 84: Paul Bertner/Minden Pictures.

Freie Fotograf:innen: S. 17: Corentin C. Loron; S. 18, S. 114, S. 116, S. 241: Britt A. Bunyard; S. 35: Joe McFarland; S. 59: Jonathan Frank; S. 61: James & Dawn Langiewicz; S. 87: Carlos Cortés; S. 93: Daniel Winkler; S. 107 (oben): Eric Smith; S. 127: Andrus Voitk; S. 161: Enrique Rubio; S. 169: Danny Newman.

Creative Commons/Public Domain: S. 23: Public Domain/PD-US-expired; S. 44 (links): Gerhard Koller (CC BY-SA 3.0); S. 44 (rechts), S. 105: Alan Rockefeller (CC BY-SA 3.0); S. 48: Janet Graham (CC BY 2.0); 49 (links): Sealox (CC BY-SA 4.0); S. 49 (rechts): Public Domain/PD-US-expired; S. 53: Lesfreck (CC BY 3.0); S. 68: Stu's images (CC BY-SA 3.0); S. 72 (unten): Karin März/Public Domain; S. 74-75: Jpallante (CC BY-SA 4.0); S. 78 (links): Bob Blaylock (CC BY-SA 3.0); S. 78 (rechts): Public Domain/PD-US-expired; S. 82: James Sowerby/PD-US-expired; S. 104: Paul Venter/Public Domian; S. 107 (unten): Henk Monster (CC BY 3.0); S. 107 (Einsetzbild): Michael Koltzenburg (CC BY-SA 3.0); S. 109: Ben Mitchell/Wildeep/Public Domain; S. 112, S. 165, S. 244 (rechts): Nephron (CC BY-SA 3.0); S. 113 (unten): Graham Beards (CC BY-SA 4.0); S. 118: Public Domain/The National Gallery, London; S. 121: Yue Jin/Public Domain; S. 125: Jamain (CC BY-SA 3.0); S. 138 (links): Dr Alex Hyatt, CSIRO (CC BY 3.0); S. 139 (rechts): Djspring (CC BY-SA 3.0); S. 140: Vanvlitp (CC BY-SA 3.0); S. 141: Claudette Hoffman (CC BY-SA 3.0); S. 142: Public Domain; S. 146: Akerbeltz (CC BY-SA 3.0); S. 149: Mary Ann Hansen (CC BY-SA 3.0); S. 150-151: Baker, Joseph E/ Public Domain; S. 151 (Einsetzbild): Dominique Jacquin/Public Domain; S. 153 (Einsetzbild): Smartse (CC BY-SA 3.0); S. 172: Public Domain; S. 178: Ryane Snow (CC BY-SA 3.0); S. 183 (unten): Rit Rajarshi (CC BY-SA 4.0); S. 190: Public Domain/PD-US-expired; S. 191: Jason Hollinger (CC BY 2.0); S. 197: Gilles San Martin (CC BY-SA 2.0); S. 210, S. 211 (oben): Keith Weller/USDA; S. 211 (unten): Sara Wright/USDA; S. 212: André-Ph. D. Picard (CC BY-SA 3.0); S. 219 (oben): Michael Hartwich (CC BY-SA 4.0); S. 221: Sasata (CC BY-SA 3.0); S. 244 (links): CDC/Dr. Lucille K. Georg (PHIL #3964), 1955; S. 254 (rechts): Dan Molter (CC BY-SA 3.0); S. 259: Public Domain; S. 264 (rechts): Doug Collins (CC BY-SA 3.0).

Es wurden alle Anstrengungen unternommen, um die Urheberrechtsinhaber:innen ausfindig zu machen und ihre Genehmigung für die Verwendung von urheberrechtlich geschütztem Material einzuholen. Der Verlag entschuldigt sich für etwaige Fehler oder Auslassungen in der obigen Liste und ist dankbar dafür, wenn ihm etwaige Korrekturen mitgeteilt werden, die in künftigen Nachdrucken oder Auflagen dieses Buches berücksichtigt werden.